Metodi di stima in presenza di errori non campionari

Giovanna Nicolini · Donata Marasini ·
Giorgio Eduardo Montanari · Monica Pratesi ·
Maria Giovanna Ranalli · Emilia Rocco

Metodi di stima in presenza di errori non campionari

 Springer

Giovanna Nicolini
Dipartimento di Economia,
Management e Metodi Quantitativi
Università degli Studi di Milano

Donata Marasini
Dipartimento di Economia,
Metodi Quantitativi e Strategie di Impresa
Università degli Studi di Milano-Bicocca

Giorgio Eduardo Montanari
Dipartimento di Economia,
Finanza e Statistica
Università degli Studi di Perugia

Monica Pratesi
Dipartimento di Statistica e Matematica
applicata all'Economia
Università degli Studi di Pisa

Maria Giovanna Ranalli
Dipartimento di Economia,
Finanza e Statistica
Università degli Studi di Perugia

Emilia Rocco
Dipartimento di Statistica
"G. Parenti"
Università degli Studi di Firenze

UNITEXT – Collana di Statistica e Probabilità Applicata
ISSN 2240-2640   ISSN 2240-2659 (elettronico)
ISBN 978-88-470-2795-4   ISBN 978-88-470-2796-1 (eBook)
DOI 10.1007/978-88-470-2796-1
Springer Milan Heidelberg New York Dordrecht London

Layout copertina: Beatrice Ɐ, Milano
Impaginazione: PTP-Berlin, Protago TEX-Production GmbH, Germany (www.ptp-berlin.eu)

Springer-Verlag Italia S.r.l., Via Decembrio 28, I-20137 Milano
Springer-Verlag fa parte di Springer Science+Business Media (www.springer.com)

Prefazione

Questo volume nasce dalla collaborazione di sei ricercatori, tutti di estrazione accademica e con un comune interesse nella metodologia delle indagini campionarie. Gli autori si sono trovati ad organizzare nel 2007 un corso dal titolo "Teoria e pratica delle indagini campionarie: approccio probabilistico ed errori non campionari" che si è svolto all'Università di Milano Bicocca nell'ambito dei corsi di alta formazione patrocinati dalla Società Italiana di Statistica. La teoria dei campioni rappresenta una parte della Statistica molto articolata e ogni autore ha apportato al corso un suo specifico contributo che, successivamente, si è trasformato in un argomento trattato nel presente libro.

La finalità di questo volume è quella di dare ai ricercatori gli strumenti necessari per correggere gli errori non campionari che inevitabilmente sorgono nelle diverse tipologie di indagine, mettendo in relazione tali errori anche con i più moderni metodi di condurre le indagini. Per come è stato impostato e per il rigore scientifico impiegato – che colloca nelle Dimostrazioni le parti metodologiche più sofisticate – il target di riferimento può essere sia accademico (corsi in lauree specialistiche, dottorati, master) sia non accademico (istituti di ricerca in generale). Il volume riporta argomenti che si trovano in letteratura, tuttavia il suo valore aggiunto si ritiene sia quello di averli unificati e di averli inseriti in un contesto moderno di indagine.

I primi due capitoli, pur non essendo dedicati agli errori non campionari, costituiscono un utile link con i metodi più tradizionali di campionamento e stima e unificano simboli e terminologie. Il Cap. 3 presenta una trattazione sistematica dell'utilizzo delle variabili ausiliarie nell'inferenza descrittiva su popolazioni finite; questo argomento non è facilmente reperibile in letteratura e costituisce la base necessaria per lo sviluppo dei capitoli successivi. Inoltre in questo capitolo si fa un accenno all'approccio basato sul modello, anch'esso indispensabile, per comprendere appieno i metodi proposti, e si analizzano gli effetti degli errori di misura, in modo da evidenziare la necessità della loro prevenzione, rinviando però ai testi specializzati i metodi per il loro trattamento.

I successivi tre capitoli sono dedicati al trattamento degli errori di copertura e di mancata osservazione e dei loro effetti sui risultati di una indagine statistica. Il Cap. 4 si occupa in particolare dei problemi connessi alla disponibilità di liste delle unità da campionare e alla loro capacità di rappresentare correttamente la popolazione indagata. Si analizzano le circostanze che portano ad errori e le loro ripercussioni sulla qualità delle stime ottenute e vengono suggeriti i metodi più utilizzati per prevenire e/o correggere gli errori di copertura, anche nei casi, sempre più frequenti, delle indagini via web. I Capp. 5 e 6 trattano il caso della mancata osservazione delle unità designate a far parte del campione, cioè la non riposta. Il Cap. 5 analizza gli effetti e presenta i metodi di correzione della non risposta totale basati principalmente sulla riponderazione dei dati e, tra questi, particolare attenzione è riservata ai metodi di calibrazione. Il Cap. 6 si occupa invece della non risposta parziale e delle tecniche di imputazione correntemente utilizzate per farvi fronte, senza tralasciare argomenti più avanzati frutto della ricerca più recente sul tema.

Al fine di agevolare la comprensione di quanto illustrato, in ogni capitolo sono stati inseriti diversi esempi, tratti a volte da indagini reali, per declinare nel caso considerato le metodologie descritte.

Tutti i capitoli sono stati ampiamente discussi dagli autori che hanno condiviso l'impostazione metodologica, tuttavia i Capp. 1 e 2 sono stati scritti da Donata Marasini e Giovanna Nicolini, il Cap. 3 da Giorgio E. Montanari, Monica Pratesi e Maria Giovanna Ranalli, il Cap. 4 da Giovanna Nicolini e Monica Pratesi, il Cap. 5 da Giorgio E. Montanari e Maria Giovanna Ranalli e, infine, il Cap. 6 da Emilia Rocco.

Milano, settembre 2012   Giovanna Nicolini
                                                                      Donata Marasini
                                                              Giorgio Eduardo Montanari
                                                                        Monica Pratesi
                                                                  Maria Giovanna Ranalli
                                                                          Emilia Rocco

Indice

Simboli

Popolazione	
U	Popolazione obiettivo (o target)
N	Numero di unità statistiche o elementari che formano la popolazione finita
F	Lista della popolazione (o popolazione frame)
M	Numero delle unità di rilevazione che formano la lista della popolazione
N_h	Numero di unità statistiche o elementari nella popolazione che formano lo strato h-esimo
$h = 1, \ldots, H$	Indice di strato
M_i	Numero di unità statistiche o elementari nella popolazione che formano il grappolo i-esimo
$i = 1, \ldots, M$	Indice di grappolo
N_l	Numero di unità statistiche o elementari nella popolazione che formano il post-strato l-esimo
$l = 1, \ldots, L$	Indice di post-strato
N_D	Numero di unità statistiche o elementari nella popolazione che formano il dominio D-esimo
N_F	Numero delle unità statistiche della popolazione target contenute nel frame
N_{F^*}	Numero delle unità statistiche non appartenenti alla target ma presenti nel frame
N_M	Numero delle unità statistiche nella popolazione target mancanti nel frame
W_M	Tasso di sotto-copertura
W_{F^*}	Tasso di sovra-copertura
N_R	Numero di unità statistiche o elementari nella sotto-popolazione dei rispondenti
N_{NR}	Numero di unità statistiche o elementari nella popolazione che formano la sottopopolazione dei non rispondenti

Variabili

y	Variabile oggetto di studio
y_j	Valore della variabile y riferito alla j-esima unità della popolazione
x	Variabile ausiliaria
x_j	Valore della variabile x riferito alla j-esima unità della popolazione
$I_j(s)$	Variabile indicatrice di appartenenza ad s
$\boldsymbol{x} = (x_1, x_2, \ldots, x_P)$	Vettore di variabili ausiliarie
$\mathbf{x}_j$	Vettore dei valori di $\boldsymbol{x}$ nella j-esima unità
$\mathbf{y} = (y_1, y_2, \ldots, y_N)$	Vettore degli N valori di y nella popolazione
$\mathbf{Y} = (Y_1, Y_2, \ldots, Y_N)$	Vettore delle N variabili casuali Y_j associate alle unità della popolazione
ϕ	Variabile molteplicità
ϕ_j	Valore della molteplicità dell'unità statistica j-esima
N_ϕ	Frequenza assoluta della molteplicità con valore ϕ
Y_ϕ	Totale della variabile y sulle unità che hanno una molteplicità pari a ϕ
R_j	Variabile indicatrice di appartenenza all'insieme dei rispondenti r
$\mathbf{y}_\bullet = \{y_{\bullet j} : j \in r\}$	Insieme completato dei dati mediante un qualsiasi metodo di imputazione

Parametri

T	Parametro della popolazione
Y	Totale nella popolazione della variabile y
$\overline{Y}$	Valore medio nella popolazione di y
A	Frequenza assoluta nella popolazione
P	Frequenza relativa o proporzione nella popolazione
C_y	Coefficiente di variazione nella popolazione di y
Q_q	Quantile di ordine q
$\Phi(y)$	Funzione di ripartizione nella popolazione della variabile y
X	Totale della variabile ausiliaria x
$\overline{X}$	Valore medio nella popolazione di x
$\mathbf{X} = (X_1, X_2, \ldots, X_P)$	Vettore dei totali nella popolazione di x
S_y^2	Varianza nella popolazione di y
S_x^2	Varianza nella popolazione di x
S_{yx}	Covarianza tra le variabili y e x
β_{yx}	Coefficiente di regressione
ρ_{yx}	Coefficiente di correlazione lineare
R	Rapporto tra totali o tra medie
θ	Vettore dei parametri di superpopolazione
$f(\cdot)$	Funzione di densità di una variabile casuale
$\varepsilon \quad \sigma^2$	Componente casuale del modello di superpopolazione e sua varianza
$\mu_j \quad \sigma_j^2 \quad \sigma_{jj'}$	Rispettivamente valore atteso e varianza di Y_j e covarianza tra Y_j e $Y_{j'}$ secondo il modello di superpopolazione

Campione

s	Generico campione
n	Dimensione fissa di s
$n(s)$	Dimensione variabile di s
$f = n/N$	Frazione di sondaggio
S_0	Spazio dei campioni ordinati, con e senza reinserimento, di ampiezza variabile
S	Spazio dei campioni non ordinati e senza reinserimento di ampiezza variabile
$p(s)$	Piano di campionamento (pdc)
p_j	Probabilità di selezione della j-esima unità della popolazione
π_j	Probabilità di inclusione del primo ordine dell'unità j-esima
$\pi_{j,j'}$	Probabilità di inclusione del secondo ordine delle unità j e j'
$F_j(s)$	Frequenza attesa di inclusione
ψ_j	Numero medio di volte in cui l'etichetta j è compresa in s
$a_j = 1/\pi_j$	Peso base di riporto all'universo
$a_{j,j'} = 1/\pi_{j,j'}$	Reciproco della probabilità di inclusione del secondo ordine
π_k	Probabilità di inclusione del primo ordine del network k
π_{kl}	Probabilità di inclusione del secondo ordine dei network k e l
r	Campione dei rispondenti
n_r	Dimensione del campione dei rispondenti
$q(r|s)$	Processo di selezione dei rispondenti dal campione s
ϑ_j	Probabilità di risposta dell'unità j-esima
r_c	Insieme delle unità completamente osservate
r_y	Insieme delle unità che hanno fornito un valore per la variabile di interesse y
n_{r_y}	Dimensione insieme delle unità che hanno fornito un valore per la variabile di interesse y

Piani di Campionamento

srs	pdc casuale semplice senza reinserimento
$srswr$	pdc casuale semplice con reinserimento
sm	pdc sistematico
Po	pdc di Poisson
pps	pdc con reinserimento proporzionale alla misura di ampiezza
πps	pdc senza reinserimento proporzionale alla misura di ampiezza
st	pdc stratificato
gr	pdc a grappoli
ds	pdc a due stadi

Stimatori

$\hat{T}$	Stimatore generico del parametro T
$\hat{Y}_\pi,$	Stimatore o stima di Horvitz-Thompson (HT) del totale Y
$\hat{X}_\pi$	Stimatore o stima di HT del totale X
$\hat{R}_\pi$	Stimatore o stima di HT del rapporto R
$\hat{\bar{Y}}_\pi, \hat{\bar{X}}_\pi$	Stimatore o stima di HT di $\bar{Y}$ e di $\bar{X}$
$\hat{Y}, \hat{X}, \hat{A}$	Stimatore di HT di Y, di X e di A per un *srs*
$\bar{y}, \bar{x}$	Media campionaria di y e di x.
$\hat{Y}_{HH}$	Stimatore o stima di Hansen-Hurwitz
$\hat{Y}_{PS}, \hat{Y}_{PSS}$	Stimatore post-stratificato in presenza di mancate risposte
$\hat{Y}_{\pi st}$	Stimatore o stima di HT del totale Y per un *st*
$\hat{Y}_{\pi gr}$	Stimatore o stima di HT del totale Y per un *gr*
$\hat{Y}_{\pi ds}$	Stimatore o stima di HT del totale Y per un *ds*
$\hat{Y}_{2f}$	Stimatore nel campionamento a due fasi
$\hat{Q}_q$	Stimatore o stima di un quantile
$\hat{Y}_q,$	Stimatore o stima per quoziente del totale Y
$\hat{Y}_{ps}$	Stimatore o stima post-stratificata del totale Y
$\hat{Y}_d$	Stimatore o stima per differenza del totale Y
$\hat{Y}_{reg}$	Stimatore o stima per regressione generalizzata del totale Y
$\hat{Y}_{cal}$	Stimatore o stima di calibrazione del totale Y
$\hat{Y}_\xi$	Stimatore basato sul modello del totale Y
$\hat{Y}_{Ha}$	Stimatore di Hartley
$\hat{Y}_M$	Stimatore del totale in presenza di molteplicità
$\hat{Y}_H$	Stimatore di Hajek
$\hat{T}_\bullet$	Stimatore del parametro T applicato all'insieme completato dei dati

Operatori

$B(\cdot)$	Distorsione rispetto al piano di campionamento
$E(\cdot)$	Valore atteso rispetto al piano di campionamento
$V(\cdot)$	Varianza rispetto al piano di campionamento
$C(\cdot, \cdot)$	Covarianza rispetto al piano di campionamento
$v(\cdot)$	Stima della varianza
$c(\cdot, \cdot)$	Stima della covarianza
Deff	Effetto del disegno
Eff	Efficienza relativa
MSE	Errore quadratico medio
ξ	Modello di superpopolazione
$E_\xi(\cdot)$	Valore atteso rispetto al modello di superpopolazione
$V_\xi(\cdot)$	Varianza rispetto al modello di superpopolazione
$V_{p\xi}(\cdot)$	Varianza congiunta rispetto al piano di campionamento ed al modello di superpopolazione
$C_\xi(\cdot, \cdot)$	Covarianza rispetto al modello di superpopolazione
$E_m(\cdot)$	Valore atteso rispetto al modello di misura
$V_m(\cdot)$	Varianza rispetto al modello di misura

$V_{pm}(\cdot)$	Varianza congiunta rispetto al piano di campionamento e al modello di misura
$E_q(\cdot\|s)$	Valore atteso rispetto al processo di risposta, condizionato al campione estratto
$V_q(\cdot\|s)$	Varianza rispetto al processo di risposta, condizionato al campione estratto
$V_{pq}(\cdot)$	Varianza congiunta rispetto al piano di campionamento ed al processo di risposta
$v_q(\cdot\|s)$	Stima della varianza rispetto al processo di risposta, condizionato al campione estratto
E_{MI}	Valore atteso rispetto a un modello di imputazione
V_{MI}	Varianza rispetto a un modello di imputazione
$v_{JK}(\cdot)$	Stima Jackknife della varianza
$v_{bo}(\cdot)$	Stima bootstrap della varianza

1

Introduzione al campionamento da popolazioni finite

1.1 Introduzione

Lo scopo introduttivo di questo capitolo è quello di richiamare i concetti fondamentali del campionamento da popolazioni finite. Dopo alcune definizioni preliminari e una breve disquisizione sulla terminologia in uso, vengono ricordate le fasi di una indagine statistica e individuati gli errori che in ciascuna di esse possono aver origine. Come si vedrà nei successivi capitoli di questo volume, dedicati proprio alle diverse tipologie di errore, l'impiego delle variabili ausiliarie per la individuazione e la correzione degli errori è fondamentale. Tuttavia, come è noto, ad esse si può ricorrere anche per la costruzione del piano di campionamento. Questo non implica la correzione di alcun errore, ma una maggiore precisione ed aderenza alla realtà che si vuole indagare e il ricorso alle variabili ausiliarie in questo caso può essere inteso come un metodo preventivo degli errori. Non sempre è possibile disporre delle variabili ausiliarie per i diversi impieghi, può allora essere necessario costruire ad hoc un data-set di tali variabili, per esempio con il campionamento a due fasi, che viene brevemente richiamato. Infine, vengono ricordati alcuni metodi di indagine che non seguono i canoni tradizionali del campionamento da popolazioni finite – sono i così detti *campionamenti non probabilistici* – alcuni molto in uso nelle indagini in ambito sociale. Anche se per essi non è possibile conoscere l'errore campionario, tuttavia, in questi casi, si può ricorrere a metodi inferenziali diversi da quello tradizionale usato nel campionamento da popolazioni finite, noto come *design-based*.

1.2 Indagine campionaria

Si supponga di voler studiare una variabile y su una popolazione finita formata da N unità statistiche, con lo scopo di conoscerne il totale, il suo valor medio o una qualsiasi altra funzione dei dati che ne definisce un *parametro T*. Se si effettua un'*indagine censuaria* tutte le unità della popolazione vengono

G. Nicolini et al., *Metodi di stima in presenza di errori non campionari*,
UNITEXT – Collana di Statistica e Probabilità Applicata,
DOI 10.1007/978-88-470-2796-1_1, © Springer-Verlag Italia 2013

osservate e, nell'ipotesi che non si verifichi alcun tipo di errore nella rilevazione dei dati, si determina il reale valore del parametro di interesse T. Se invece si effettua una *indagine campionaria* solo una parte delle unità della popolazione viene osservata; ne consegue che, anche in assenza di errori di rilevazione, il valore reale del parametro è ignoto, tuttavia può essere stimato attraverso i valori delle unità che costituiscono il campione.

La non conoscenza del reale valore del parametro comporta la necessità di una sua stima che deve essere la "migliore"; questa esigenza pone il problema dell'attendibilità della stima e della scelta delle tecniche di campionamento. La presenza di anomalie nella costruzione del piano di campionamento e/o della stima allontanano quest'ultima dal valore reale del parametro. Pertanto, in un'indagine concepita secondo la tradizione classica (basata sul disegno), la conoscenza e la identificabilità delle unità della popolazione di riferimento sono fondamentali, come fondamentali sono alcuni presupposti logici presentati nel seguito.

1.2.1 Definizioni preliminari

Il campionamento da popolazione finita si basa su presupposti logici che sono ormai noti in letteratura (Hansen et al. 1953; Cochran 1977; Kish 1965, 1987; Särndal et al. 1992; Frosini et al. 2011); tuttavia, qui di seguito, se ne vogliono richiamare alcuni ai quali si farà riferimento nel corso del presente volume:

- *Popolazione obiettivo* o *popolazione target*. È la popolazione formata da un numero finito N di *unità statistiche* identificabili, su cui si analizzano la variabile o le variabili oggetto dell'indagine. Se ad ogni unità si associa un numero intero da 1 a N, tale popolazione viene indicata con $U = \{1, \cdots, j, \cdots, N\}$.
- *Lista della popolazione* o *popolazione frame*. È l'elenco delle M *unità di rilevazione* e viene indicato con $F = \{F_1, \cdots, F_i, \cdots, F_M\}$. L'unità di rilevazione può coincidere con l'unità statistica – in tal caso $N = M$ – ovvero è un grappolo di unità statistiche e pertanto ogni unità di rilevazione F_i è una subpopolazione composta da M_i unità statistiche, il cui totale è $\sum_{i=1}^{M} M_i = N$. Ad esempio, nel primo caso la popolazione target è formata dagli individui residenti in un comune e la popolazione frame ne è l'elenco anagrafico; nel secondo caso la popolazione target è ancora formata dagli individui residenti e quella frame è l'elenco dalle famiglie residenti in quel comune. Rientra nel secondo caso il così detto *frame areale*, le cui unità di rilevazione sono le *areole* che rappresentano parti ben definite sul territorio di riferimento quali, ad esempio, i quartieri di una città, le sezioni di censimento o anche parti di territorio definite ad hoc. Ogni areola contiene un numero differente di unità statistiche che possono essere, a seconda dei casi, famiglie, individui, aziende agricole, unità commerciali, ecc. (per una analisi più approfondita delle relazioni tra popolazioni frame e target si veda il Cap. 4).

- *Parametri della popolazione.* Indicato con $y_j (j = 1, \ldots, N)$ il valore della variabile in esame y riferito alla j-esima unità della popolazione, si definisce parametro una qualsiasi funzione degli N valori: $T = f(y_1, \cdots, y_N)$. Numerosi sono i parametri di una variabile, nel seguito vengono riportati quelli descrittivi più comunemente usati. Nel caso di una variabile quantitativa, il parametro di maggior interesse è il *totale*

$$Y = \sum_{j=1}^{N} y_j, \qquad (1.1)$$

o anche il *valor medio* che è dato dal rapporto tra totale e dimensione della popolazione:

$$\overline{Y} = \frac{Y}{N}. \qquad (1.2)$$

Se invece la variabile è qualitativa e dicotoma, i due parametri più utilizzati sono ancora il totale e il valor medio che, tuttavia, in questo contesto, equivalgono rispettivamente ad una *frequenza assoluta* A e ad una frequenza relativa o *proporzione* P. Infatti, per un fenomeno qualitativo, indicata con C la modalità di interesse e con $\overline{C}$ la modalità associata a tutto ciò che ne è complementare, se l'unità j possiede C si conviene di porre $y_j = 1$, mentre se possiede $\overline{C}$, si pone $y_j = 0$. Ne consegue che il numero di unità della popolazione con la modalità C è pari a

$$A = \sum_{j=1}^{N} y_j = Y \qquad (1.3)$$

e rappresenta una frequenza assoluta. Dividendo la (1.3) per la dimensione della popolazione si ottiene una frequenza relativa, cioè la proporzione delle unità della popolazione con la caratteristica di interesse

$$P = \frac{A}{N}. \qquad (1.4)$$

Parametri che identificano posizioni particolari sulla distribuzione della variabile sono i *quantili*. Indicata con $\Phi(y)$ la funzione di ripartizione della variabile y, sempre che la medesima possa essere ordinata, il *quantile di ordine q* $(0 < q < 1)$, in termini operativi, si può definire nel modo seguente:

$$Q_q = \inf\{y : \Phi(y) \geq q\}. \qquad (1.5)$$

Un particolare quantile molto utilizzato per la sintesi di distribuzioni asimmetriche è la *mediana* che si ha per $q = 0,5$. Un altro parametro di interesse per una variabile quantitativa è la *varianza*, che esprime la variabilità della variabile y nella popolazione, data in questo contesto da (Cochran 1997)[1]

$$S_y^2 = \frac{1}{N-1} \sum_{j=1}^{N} (y_j - \overline{Y})^2 \qquad (1.6)$$

e la sua radice quadrata S_y, nota come scarto quadratico medio. Un parametro molto usato per confrontare la variabilità è il *coefficiente di variazione* dato dal rapporto

$$C_y = \frac{S_y}{\overline{Y}}. \qquad (1.7)$$

Oltre ai parametri funzioni di una sola variabile potrebbero interessare anche quelli che mettono in evidenza la relazione tra la variabile y e una variabile x presente sulle unità della popolazione, come il *rapporto* tra totali o tra medie

$$R = \frac{Y}{X} = \frac{\overline{Y}}{\overline{X}}, \qquad (1.8)$$

con $\sum_{j=1}^{N} x_j = X$ totale della variabile x ; il *coefficiente di regressione*

$$\beta_{yx} = \frac{S_{yx}}{S_x^2}, \qquad (1.9)$$

dove S_x^2 è la varianza della variabile x e S_{yx} è la covarianza tra le due variabili

$$S_{yx} = \frac{1}{N-1} \sum_{j=1}^{N} (y_j - \overline{Y})(x_j - \overline{X}) \qquad (1.10)$$

e il *coefficiente di correlazione lineare*

$$\rho_{yx} = \frac{S_{yx}}{S_y S_x}. \qquad (1.11)$$

Vale la pena notare che i parametri descritti possono essere interpretati come funzioni di uno o più totali relativi alla sola variabile y o alla coppia (y, x). Infatti, è immediato osservare che i parametri (1.2) e (1.4) sono funzioni del solo totale Y, mentre è facile verificare che il parametro (1.6) è funzione dei totali $\sum_{j=1}^{N} y_j^2$ e Y potendosi scrivere

$$S_y^2 = \frac{1}{N-1} \sum_{j=1}^{N} y_j^2 - \frac{1}{N(N-1)} Y^2. \qquad (1.12)$$

I parametri (1.8), (1.9), (1.10) e (1.11) chiamano invece in causa totali relativi anche alla variabile x e alla coppia (y, x).

---

[1] Conviene notare che nel presente contesto i parametri (1.6) e (1.10) sono rapportati alla quantità $N - 1$, anziché a N come è naturale, esclusivamente per motivi di semplicità quando si passa alla stima dei medesimi.

1.2.2 Campione casuale, probabilistico, rappresentativo

Campione *casuale, probabilistico, rappresentativo*: sono tre concetti fondamentali nel campionamento da popolazioni finite che non necessariamente devono coesistere, avendo ciascuno la sua specificità.

La casualità riguarda il modo in cui sono selezionate le unità della popolazione destinate a formare il campione; pertanto la selezione deve avvenire seguendo una qualsiasi procedura riconducibile ad un esperimento aleatorio. Se la dimensione N della popolazione è nota, l'estrazione casuale è assimilabile all'estrazione di palline da un'urna che contiene appunto N palline; se invece la dimensione della popolazione non è nota, come ad esempio possono essere i clienti di un grosso emporio di abbigliamento, è sempre possibile pensare ad un meccanismo di casualità che selezioni alcune unità; ad esempio si può pensare di intervistare un cliente che entra nell'emporio ogni m ingressi.

Un campione è probabilistico quando la probabilità che ciascuna unità della popolazione ha di farne parte, in base al meccanismo di selezione, è positiva e calcolabile, secondo la definizione fornita nel prossimo capitolo. In questo senso un campione probabilistico è anche casuale.

La rappresentatività di un campione, invece, è un concetto più articolato al quale si possono ricondurre più definizioni. Kruskall e Mosteller (1979) hanno individuato sei definizioni di rappresentatività presenti nella letteratura statistica, alle quali ne sono state aggiunte dagli autori altre tre. Per definire la rappresentatività occorre individuare il contesto di riferimento. Una accezione molto diffusa di rappresentatività del campione è che esso sia una "miniatura" della popolazione stessa. Ovviamente è utopistico pensare di raggiungere questo obiettivo per tutte le variabili, più realisticamente ciò avviene solo per alcune variabili note (ad esempio il genere e l'età degli individui). Naturalmente l'aspettativa è quella di realizzare in tutto o in parte la rappresentatività di un campione anche rispetto alle variabili di indagine. Tale aspettativa dipende però dal legame tra le variabili rispetto alle quali il campione è rappresentativo e quelle oggetto di indagine e non sempre viene realizzata.

Da quanto detto discende che un campione casuale può essere probabilistico e non necessariamente rappresentativo. Viceversa l'essere probabilistico per un campione implica la casualità ma non la rappresentatività, mentre un campione rappresentativo può essere o non essere casuale e/o probabilistico. Il ricercatore sa se il campione è casuale e probabilistico, mentre non sa se è rappresentativo, se non facendo riferimento a esperienze passate o a particolari verifiche a posteriori, ad esempio con l'analisi delle sub-popolazioni, come si avrà occasione di esaminare nel Cap. 3. L'assenza dei primi due attributi implica decisioni sulla scelta dell'approccio inferenziale, come emergerà nel Cap. 3, mentre l'assenza di rappresentatività[2] potrebbe indicare la presenza

---

[2] Negli ultimi anni è stato sviluppato in letteratura un nuovo concetto di rappresentatività legato al contesto di qualità dell'indagine. È opinione diffusa che non è il tasso di non risposta a rendere le stime distorte quanto le differenze tra rispondenti e non nei confronti della variabile di interesse (J. Bethlehem et al.

degli errori non campionari, che devono quindi essere individuati e corretti con le metodologie proposte nei Capp. 4, 5 e 6.

1.2.3 Fasi di un'indagine campionaria

L'indagine statistica, sia essa censuaria o campionaria, è una procedura complessa che si articola in una successione di fasi di seguito elencate:

1. *Formalizzazione degli obiettivi, individuazione della popolazione obiettivo, definizione spazio-temporale.* Formalizzare gli obiettivi significa individuare le variabili che verranno osservate nella popolazione di riferimento. Il numero di variabili oggetto della ricerca dipende dalla complessità degli obiettivi: un'indagine sulla lettura dei quotidiani è molto più semplice dell'indagine sul tempo libero, che coinvolge un più ampio numero di variabili rispetto alla prima. La definizione già fornita di popolazione target deve essere circoscritta nel tempo e nello spazio. Ad esempio, nell'indagine sulla lettura dei quotidiani la popolazione obiettivo potrebbe essere costituita dai residenti con più di 15 anni (i residenti con meno di 15 anni potrebbero essere scarsamente interessati alla lettura dei quotidiani) in una definita area territoriale (comune, provincia, ecc.) in un fissato arco temporale (settimana, mese, anno, ecc.).

2. *Costruzione del frame.* Il frame deve essere costruito con cura in modo che contenga tutte le unità della popolazione target. Ad ogni unità del frame corrisponde una etichetta che identifica l'unità di rilevazione, il cui ordinamento può essere casuale o non casuale. Ad esempio, l'ufficio del personale di una azienda può costruire un frame dei suoi dipendenti utilizzando l'ordine alfabetico del cognome (in questo caso l'ordinamento delle unità della lista può ritenersi casuale rispetto ad una usuale variabile d'indagine) ovvero può elencare i dipendenti in funzione della data di assunzione (in questo caso l'ordinamento non è casuale, ma in funzione del tempo, e può essere un vantaggio se la variabile oggetto d'indagine è sensibile a tale ordinamento come, ad esempio, l'avanzamento di carriera o gli scatti di stipendio). La costruzione del frame implica anche l'inserimento, per ogni unità, di tutte le informazioni ausiliarie che possono essere utili per la estrazione del campione o la costruzione dello stimatore; ad esempio, per quanto riguarda l'elenco dei dipendenti tali informazioni potrebbero essere: il genere, il titolo di studio, il livello attribuito al momento dell'assunzione, il livello attuale, lo stipendio, ecc.

2008; 7mo Programma Quadro dell'UE e i Work Package 1, 2, 3, 4, 5, 6 a cura di N. Shlomo et al. 2009). Pertanto, il campione dei rispondenti potrebbe essere ancora rappresentativo del campione programmato e le stime calcolate su tale campione potrebbero essere ancora realistiche. Per sostenere questa tesi occorre quindi individuare degli indicatori di rappresentatività del campione osservato, che sono stati chiamati R-indicators.

3. *Scelta del piano di campionamento e dello schema di estrazione.* Piano di campionamento e schema di estrazione vengono descritti nel Par. 2.2. Tuttavia, lo schema, proprio perché indica il modo con cui le unità vengono selezionate, si ritiene fondamentale per definire il campione probabilistico o meno. Ad esempio, nel piano di campionamento stratificato la popolazione viene suddivisa, come è noto, in sottoinsiemi (strati) omogenei e disgiunti, per ciascuno viene costruito il frame e individuato uno schema di estrazione, in base al quale in ogni strato viene selezionato un campione. Se il metodo di scelta prevede un esperimento casuale con probabilità di selezione costante per ogni unità in ognuno degli strati, si ha un campione probabilistico e l'unione di questi campioni definisce il *piano di campionamento casuale stratificato* (si veda Par. 2.5.7). Al contrario se non è previsto alcun esperimento casuale per la selezione, che viene demandata all'intervistatore, il campione di strato è non casuale e non probabilistico e l'unione di tali campioni porta al *campionamento per quote* (si veda Par. 1.4).

4. *Rilevazione dei dati.* I metodi di rilevazione o raccolta dei dati sono diversi e vengono scelti in relazione ai differenti contesti in cui l'indagine si svolge. Ad esempio, nelle indagini sugli individui e le famiglie, la raccolta dati richiede spesso l'intervento di un intervistatore. In questo ruolo, il rilevatore ha il compito di contattare il possibile rispondente e di somministrare il questionario. Le modalità di rilevazione possono essere diverse in relazione alle risorse disponibili per l'indagine, ai tempi richiesti per la sua realizzazione e alla natura della popolazione obiettivo da studiare. La rilevazione può essere effettuata con interviste faccia a faccia compilando un questionario cartaceo (modalità PAPI – *Paper and Pencil Interviewing*) oppure un questionario elettronico (modalità CAPI – *Computer Assisted Personal Interviewing*), con interviste telefoniche (modalità CATI – *Computer Assisted Telephone Interviewing*) oppure via Internet, proponendo al soggetto l'auto-compilazione del questionario via Web (modalità CAWI – *Computer Assisted Web Interviewing*). In taluni casi l'auto compilazione può essere proposta anche inviando il questionario cartaceo via posta ordinaria.

5. *Analisi dei dati.* I dati campionari vengono utilizzati in una logica inferenziale per stimare i parametri delle variabili di interesse nella popolazione target. In un'indagine ideale, cioè senza alcun tipo di errore, viene utilizzato prevalentemente l'approccio inferenziale *design-based* (Par. 3.1). Tuttavia l'indagine senza alcun tipo di errore difficilmente si realizza; gli argomenti dei capitoli che seguono sono rivolti proprio ai metodi inferenziali per le indagini in presenza di errori. Comunque, una regola che deve essere sempre rispettata nell'analisi delle variabili oggetto di studio è quella di considerare, congiuntamente alle stime, l'errore quadratico medio, l'errore standard, nonché, quando possibile, l'intervallo di confidenza.

6. *Diffusione dei risultati.* Una volta raccolti i dati ed effettuate le analisi, inizia la fase di pubblicizzazione e diffusione dei risultati, che avviene principalmente tramite la diffusione del cosiddetto rapporto di indagine. Esso contiene la descrizione delle fasi d'indagine e l'illustrazione dei principali

risultati, con attenzione alla rappresentatività del campione e all'attendibilità delle stime. In tale fase, il soggetto responsabile dell'indagine svolge un'attività di promozione, diffusione e trasferimento dei risultati descritti nel rapporto con un programma di iniziative finalizzato a raggiungere tutti gli interessati.

Si fa notare che nell'indagine *censuaria* non è prevista la fase 3; mentre in quella *campionaria* le fasi 5 e 6 sono presenti con una logica diversa rispetto a quella dell'indagine globale.

1.2.4 Gli errori di un'indagine campionaria

Nelle fasi dell'indagine possono verificarsi delle imperfezioni, alcune con conseguenze molto gravi, altre meno, che in entrambi i casi richiedono interventi correttivi. In generale le imperfezioni determinano delle divergenze, chiamate comunemente *errori*, tra quello che "si sarebbe teoricamente dovuto osservare" e quello che "realmente è stato osservato". Diverse sono le tipologie di errore (Lessler e Kalsbeek 1992), tuttavia ciò che mina la qualità della ricerca non è il tipo di errore ma l'entità del medesimo. L'inferenza statistica insegna che gli errori di piccole dimensioni sono accettabili, non lo sono se di elevate dimensioni. La linea di demarcazione dell'accettabilità non può essere individuata in modo oggettivo, in quanto varia in funzione di diversi fattori come l'obiettivo dell'indagine, gli strumenti di rilevazione utilizzati, il livello di precisione richiesto, i tempi e i costi imposti; ed è per questo che tale linea spesso viene suggerita dall'esperienza e dalla sensibilità del ricercatore.

In genere, nelle indagini si è consapevoli della presenza dell'errore e della sua origine e la letteratura propone diversi metodi di correzione. Nel seguito sono brevemente elencate (mantenendo la stessa numerazione delle fasi) le anomalie che si possono verificare nelle fasi dell'indagine con le loro conseguenze, rinviando ai capitoli successivi i metodi di correzione:

1. La popolazione obiettivo non è specificata, obiettivi non chiari, variabili non coerenti con gli obiettivi: sono errori molto gravi con pesanti conseguenze perché potrebbero portare ad invalidare la ricerca. Non esistono metodi generali di correzione.
2. La non corrispondenza tra la popolazione frame e la popolazione target genera gli *errori di copertura*, che saranno trattati nel Cap. 4.
3. La scelta di procedere alla selezione di un campione implica a priori la rinuncia a conoscere il reale valore del parametro T e ad accettarne una stima $\hat{T}$. Conseguenza di tale scelta è la presenza dell'*errore campionario*, definito come la differenza tra la stima e il reale valore. Per ridurre questo errore si può incrementare la dimensione del campione e/o scegliere un piano di campionamento più efficiente di un altro (si veda Par. 2.7). Nell'ambito dell'inferenza *design-based* è possibile conoscere la dimensione dell'errore campionario solo se il campione è probabilistico.

4. In fase di rilevazione sono frequenti gli *errori di non risposta* che consistono nella mancata partecipazione all'indagine o nel non rispondere ad alcune domande del questionario. Nel primo caso la non risposta è *globale* o *totale*, nel secondo è *parziale*; tali errori saranno ampiamente trattati rispettivamente nei Capp. 5 e 6. La non risposta dipende da molti fattori tra cui un senso di diffidenza nei confronti delle indagini, l'obiettivo della ricerca che può coinvolgere variabili sensibili, il metodo di rilevazione e la comprensione del questionario. In questa fase si possono osservare anche gli *errori di misurazione*, (differenze tra il valore reale della variabile y e il valore rilevato); di questi alcuni sono imputabili all'intervistatore, altri all'intervistato e altri ancora all'imputazione o alla codifica dei dati.

5. È questa la fase più compromessa dalla presenza degli errori di cui sopra. Infatti, l'analisi dei dati di un'indagine campionaria riguarda le stime che vengono calcolate per i parametri descrittivi delle variabili di interesse, per quelli che ne esprimono le relazioni o per l'analisi delle variabili stesse. È evidente che la presenza degli errori provoca allontanamenti incontrollati delle stime dai rispettivi parametri.

6. L'errore che si commette in questa fase consiste nella non esatta descrizione dell'indagine e dei suoi risultati.

Gli errori descritti possono essere classificati in modi diversi; ad esempio:

- Se si vuole evidenziare l'errore della stima, si distingue l'*errore campionario* dagli *errori non campionari*. Il primo è presente solo nelle indagini campionarie e, come già detto, può essere tenuto sotto controllo in vari modi; i secondi sono gli errori di copertura, di non risposta e di misura che sono presenti nelle indagini campionarie ma anche in quelle censuarie; inoltre, in queste ultime la loro presenza è più rilevante in quanto tali errori aumentano con l'aumentare del numero delle osservazioni. Nei capitoli seguenti saranno proposti i metodi per correggere gli errori di copertura e di non risposta (globale e parziale), mentre non saranno considerati i metodi per correggere gli errori di misura, in quanto nella pratica delle indagini campionarie sono scarsamente utilizzati. Tuttavia, poiché questi errori possono distorcere anche sensibilmente le stime, alla fine del Cap. 3 vengono analizzati gli effetti che producono, per i quali si suggerisce la prevenzione come unico approccio valido di contrasto.

- Se si vogliono distinguere gli errori in base al fatto di avere o meno osservato le unità statistiche oggetto dell'indagine, si distinguono gli errori da *non osservazione* da quelli da *osservazione* (Groves 1989). I primi nascono perché non sono state osservate tutte le unità della popolazione, sono tali l'errore campionario, quello di sotto-copertura e di non risposta; i secondi sono tutti gli errori di misurazione che possono essere generati da chi, a vario titolo, si trova coinvolto nell'indagine, come ad esempio gli intervistatori e gli intervistati, o gli errori generati dal metodo di raccolta dei dati o dalla costruzione del database, ecc.

Nell'ambito delle indagini campionarie, se si suppone, in via del tutto teorica, che il campione sia osservato senza errori, si è in presenza del solo errore campionario che viene espresso dall'errore quadratico medio (MSE, dall'inglese *Mean Square Error*) che, come è noto, è pari alla somma della varianza dello stimatore e della distorsione al quadrato. Se lo stimatore è corretto non c'è distorsione e il MSE coincide con la varianza dello stimatore. Al contrario, nella pratica, il campione osservato presenta anche degli errori (errori non campionari) che non sono connessi con il metodo di stima impiegato, che solo in casi particolari si elidono, più frequentemente hanno lo stesso segno e quindi generano una ulteriore distorsione della stima. Ne consegue che per il campione di valori osservati l'errore consiste nella somma di due componenti: la prima legata alla variabilità dello stimatore e ad una sua eventuale distorsione, la seconda legata a quell'insieme di errori attribuibili alla realizzazione dell'indagine stessa.

1.3 Impiego di variabili ausiliarie nei piani di campionamento probabilistici

Il campionamento probabilistico presuppone che la popolazione target abbia un numero finito di unità e sia identificata attraverso la popolazione frame. In genere ad ogni unità del frame sono associati i valori di variabili, comunemente chiamate *ausiliarie*, perché di aiuto in diversi contesti. Le variabili ausiliarie sono differenti a seconda dello scopo dell'indagine e della fonte del frame. Ad esempio, se il frame proviene dall'anagrafe comunale e l'unità di rilevazione è l'individuo, le variabili ausiliarie possono essere: il genere, l'anno di nascita (età), il luogo di nascita, il luogo di residenza; se il frame proviene dalla segreteria studenti di una facoltà e riguarda gli iscritti ad un corso di laurea, le variabili ausiliarie possono essere: il genere, l'anno di immatricolazione, il luogo di residenza, il diploma di scuola media superiore, il voto del diploma, il numero di CFU (Crediti Formativi Universitari) acquisiti. Se invece l'unità di rilevazione è una azienda il frame potrebbe provenire dalla Camera di Commercio di un provincia e le variabili ausiliarie possono essere: la ragione sociale, il settore merceologico di attività, il comune in cui opera, il numero degli addetti. Come si può osservare dagli esempi tali variabili possono essere qualitative o quantitative e la loro utilizzazione ai fini della costruzione del piano di campionamento e dello stimatore dipende dal grado di correlazione con le variabili oggetto di studio e dal contesto in cui vengono utilizzate. Nel caso in cui vengano utilizzate per il piano di campionamento è necessario conoscerne i valori per ogni unità della popolazione, se invece vengono utilizzate per lo stimatore è spesso sufficiente conoscerne il totale o il valore medio per l'intera popolazione o per una sua partizione. Nel seguito si farà riferimento al primo utilizzo, rimandando il secondo ai capitoli successivi.

In alcune indagini il piano di campionamento prevede che le probabilità di selezione delle unità della popolazione siano diverse (si veda Cap. 2). Questo implica l'impiego di una variabile ausiliaria positiva x, il cui valore x_j osservato sulla j-esima unità della popolazione viene chiamato *misura di ampiezza*, mentre il rapporto $p_j = x_j/X$ è chiamato *misura di ampiezza normalizzata* (con $X = \sum_{j=1}^{N} x_j$ e $\sum_{j=1}^{N} p_j = 1$). È necessario che la variabile ausiliaria sia quantitativa e in genere definisca una ideale dimensione dell'unità di rilevazione; tipicamente se le unità di rilevazione sono grappoli, come ad esempio le famiglie o le aziende, la misura di ampiezza più usata in questo contesto è la dimensione del grappolo, vale a dire il numero dei componenti il nucleo famigliare o il numero dei dipendenti dell'azienda.

Se si vuole costruire un piano di campionamento stratificato si possono considerare più variabili ausiliarie, non necessariamente quantitative. Quando si ricorre a questo piano, all'interno di ogni strato la selezione può avvenire con probabilità costante oppure variabile; nel secondo caso occorrono almeno due variabili ausiliarie: una da impiegare per la costruzione degli strati e l'altra come misura di ampiezza per la quale, all'interno di ogni strato, vale il rapporto $p_{hj} = x_{hj}/X_h$, essendo h il deponente identificativo dello strato (con $X_h = \sum_{j=1}^{N_h} x_{hj}$ e $\sum_{j=1}^{N_h} p_{hj} = 1$). Più variabili ausiliarie vengono considerate per il piano, più sono gli strati in cui si può ripartire la popolazione con il conseguente potenziale incremento di omogeneità, rispetto alla variabile di interesse, in ciascuno di essi. Sotto questo aspetto la logica del campionamento stratificato è pienamente rispettata, tuttavia non sempre il coinvolgimento di molte variabili ausiliarie è possibile e non sempre è consigliabile. Quando gli strati sono numerosi la dimensione degli strati, almeno di alcuni di essi, potrebbe non essere elevata e, se si effettua l'allocazione proporzionale, la dimensione del campione di strato potrebbe essere piccola con conseguenti problemi di efficienza delle stime dei parametri di strato (si veda il caso dei domini stratificati, trattati nel Cap. 3). Ogni variabile ausiliaria deve essere correlata con la variabile di studio, ma non sempre si dispone di variabili ausiliarie con elevata correlazione; e ancora, quasi sempre l'indagine è rivolta a più variabili, ciascuna delle quali può essere correlata con alcune ausiliarie ma non con altre. Ne consegue che nelle indagini multiscopo non è semplice trovare variabili ausiliarie adatte a tutte le variabili di interesse. In genere in questo tipo di indagini, che sono diffuse sul territorio – ad esempio a livello nazionale – si impiegano come variabili di stratificazione quelle territoriali (regioni, provincie, comuni oppure le zone altimetriche o anche le dimensioni dei comuni). Le variabili territoriali non consentono di raggiungere una elevata omogeneità di strato, tuttavia si conciliano con tutte le variabili in studio e garantiscono al campione almeno una buona rappresentatività sul territorio. Un ulteriore vantaggio offerto dal campionamento stratificato è quello di agevolare la costruzione delle stime a livello di sub-popolazione. Più lo strato è omogeneo più le stime sono attendibili anche con campioni di dimensioni non molto elevate. In alcuni casi gli strati possono coincidere con i *domini di studio* che sono proprio dei sottoinsiemi di unità della popolazione per ciascuno dei quali si vogliono stimare uno o più parametri.

Come è noto la stratificazione della popolazione ha luogo prima della selezione delle unità, tuttavia le variabili ausiliarie possono essere impiegate anche per la post-stratificazione che, come si vedrà in seguito, è una tecnica per aumentare l'efficienza degli stimatori e correggere la distorsione originata dalla mancata risposta.

1.3.1 Campionamento a due fasi

Si è detto quanto sia importante il ruolo delle variabili ausiliarie nel campionamento da popolazioni finite, come si è anche detto che, per la costruzione del piano, i valori delle variabili ausiliarie devono essere noti per ciascuna unità della popolazione; tuttavia non sempre questa condizione è soddisfatta perché le informazioni ausiliarie da inserire nel frame possono provenire da fonti amministrative diverse quindi non sono omogenee e in alcuni casi sono incomplete. Reperire le informazioni mancanti e/o uniformare quelle esistenti potrebbe essere molto laborioso e scarsamente conveniente in termini di costi e tempi. In alcuni casi potrebbe essere più utile lavorare in due fasi: nella prima fase estrarre da una popolazione finita di dimensione N un campione s di dimensione n elevata e raccogliere su queste unità campionarie alcune informazioni ritenute valide per essere utilizzate come variabili ausiliarie. In questo modo si costruisce un frame con un numero di unità inferiore a quelle della popolazione obiettivo $(n < N)$ ma con le informazioni ausiliarie necessarie per l'indagine in progetto. Nella seconda fase, da questo frame, si estrae un secondo campione s' di dimensione $n' \ll n$, sfruttando le variabili ausiliarie disponibili al fine di aumentare l'efficienza delle stime. Questa procedura è particolarmente conveniente nell'ipotesi che i costi di rilevazione delle variabili ausiliarie siano inferiori a quelli di rilevazione della variabile di studio.

La procedura ora descritta è nota in letteratura come *campionamento a due fasi*, di solito impiegato nelle indagine complesse per le quali la costruzione del frame si presenta molto difficile con costi elevati o comunque più elevati di un'indagine sul primo campione. Ad esempio, si è fatto uso di questo piano nella indagine Auditel, che ha avuto inizio alla fine del 1986 con lo scopo di misurare all'interno delle famiglie italiane gli ascolti televisivi. La popolazione obiettivo è costituita dai residenti in Italia con età superiore ai quattro anni, la popolazione frame è formata dalle famiglie italiane. Non sarebbe stato possibile costruire un frame così ampio e soprattutto arricchito con variabili ausiliarie omogenee per tutte le sue unità. Pertanto, con una "ricerca di base" è stato costruito un serbatoio di circa 30.000 nuclei famigliari, coincidente con il campione s, attraverso il quale sono state rilevate variabili importanti per la ricerca e non reperibili dalle fonti ufficiali, quali, ad esempio, il responsabile degli acquisti nella famiglia, la classe socio-economica della medesima, le modalità di ricezione, ecc. Da questo primo campione è stato successivamente estratto un secondo campione s' di 5.167 famiglie che rappresentano circa 12.000 individui con età superiore ai quattro anni.

Ci sono altri contesti in cui si ricorre al campionamento a due fasi, come verrà descritto dettagliatamente nel Cap. 5 per la correzione degli errori di non risposta.

1.4 Campionamenti non probabilistici

Si ricorre a metodi di campionamento non probabilistici quando non ci sono i presupposti logici per il campionamento probabilistico o, se anche ci sono, vengono ignorati per esigenze di costi e/o tempi. Ci si trova nel primo caso quando non è possibile definire un legame tra la popolazione obiettivo e il frame, quindi non è possibile costruire la lista, o non è possibile conoscere per tutte le unità della popolazione le probabilità di selezione o non è stato predisposto uno schema di estrazione casuale di tali unità. In un'indagine sulle popolazioni elusive quali, ad esempio, gli evasori fiscali o i consumatori di droga, non è possibile costruire una lista della popolazione obiettivo. Le ricerche in questi contesti possono svolgersi solo per vie traverse, ad esempio selezionando i contribuenti e mettendo in evidenza gli evasori parziali, mentre coloro che evadono totalmente possono essere individuati attraverso controlli incrociati tra diversi archivi; comunque sia, il gruppo di evasori che alla fine della ricerca è stato individuato non rappresenta certo un campione probabilistico degli evasori. Per i consumatori di droga, si può costruire un elenco di quelli che sono stati registrati per disturbi conseguenti all'uso di droga negli ospedali di una città, ma questo elenco è imperfetto perché parziale, cioè presenta errori di sotto-copertura (per questo tipo di errore si veda il Cap. 4) in quanto sono assenti tutti coloro che consumano droga ma che non sono stati registrati in alcun ospedale. Il gruppo degli intervistati può solo essere considerato un campione non probabilistico.

Altre situazioni di non disponibilità del frame si riscontrano nelle indagini condotte via web (si veda Par. 4.2.4). Ad esempio, se una azienda vuole effettuare una ricerca di marketing sottoponendo un questionario on line agli internauti del suo sito web, tale indagine si avvarrà di un *campione autoselezionato* che, proprio per via dell'autoselezione – decisione individuale di partecipare all'indagine –, non può essere rappresentativo dei clienti navigatori e tantomeno della totalità dei suoi clienti, in quanto una percentuale di essi possono non essere internauti. Allo stesso modo l'autoselezione può invalidare anche un'indagine censuaria quando, inviato il questionario a tutte le unità della lista, i rispondenti costituiscono solo una piccola percentuale della popolazione e tale percentuale non può essere considerata un campione probabilistico.

Altra tipologia di campione non probabilistico è quella a *scelta ragionata*, in cui le unità campionarie vengono individuate secondo una certa logica. Ad esempio, nell'ambito del marketing test, per valutare l'elasticità del consumo di un prodotto rispetto al prezzo, per prevedere l'andamento di vendita di un nuovo prodotto o comunque per verificare l'efficacia di una qualsiasi strategia posta in essere, si effettuano le cosiddette *aree-test* che consistono nello scegliere con un certo criterio un campione di aree su cui verificare l'azione di marketing che, se positiva, verrà successivamente estesa all'intero territorio.

Il *campionamento per quote* si basa sulla stratificazione della popolazione secondo alcune variabili ritenute significative per l'indagine e sulla conoscenza delle proporzioni (quote) della popolazione negli strati. A tutti gli effetti il campionamento per quote è simile al campionamento stratificato con allocazione proporzionale. Tuttavia in quest'ultimo si dispone degli elenchi delle unità della popolazione in ciascuno strato da cui si estrae un campione probabilistico; al contrario nel campionamento per quote non viene compilata alcuna lista – questo riduce notevolmente i costi dell'indagine e ne spiega l'ampio utilizzo – e la scelta degli intervistati è demandata agli intervistatori; conseguentemente, anche in caso di scelta casuale degli intervistati, il campione non può essere probabilistico.

Infine, si possono verificare situazioni in cui per quasi tutte le unità della popolazione le probabilità di selezione sono positive, mentre per le restanti sono nulle. Il campione che ne deriva è noto in letteratura con il nome di *cut-off*. Il ricercatore volutamente non seleziona dalla popolazione particolari unità la cui rilevazione potrebbe essere particolarmente costosa e non arrecherebbe significativi cambiamenti nelle stime. Ad esempio, se si vuole svolgere un'indagine per valutare la propensione al rischio di investimenti finanziari delle famiglie di una certa comunità, il ricercatore può decidere di non selezionare le famiglie che hanno un reddito inferiore ad una fissata soglia, scarsamente propense quindi agli investimenti. Pertanto, qualunque sia il piano di campionamento prescelto (si veda Cap. 2), il campione che si realizza non può essere considerato probabilistico.

Come si è visto le circostanze che portano ad un campionamento non probabilistico sono diverse e in alcuni casi le modalità dell'indagine possono condurre solo a questo tipo di campionamento. Tuttavia questo non implica l'impossibilità di stimare i parametri di interesse nella popolazione obiettivo. A questo scopo, come verrà esplicitato nel Cap. 3, occorre individuare un metodo inferenziale più appropriato e comunque diverso dal *design-based*.

Bibliografia

Bethlehem, J., Cobben, F., Shouten, B.: Indicators for the Representativeness of Survey Response. Proceeding of Statistical Canada Symposium, Gatineau, Canada (2008)

Cochran, G.C.: Sampling Techniques, 3a ed. J. Wiley, New York (1977)

Frosini, B.V., Montinaro, M., Nicolini, G.: Campionamenti da popolazioni finite. UTET, Torino (2011)

Groves, R.M.: Survey Errors and Survey Costs. J. Wiley, New York (1989)

Hansen, M.H., Hurwitz, W.N., Madow, W.G.: Sample Methods and Theory. J. Wiley, New York (1953)

Kish, L.: Survey Sampling. J. Wiley, New York (1965)

Kish, L.: Statistical Design for Research. J. Wiley, New York (1987)

Kruskall, W., Mosteller, F.: Representative Sampling. III: The Current Statistical Literature. Int. Stat. Rev. **47**, 245–265 (1979)

Lessler, J.T., Kalsbeek, W.D.: Non sampling error in surveys. J. Wiley, New York (1992)

Särndal, C.E., Swensson, B., Wretman, J.: Model Assisted Survey Sampling. Springer-Verlag, New York (1992)

Shlomo, N., Skinner, C., Schouten, B., Bethlehem, J., Zhang, L.C.: Statistical Properties of Representativity Indicators. RISQ deliverable, www.risq-project.eu (2009)

2

I campionamenti probabilistici

2.1 Introduzione

Il presente capitolo riguarda i campioni probabilistici secondo la definizione fornita nel Par. 2.3 e fa riferimento a una situazione del tutto ideale. Così, si suppone che le unità della popolazione frame, di numerosità nota e pari a N, coincidano con quelle della popolazione target e che tutte le unità comprese nel campione forniscano le risposte richieste.

Nella pratica può accadere che il numero di unità della popolazione sia ignoto e che quindi vada stimato; può ad esempio avvenire nei casi in cui le popolazioni frame e target non coincidano: è noto il numero M di famiglie del frame ma non il totale N dei loro componenti che sono le unità statistiche della popolazione target.

L'ampiezza campionaria viene considerata fissa o variabile secondo il piano di campionamento prescelto come emerge nel presente capitolo, mentre il problema dell'ampiezza variabile dovuta alle mancate risposte viene affrontato in successivi capitoli.

Nel seguito, le N unità della popolazione U vengono identificate con i primi N numeri interi ai quali viene attribuito il termine di *etichetta* spesso impiegato in sostituzione di "unità elementare" o di "unità statistica" o semplicemente di "unità".

Deve precisarsi che i piani di campionamento proposti, fra i più noti nella letteratura sull'argomento, vengono descritti senza alcun commento sul loro impiego e altrettanto accade per gli stimatori introdotti nel seguito. La scelta di non procedere a una rassegna critica è dovuta al fatto che il presente capitolo deve considerarsi di mero supporto ai successivi.

2.2 Piano di campionamento

Per definire il *piano di campionamento* è opportuno premettere le definizioni di *spazio campionario* e di *schema di campionamento* (o *di estrazione*). Con il

G. Nicolini et al., *Metodi di stima in presenza di errori non campionari*,
UNITEXT – Collana di Statistica e Probabilità Applicata,
DOI 10.1007/978-88-470-2796-1_2, © Springer-Verlag Italia 2013

primo termine e in una accezione del tutto generale, si intende l'insieme S_0 di tutti i possibili campioni *ordinati* s di ampiezza variabile $n(s)$ che si possono costruire con le N etichette che formano la popolazione $U = \{1, \ldots j, \ldots, N\}$. Un campione ordinato coincide con una successione ordinata di etichette che possono anche ripetersi; sono esempi di campioni ordinati le seguenti terne di etichette: (1,2,3), (1,3,2), (2,1,3), (2,3,1), (3,1,2), (3,2,1).

Lo schema di campionamento è un meccanismo casuale che consente l'estrazione del campione. Tale meccanismo comporta innanzitutto di fissare se l'estrazione viene realizzata con o senza reinserimento e successivamente di fissare, per ogni etichetta associata ad ogni unità di rilevazione, una *probabilità di selezione* p_j, cioè la probabilità di estrarre l'etichetta stessa alla prima estrazione. Detta probabilità rimane generalmente inalterata nelle estrazioni successive se esse sono con reinserimento, mentre viene modificata o aggiornata di volta in volta se sono senza reinserimento.

Ciò premesso, il *piano di campionamento* è una funzione $p(s)$ definita su S_0 tale che

$$1. \quad p(s) \geq 0;$$

$$2. \quad \sum_{s \in S_0} p(s) = 1. \tag{2.1}$$

A fini operativi ciò che interessa nel campione non è tanto l'ordine con il quale vengono estratte le etichette, quanto le manifestazioni del carattere y che competono a ciascuna delle etichette estratte, indipendentemente dal loro ordine e dal numero di volte in cui sono state estratte. Così stando le cose, l'attenzione può essere rivolta ai campioni *non ordinati* e senza reinserimento, denominati semplicemente campioni, che costituiscono il nuovo spazio campionario S. Con riguardo alle precedenti 6 terne di etichette, un campione non ordinato è il seguente $\{1, 2, 3\}$ che le "compatta" in una sola che prescinde dall'ordine.

Indicando, per motivi di semplicità, con s sia il campione ordinato sia quello non ordinato, si può ridefinire il piano di campionamento come funzione $p(s)$ definita su S che soddisfa le (2.1), con l'ovvia sostituzione di S a S_0. Nel seguito, si farà riferimento a S quando non si prevedono ordinamento e ripetizioni di etichette e a S_0 in generale.

Esempio 2.1. *Si consideri una popolazione costituita da tre etichette $U = \{1, 2, 3\}$. I possibili campioni di S sono allora $\{1\}$, $\{2\}$, $\{3\}$, $\{1, 2\}$, $\{1, 3\}$, $\{2, 3\}$, $\{1, 2, 3\}$.* □

Esempio 2.2. *Fissa restando la popolazione relativa all'esempio precedente, si supponga che il piano di campionamento prescelto sia definito su S_0 (quindi consideri campioni ordinati), sia senza reinserimento, preveda $n(s) = n = 2$ e associ uguale probabilità ai campioni. Poiché le possibili coppie ordinate sono (1,2), (2,1), (1,3), (3,1), (2,3), (3,2), a ciascuna è associata probabilità $1/6$, mentre ai restanti elementi compresi in S_0 risulta associata probabilità nulla.* □

2.3 Le probabilità di inclusione

Oltre alla probabilità di selezione p_j, sono essenziali altri due tipi di probabilità, la *probabilità di inclusione del primo ordine* che, con riguardo all'etichetta j, assume la forma

$$\pi_j = \sum_{s \ni j} p(s) \qquad (2.2)$$

e rappresenta la probabilità di estrarre un campione che comprende l'etichetta j, a prescindere da quante volte è stata estratta. La seconda è la *probabilità di inclusione del secondo ordine* che, con riguardo alla coppia di etichette j e j', assume la forma

$$\pi_{j,j'} = \sum_{s \ni j, j'} p(s) \qquad (2.3)$$

e rappresenta la probabilità di estrarre un campione che contiene la predetta coppia.

Esempio 2.3. *Ancora con riguardo alla popolazione dell'Esempio 2.1 e al piano di campionamento definito nell'Esempio 2.2, la probabilità di inclusione dell'etichetta 1 è data dalla somma delle probabilità associate alle quattro coppie che contengono detta etichetta, pertanto $\pi_1 = 2/3$ mentre la probabilità di inclusione della coppia di etichette 1 e 3 è data dalla somma delle probabilità associate ai due campioni che le contengono entrambe, ossia $\pi_{1,3} = 1/3$.* □

Conviene ancora precisare che un piano di campionamento si dice: *probabilistico* se ogni etichetta compresa in U ha probabilità di inclusione del primo ordine positiva e calcolabile; *autoponderante* se la probabilità di inclusione del primo ordine è la stessa per ogni etichetta; *misurabile* se le probabilità di inclusione del secondo ordine sono tutte positive e calcolabili.

Se accade che $\pi_j = 0$ per qualche etichetta j il piano non è più probabilistico dal momento che a priori vengono esclusi elementi che appartengono alla popolazione. Esempi di piani autoponderanti e misurabili vengono forniti nel Par. 2.5.1, mentre il motivo della misurabilità viene chiarito nel Par. 2.6.2.

La teoria vorrebbe l'estrazione di un campione s dallo spazio S_0 o dallo spazio S al quale risulta associata una prefissata probabilità. In concreto il campione viene estratto direttamente dalla popolazione U seguendo un prefissato schema di campionamento e impiegando opportune tecniche di estrazione che vanno dai numeri pseudo-casuali, nel caso di probabilità costanti, ai totali cumulati, al metodo di Lahiri ed ad altre ancora nel caso di campionamento a probabilità variabili. In proposito si possono consultare, ad esempio, i volumi di Cicchitelli et al. (1997) e di Frosini et al. (2011).

Molti piani di campionamento sono concepiti in modo da garantire a priori la conoscenza delle due probabilità di inclusione del primo e del secondo ordine, dal momento che le prime entrano nella struttura dello stimatore, almeno quello di impiego più frequente, e insieme alle seconde entrano nella varianza

del medesimo. Se lo schema non garantisce a priori la struttura delle probabilità di inclusione prescelte, queste devono essere calcolate impiegando le
formule (2.2) e (2.3), il che implica di assegnare ad ogni campione s compreso
in S_0 o in S la corrispondente probabilità $p(s)$.

2.4 La variabile indicatrice e la frequenza attesa di inclusione

Nel seguito si chiama spesso in causa la *variabile indicatrice* $I_j(s)$ che, con
riguardo all'etichetta j e al campione $s \in S$, assume i due valori: 1 se j è
compresa in s e 0 in caso contrario ($j = 1, \ldots, N$), si ha cioè

$$I_j(s) = \begin{cases} 1 & \text{se} \quad j \in s \\ 0 & \text{se} \quad j \notin s \end{cases}.$$

Conviene considerare $I_j(s)$ nei termini più generali, ovvero con riferimento ad
ampiezze campionarie variabili; in tal caso si ha

$$\sum_{j=1}^{N} I_j(s) = n(s) \tag{2.4}$$

risultando

$$\mathrm{E}[I_j(s)] = \sum_{s \in S} I_j(s) p(s) = \pi_j. \tag{2.5}$$

In altri termini, $I_j(s)$ è la j-esima marginale della variabile casuale a N dimensioni le cui componenti sono variabili casuali di Bernoulli tra loro dipendenti;
il parametro che caratterizza $I_j(s)$ coincide con la probabilità di inclusione π_j
dell'etichetta j. Si ha inoltre

$$\mathrm{V}[I_j(s)] = \pi_j(1 - \pi_j), \tag{2.6}$$

$$\mathrm{C}[I_j(s), I_{j'}(s)] = \pi_{j,j'} - \pi_j \pi_{j'}, \tag{2.7}$$

risultando per la dipendenza

$$\mathrm{E}[I_j(s) I_{j'}(s)] = \sum_{s \in S} I_j(s) I_{j'}(s) p(s) = \pi_{j,j'} \neq \pi_j \pi_{j'},$$

dove la variabile prodotto $I_j(s) I_{j'}(s)$ per ogni $s \in S$ assume il valore 1 se
la coppia di etichette j e j' è compresa nel campione e 0 in caso contrario, potendosi identificare con una variabile casuale di Bernoulli di parametro
$\pi_{j,j'}(j, j' = 1, \ldots, N; j \neq j')$.

Tra l'altro, valgono le seguenti uguaglianze

$$\sum_{j=1}^{N} \pi_j = \mathrm{E}[n(s)], \qquad (2.8)$$

$$\sum_{j=1}^{N} \sum_{j' \neq j}^{N} \pi_{j,j'} = \mathrm{V}[n(s)] + \mathrm{E}[n(s)]\{\mathrm{E}[n(s)] - 1\}, \qquad (2.9)$$

verificate nel Par. 2.10. Se n è fisso, poiché $\mathrm{E}[n(s)] = n$ e $\mathrm{V}[n(s)] = 0$, dalle (2.8) e (2.9) si ricava $\sum_{j=1}^{N} \pi_j = n$ e $\sum_{j=1}^{N} \sum_{j' \neq j} \pi_{j,j'} = n(n-1)$, avendosi anche

$$\sum_{j' \neq j}^{N} \pi_{j,j'} = (n-1)\pi_j, \qquad (2.10)$$

come si verifica nel Par. 2.10.

Esempio 2.4. *Con riguardo all'Esempio 2.3, indicate con $I_1(s)$ e con $I_3(s)$ le variabili indicatrici delle etichette 1 e 3 si ha, come si controlla subito, $\mathrm{E}[I_1(s)] = \mathrm{E}[I_3(s)] = 2/3$, in accordo con la (2.5); $\mathrm{V}[I_1(s)] = \mathrm{V}[I_3(s)] = 2/9$, in accordo con la (2.6) e $\mathrm{C}[I_1(s), I_3(s)] = -1/9$, in accordo con la (2.7).*   □

Per i piani di campionamento che prevedono il reinserimento e probabilità di selezione p_j per l'unità j, costante in ogni estrazione, conviene introdurre anche la variabile casuale $F_j(s)$ che prende il nome di *frequenza attesa di inclusione* e viene a rappresentare il numero di volte $0, 1, \ldots, n$ in cui la medesima unità j è stata estratta nel campione s, una volta fissato n. Il numero medio di volte in cui l'etichetta j è compresa in un campione, è dato da

$$\psi_j = \sum_{s \in S_0} F_j(s)p(s) = \mathrm{E}[F_j(s)] = np_j, \qquad (2.11)$$

essendo $F_j(s)$ la j-esima marginale di una variabile casuale Multinomiale di parametri n e p_j $(j = 1, \ldots, N)$. Si ha per cose note che

$$\mathrm{V}[F_j(s)] = np_j(1 - p_j) \qquad (2.12)$$

e che

$$\mathrm{C}[F_j(s), F_{j'}(s)] = -np_j p_{j'}. \qquad (2.13)$$

Esempio 2.5. *La popolazione sia costituita da $N = 50$ etichette e il piano di campionamento preveda il reinserimento, l'ampiezza campionaria sia pari a 5 e la probabilità di selezione dell'etichetta 3 sia $p_3 = 0,2$. Con riguardo a tutti i campioni di ampiezza 5 compresi in S_0, dalla (2.11) ci si attende che l'etichetta 3 sia compresa in media 1 volta.*   □

2.5 Alcuni piani di campionamento

Nei paragrafi che seguono vengono considerati alcuni piani di campionamento di uso frequente nelle indagini campionarie che prevedono sia ampiezza campionaria fissa e pari a n, sia ampiezza variabile e pari a $n(s)$. Secondo i casi, come si è già precisato, lo spazio campionario di riferimento è S_0 o S, con l'avvertenza che il piano di campionamento assegna probabilità nulla a tutti i campioni che non sono previsti dallo schema di estrazione.

2.5.1 Piano di campionamento casuale semplice senza reinserimento e con reinserimento

Nel piano di campionamento casuale semplice senza reinserimento *srs* (*simple random sampling*), noto semplicemente come piano di campionamento casuale semplice, lo schema di estrazione, oltre a n fisso, prevede costanti le probabilità di selezione in ognuna delle estrazioni. Con riguardo a S_0, la probabilità di selezione della generica etichetta j ($j = 1, \ldots, N$) è pari a $1/N$ alla prima estrazione, a $1/(N-1)$ alla seconda estrazione, posto che non sia stata estratta alla prima, $\ldots$, a $1/(N - n + 1)$ alla n-esima estrazione, posto di non averla estratta nelle precedenti $(n - 1)$. In tal caso

$$p(s) = \frac{1}{N(N - 1) \ldots (N - n + 1)} \qquad (2.14)$$

per tutti gli $s \in S_0$ formati da n etichette che non si ripetono e, secondo quanto premesso, $p(s) = 0$ per i restanti campioni ordinati che hanno ampiezza diversa da n e che, a parità di n, contengono etichette che si ripetono.

La (2.14) definisce un piano *srs* con campioni ordinati e senza reinserimento; per tale piano le probabilità di inclusione sono

$$\pi_j = \frac{n}{N}, \quad \pi_{j,j'} = \frac{n(n - 1)}{N(N - 1)} \qquad (2.15)$$

che assicurano che il piano sia autoponderante e misurabile. Per un piano di campionamento *srs*, definito sullo spazio campionario S, cioè lo spazio che contiene i campioni non ordinati e senza reinserimento, la (2.14) diventa

$$p(s) = \frac{n}{N} \frac{n - 1}{N - 1} \cdots \frac{1}{N - n + 1} = \binom{N}{n}^{-1}, \qquad (2.16)$$

potendosi tradurre nella probabilità che alla prima estrazione si estrae una qualunque delle N etichette, alla seconda una qualunque delle $(n-1)$ etichette fra le restanti $(N-1)$ e così via. All'n-esima estrazione si estrae l'unità restante fra le $(N - n + 1)$. Rimangono invece inalterate le (2.15).

Se il piano è *srswr* (*simple random sampling with replacement*), cioè è a probabilità costanti e con reinserimento, la (2.14) assume la forma

$$p(s) = \frac{1}{N^n} \qquad (2.17)$$

per tutti i campioni ordinati di ampiezza n che contengono o meno etichette che si ripetono e $p(s) = 0$ per i tutti i campioni ordinati con ampiezza diversa da n. Risulta, infine, che

$$\pi_j = 1 - \left(1 - \frac{1}{N}\right)^n, \quad \pi_{j,j'} = 1 - 2\left(1 - \frac{1}{N}\right)^n + \left(1 - \frac{2}{N}\right)^n. \quad (2.18)$$

Trattandosi di piano con ripetizione, è utile conoscere anche la frequenza attesa di inclusione della generica unità della popolazione data da $\psi_j = n/N$.

2.5.2 Piano di campionamento sistematico (sm)

Il piano di campionamento *sistematico* si ottiene impiegando il seguente schema di estrazione. Si ordinano in modo prefissato le N unità di U e si fissa in n l'ampiezza campionaria. Nell'ipotesi che il rapporto N/n fornisca un valore r intero, si sceglie casualmente con probabilità costante un numero intero compreso tra 1 e r. Se t è il numero estratto, vengono a fare parte del campione le etichette: $t, t+r, t+2r, \ldots, t+(n-1)r$ e l'intero r prende il nome di *passo di campionamento*.

In un qualsiasi piano di campionamento *sm*, la probabilità di estrarre la prima fra le n etichette previste è pari alla sua probabilità di inclusione e, dal momento che le restanti $(n - 1)$ vengono estratte in via automatica, è pari alla probabilità di estrarre il campione che la contiene. I possibili campioni di S ai quali è associata probabilità positiva sono r e ciascuno ha la stessa probabilità di essere estratto dal momento che gli r numeri sono equiprobabili. Si ha $\pi_j = 1/r$ e $\pi_{j,j'} = 1/r$ se le etichette j e j' sono comprese in uno dei possibili campioni, in caso contrario la probabilità di inclusione di secondo ordine è nulla, il che consente di affermare che il piano *sm* non è misurabile secondo la definizione proposta in precedenza.

Per contemplare anche i casi in cui N non è multiplo di n, si può procedere nel modo seguente. Sia $N = nr + c$; se $c = 0$ si ricade nel caso precedente; se $0 < c < r$, allora gli r campioni dello spazio S hanno numerosità

$$\begin{cases} n+1 & \text{se} \quad t \leq c \\ n & \text{se} \quad c < t \leq r \end{cases}. \quad (2.19)$$

Se $c \geq r$, allora nel rapporto $N/r = n'$, si considera la parte intera di n' e riscrivendo N nella forma $N = n'r + c'$ ci si può ricondurre alla situazione precedente. In questo caso l'ampiezza dei campioni è $n'+1$ o n' in accordo con la (2.19). Si conclude che, eccetto il caso in cui N è multiplo di n, l'ampiezza campionaria è variabile, potendo assumere secondo i casi i valori $n + 1$, n, $n' + 1$ o n'.

Esempio 2.6. *Con riguardo alle unità di $U = \{1, 2, 3, 4, 5, 6, 7, 8, 9, 10\}$ si voglia un campione sm di ampiezza $n = 3$. Poiché si può scrivere $N = 3 \times 3 + 1$ si estrae un numero casuale compreso tra 1 e 3, dove 3 è il passo di campionamento. Se $t = 2$ è il numero estratto, il campione comprende le etichette*

$\{2,5,8\}$. *Gli altri campioni dello spazio S ai quali è associata probabilità positiva e pari a* $p(s) = 1/3$, *sono* $\{1,4,7,10\}$ *e* $\{3,6,9\}$ *secondo che sia* $t = 1$ *o* $t = 3$. *Se si fissa* $n = 4$ *si ha* $10 = 4 \times 2 + 2$; *poiché* $c = 2 = r$, *si ricorre al rapporto* $10/2 = 5$; *potendosi scrivere* $10 = 5 \times 2$ *e poiché* $c' = 0$, *i campioni hanno la stessa ampiezza pari a* 5 *e sono* $\{1,3,5,7,9\}$ *e* $\{2,4,6,8,10\}$. $\square$

2.5.3 Piano di campionamento di Poisson (Po)

Il seguente schema di estrazione caratterizza un piano di campionamento definito su S con ampiezza variabile, noto con il nome di campionamento di Poisson. Per ogni etichetta j $(j = 1, \ldots, N)$ della popolazione U si realizza nell'ordine un esperimento casuale. In particolare per l'etichetta j si realizza un esperimento che può portare ai due risultati E_j con probabilità π_j e $\overline{E}_j$ con probabilità $(1 - \pi_j)$. Se l'esito dell'esperimento è E_j l'etichetta j viene inserita nel campione e trascurata in caso contrario. La probabilità di inclusione dell'etichetta j è pari a π_j, mentre la probabilità associata al campione s di ampiezza variabile $n(s)$ è data da

$$p(s) = \prod_{j \in s} \pi_j \prod_{k \notin s} (1 - \pi_k), \qquad (2.20)$$

dove la seconda produttoria è estesa a tutte le etichette k di U non comprese nel campione s.

Esempio 2.7. *Si supponga che la popolazione sia costituita dalle etichette* $\{1,2,3\}$. *I possibili campioni di S ai quali è associata probabilità positiva sono:* (1), (2), (3), $(1,2)$, $(1,3)$, $(2,3)$, $(1,2,3)$. *Così, il campione* (3) *si ottiene se in corrispondenza delle etichette* 1 *e* 2 *si sono verificati* $\overline{E}_1$ *e* $\overline{E}_2$ *mentre in corrispondenza dell'etichetta* 3 *si è verificato* E_3 *e la sua probabilità è* $p(3) = \pi_3(1 - \pi_1)(1 - \pi_2)$. *Deve comunque osservarsi che nella realizzazione del campione potrebbe accadere di non estrarre alcuna etichetta perché si è verificato solo* $\overline{E}_j (j = 1,2,3)$, *in tal caso si ripete la procedura prevista nello schema.* $\square$

Una particolarizzazione è il piano di campionamento di *Bernoulli* che prevede un solo esperimento casuale che comporta due possibili risultati E con probabilità π e $\overline{E}$ con probabilità $(1 - \pi)$ per ogni unità di U. Se l'esito dell'esperimento casuale è E si estrae l'etichetta, in caso contrario non la si estrae e si passa alla successiva. Risulta

$$p(s) = \pi^{n(s)}(1 - \pi)^{N-n(s)}, \qquad (2.21)$$

con $n(s) = 1, \ldots, N$, essendo π la probabilità di inclusione di primo ordine costante per ogni etichetta.

2.5.4 Piano di campionamento con reinserimento proporzionale alla misura di ampiezza (pps)

Con riguardo allo spazio S_0, si supponga di considerare il piano di campionamento a probabilità variabili con reinserimento pps (probability proportional to size) e con ampiezza costante pari a n; la probabilità di selezione delle unità in ogni singola estrazione assume la forma

$$p_j = \frac{x_j}{X}, \tag{2.22}$$

essendo x_j la manifestazione sull'etichetta j di una variabile ausiliaria x a valori positivi, ossia la misura di ampiezza, e $X = \sum_{j=1}^{N} x_j$ il totale di x. La probabilità associata al generico campione ordinato $s = (j_1, \ldots, j_n)$ è data da $p(s) = \prod_{i=1}^{n} p_j$, mentre risulta nulla la probabilità associata ai campioni che contengono un numero di elementi diverso da n. Si ha

$$\pi_j = 1 - (1 - p_j)^n, \quad \pi_{j,j'} = 1 - (1 - p_j)^n - (1 - p_{j'})^n + (1 - p_j - p_{j'})^n \tag{2.23}$$

che generalizzano le (2.18).

Trattandosi di campionamento con ripetizione, vale la pena esplicitare anche la frequenza attesa di inclusione data da $\psi_j = np_j$.

2.5.5 Piani di campionamento senza reinserimento proporzionali alla misura di ampiezza (πps) per n = 2

Considerato lo spazio S, esistono diversi piani di campionamento che assicurano che le probabilità di inclusione del primo ordine siano proporzionali alla misura di ampiezza x_j, cioè

$$\pi_j \propto x_j. \tag{2.24}$$

Si tratta, allora, di fissare le probabilità di selezione delle unità comprese nel campione che garantiscano la (2.24). Di seguito l'attenzione viene fissata sul caso $n = 2$, che può sembrare una eccessiva semplificazione ma di fatto viene spesso utilizzato in piani di campionamento a più stadi con stratificazione delle unità di primo stadio. Un richiamo a questo tipo di campionamento viene fatto nel Par. 2.5.10.

Una prima procedura, suggerita da Brewer (1975), assegna all'etichetta j la seguente probabilità di selezione alla prima estrazione

$$p'_j = D^{-1} p_j (1 - p_j)/(1 - 2p_j),$$

dove p_j è fornita dalla (2.22) e la costante di proporzionalità D è tale da rendere pari a 1 la somma delle probabilità di selezione, ossia

$$D = \sum_{j=1}^{N} p_j (1 - p_j)/(1 - 2p_j). \tag{2.25}$$

Alla seconda estrazione, la probabilità di selezione dell'etichetta j', se alla prima è stata estratta j, è pari alla misura di ampiezza riproporzionata, cioè $p_{j'} = x_{j'}/(X - x_j) = p_{j'}/(1 - p_j)$. Al campione $s = \{j, j'\}$ rimane allora associata la probabilità

$$p(s) = \frac{p_j p_{j'}}{D} \left[\frac{1}{1 - 2p_j} + \frac{1}{1 - 2p_{j'}} \right], \qquad (2.26)$$

mentre la probabilità di inclusione dell'etichetta j, come si verifica facilmente, è pari a $\pi_j = 2x_j/X$, cioè soddisfa la richiesta (2.24). In questo caso molto semplice risulta anche che $\pi_{j,j'} = p(s)$.

Un altro modo di pervenire alla probabilità di inclusione che rispetta la (2.24) è quello proposto da Durbin (1967) che prevede quanto segue. La prima etichetta viene estratta con probabilità pari alla (2.22); se l'etichetta estratta è j, la probabilità di estrarre l'etichetta j' è pari a

$$p'_{j'} = \frac{1}{\gamma} p_{j'} \left(\frac{1}{1 - 2p_{j'}} + \frac{1}{1 - 2p_j} \right),$$

dove γ è la costante di normalizzazione; come si può verificare vale l'uguaglianza $\gamma = 2D$, con D fornita dalla (2.25). Si verifica altresì che le probabilità di inclusione del primo e del secondo ordine sono uguali a quelle dello schema di Brewer e quindi nel caso in esame è uguale anche la probabilità associata al campione s.

Riassumendo, gli schemi di Brewer e di Durbin, pur essendo diversi, portano allo stesso piano di campionamento, il che consente di affermare che un piano di campionamento può essere generato da due o più schemi di estrazione. Esistono molti altri piani di campionamento πps per i quali si rimanda al volume di Brewer e Hanif (1983).

Conviene ancora precisare che in generale se il piano di campionamento è πps e se risulta $2p_j \geq 1$, l'etichetta j viene automaticamente inserita nel campione. Va anche precisato che, se si adotta lo schema di Brewer, è assicurata la seguente disuguaglianza $\pi_j \pi_{j'} - \pi_{j,j'} > 0$, la cui opportunità viene chiarita nel Par. 2.6.2.

Esempio 2.8. *Si consideri la popolazione* $U = \{1, 2, 3, 4, 5, 6\}$ *con probabilità di selezione* p_j *rispettivamente pari a* $0, 51; 0, 10; 0, 13; 0, 04; 0, 10; 0, 12$. *Impiegando un piano* πps *per estrarre un campione di numerosità* $n = 2$, *si osserva, ancora prima di iniziare le estrazioni, che* $\pi_1 = 2 \cdot 0, 51 = 1, 02$, *così che l'etichetta 1 è certamente elemento del campione e la restante estrazione dovrà essere realizzata fra le cinque etichette rimaste.* □

2.5.6 Piani di campionamento πps per $n > 2$

Esistono molti schemi di campionamento che nel caso $n > 2$ danno luogo a piani di campionamento πps. Tuttavia molti di questi sono particolarmente complessi e altri non consentono di esprimere in via analitica le probabilità di inclusione del secondo ordine, il che si ripercuote sulla stima della varianza, come si avrà occasione di osservare nel Par. 2.6.2.

Qui di seguito vengono descritti due piani, quello sistematico e quello di Sampford, che sembrano essere di facile implementazione. Per altri piani di campionamento si rimanda, oltre che al già citato volume di Brewer e Hanif (1983), al più recente di Tillé (2006).

Il piano di campionamento sistematico πps si ottiene con il seguente schema di estrazione. Supposto che le N unità di U siano etichettate in modo casuale e fissata in n l'ampiezza campionaria, si pone l'attenzione sui valori nx_j e sulle corrispondenti quantità cumulate $T_j = \sum_{i=1}^{j} nx_i$. Scelto casualmente e con probabilità costante un numero reale r compreso tra 1 e X, si estrae come prima etichetta quella la cui quantità cumulata è immediatamente superiore o uguale al valore r, la seconda quella la cui intensità cumulata è immediatamente superiore o uguale a $r + X, \dots$, l'n-esima etichetta quella la cui intensità cumulata è immediatamente superiore o uguale a $r + (n-1)X$, con r passo di campionamento. Se prima di iniziare la procedura di estrazione vi sono etichette per le quali risulta $nx_j \geq X$, le stesse vengono certamente inserite nel campione.

Poiché ogni valore r ha la stessa probabilità di essere estratto, la probabilità di estrarre l'etichetta j è data da

$$P(T_{j-1} < r \leq T_j) = \frac{T_j - T_{j-1}}{X} = n\frac{x_j}{X},$$

risultando $\pi_j = nx_j/X$, il che rende il piano πps. La semplicità dell'espressione della probabilità di inclusione del primo ordine non si verifica nel caso delle probabilità del secondo ordine che non sono esprimibili in via analitica.

Esempio 2.9. *Con riguardo alle unità di $U = \{1, 2, 3, 4, 5, 6\}$, si supponga che la variabile ausiliaria x assuma i valori: $x_1 = 10$, $x_2 = 35$, $x_3 = 15$, $x_4 = 85$, $x_5 = 42$, $x_6 = 100$ e si fissi in $n = 3$ l'ampiezza campionaria. È immediato controllare che per l'etichetta 6 risulta $nx_6 = 300$ così che la medesima viene inserita automaticamente nel campione in quanto $300 > 287 = X$. Per estrarre le due etichette restanti si considerano i valori cumulati $T_j = \sum_{i=1}^{j}(n-1)x_i$ che nell'ordine sono: $T_1 = 20$, $T_2 = 90$, $T_3 = 120$, $T_4 = 290$, $T_5 = 374$ e si estrae un numero reale compreso fra 1 e $187 = X - 100$. Se il numero estratto è 30, le etichette da estrarre sono quelle a cui corrispondono intensità cumulate T_j immediatamente superiore a 30 e immediatamente superiore a $217 = 30 + 187$, cioè le etichette 2 e 4. In questo caso particolare risulta che solo i campioni $\{1, 4, 6\}$, $\{2, 4, 6\}$, $\{3, 4, 6\}$, $\{3, 5, 6\}$, $\{4, 5, 6\}$ hanno probabilità positiva mentre i restanti compresi in S hanno probabilità nulla.* □

Il piano di campionamento πps di Sampford (1967), che generalizza il piano proposto da Rao (1965) nel caso $n = 2$, è così strutturato. Fissato n, la prima unità viene estratta con probabilità proporzionale alla misura di ampiezza, fornita con la (2.22); le restanti $(n - 1)$ unità vengono estratte con reinserimento e con probabilità pari a $D^{-1}p_j/(1 - np_j)$, dove D^{-1} ha significato analogo alla precedente (2.25). Poiché l'estrazione è con reinserimento, se accade di estrarre una seconda volta la stessa unità il campione viene rifiutato e si inizia nuovamente con la stessa procedura fino a ottenere n unità tra loro distinte.

Le probabilità di inclusione di primo ordine sono proprio $\pi_j = np_j$ (si veda Murthy, 1967), mentre quelle di secondo ordine hanno una struttura complessa e per le medesime si rimanda a Chaudhuri e Vos (1988). In detto volume figurano molti piani di campionamento nel caso $n > 2$ che non sono necessariamente πps.

2.5.7 Piano di campionamento stratificato (st)

Si supponga che la popolazione sia suddivisa in H gruppi o *strati*, contenenti $N_1, \ldots, N_h, \ldots, N_H$ unità statistiche con $\sum_{h=1}^{H} N_h = N$, che risultano "omogenei" rispetto a y. Il relativo schema consiste nell'estrarre, solitamente senza reinserimento, $n_1, \ldots, n_h, \ldots, n_H$ unità statistiche dagli strati $1, \ldots, h, \ldots, H$, essendo $n = \sum_{h=1}^{H} n_h$ l'ampiezza totale del campione $s = \bigcup_h s_h$. Nel caso in esame lo spazio campionario S si ottiene come prodotto cartesiano degli H sottospazi S_h che si possono immaginare costruiti per ognuno degli H strati.

Gli strati identificano altrettante popolazioni frame dalle quali poi estrarre le unità statistiche. L'estrazione in uno strato può essere realizzata con probabilità variabili, ovvero con probabilità costanti; in questo secondo caso nell'ipotesi che lo schema di estrazione a probabilità costanti sia *srs* e venga adottato in ogni strato, il piano si dice *piano di campionamento casuale stratificato*.

Indicando con $p(s_h)$la probabilità del campione s_h relativo all'h-esimo strato, la probabilità associata al campione s dello spazio campionario S, risulta

$$p(s) = \prod_{h=1}^{H} p(s_h),$$

per l'indipendenza dei campioni di strato; con riguardo, ad esempio, al piano di campionamento casuale stratificato si ha

$$p(s) = \prod_{h=1}^{H} \binom{N_h}{n_h}^{-1}.$$

La probabilità di inclusione dell'etichetta j compresa nello strato h viene indicata con π_{hj}, mentre la probabilità relativa alla coppia di etichette (j, j') si indica con $\pi_{hj,hj'}$ se entrambe sono comprese nello strato h e $\pi_{hj,h'j'}$ se l'etichetta j appartiene allo strato h e l'etichetta j' allo strato h'. Si osservi che per via dell'indipendenza dei campioni di strato si ha $\pi_{hj,h'j'} = \pi_{hj}\pi_{h'j'}$. Ad esempio, ricordando anche le (2.15), nel caso di piano srs in ogni strato, si ha

$$\pi_{hj} = \frac{n_h}{N_h}, \quad \pi_{hj,hj'} = \frac{n_h(n_h - 1)}{N_h(N_h - 1)}, \quad \pi_{hj,h'j'} = \frac{n_h}{N_h}\frac{n_{h'}}{N_{h'}}.$$

2.5.8 Piano di campionamento a grappoli (gr)

Si supponga che le N unità della popolazione di riferimento siano suddivise in M gruppi denominati *grappoli* non secondo la condizione di cui si è detto per il piano *st*, che richiede l'omogeneità delle unità rispetto a y, ma rispetto a criteri di natura generale, come avviene quando si considerano studenti di un liceo raggruppati in classi, individui raggruppati in famiglie residenti in un comune o addetti di aziende di un settore merceologico attive in una provincia. Gli M grappoli costituiscono le unità di rilevazione, come accennato nel Par. 1.2.1, ciascuna contenente M_i unità statistiche, con $\sum_{i=1}^{M} M_i = N$. Si supponga di estrarre un campione di m grappoli, con $m < M$, utilizzando un qualsiasi piano di campionamento che prevede l'estrazione con probabilità costanti (*srs, srswr, sm*) o con probabilità variabili (*pps, πps*), potendo anche prevedere una stratificazione dei grappoli, per esempio le classi del liceo per anno (I, II, III), le famiglie per zone o quartieri comunali, le aziende per numero di addetti. Vengono poi analizzate tutte le unità statistiche che compongono i grappoli estratti, quindi tutti gli alunni delle classi selezionate, tutti i componenti le famiglie, tutte le aziende. Conviene notare che nel campionamento *gr* è noto il numero m di grappoli estratti ma, se i grappoli hanno diverse dimensioni, non è noto a priori il numero $n(s)$ di unità statistiche che saranno esaminate e che costituiscono il campione s.

Le probabilità di inclusione vengono così contrassegnate: π_i è la probabilità relativa al grappolo i; π_{ij} è la probabilità relativa all'etichetta j compresa nel grappolo i; $\pi_{ij,ij'}$ è la probabilità di inclusione della coppia (j, j') se entrambe le etichette sono comprese nello stesso grappolo i; $\pi_{ij,i'j'}$ è la corrispondente probabilità se j è compresa nel grappolo i e j' nel grappolo i'.

Per la probabilità di inclusione dell'unità j compresa nel grappolo i può scriversi $\pi_{ij} = \pi_i$; per quanto riguarda le probabilità di inclusione del secondo ordine delle unità j e j' si ha $\pi_{ij,ij'} = \pi_i$ e $\pi_{ij,i'j'} = \pi_{i,i'}$, dove $\pi_{i,i'}$ è la probabilità di inclusione del secondo ordine dei grappoli i e i'. Ad esempio, nel caso in cui il campione di grappoli venga selezionato con il piano *srs*, le probabilità di inclusione del primo e del secondo ordine sono rispettivamente:

$$\pi_i = \pi_{ij} = \frac{m}{N}, \quad \pi_i = \pi_{ij,ij'} = \frac{m}{M}$$

e

$$\pi_{ii'} = \pi_{ij,i'j'} = \frac{m}{M}\frac{m-1}{M-1}.$$

2.5.9 Piano di campionamento a due stadi (ds)

Il campionamento a due stadi è una sorta di generalizzazione del campionamento gr, nel senso che presuppone la suddivisione della popolazione in M grappoli e l'estrazione di m di questi, estrazione realizzata con un prefissato piano di campionamento. Da ciascuno dei grappoli estratti, chiamati *unità di primo stadio*, si estraggono n_i unità statistiche, con $n_i < M_i$, chiamate *unità di secondo stadio o unità elementari*, impiegando un piano di campionamento che può anche differire dal primo.

Con il campionamento ds occorre predisporre la lista degli M grappoli per l'estrazione di primo stadio e m liste, relative alle unità statistiche contenute nei grappoli estratti, per le estrazioni di secondo stadio; alla fine del processo di estrazione il numero di unità statistiche campionate è pari a $n = \sum_{i=1}^{m} n_i$.

La probabilità di inclusione dell'etichetta j risulta:

$$\pi_{ij} = \pi_i \pi_{j|i}, \qquad (2.27)$$

dove $\pi_{j|i}$ rappresenta la probabilità che l'etichetta j entri a far parte del campione condizionata all'estrazione del grappolo i nel primo stadio e π_i la sua probabilità di inclusione. La probabilità di inclusione della coppia di etichette j e j' è data da

$$\pi_{ij,ij'} = \pi_i \pi_{j,j'|i}, \quad \pi_{ij,i'j'} = \pi_{i,i'} \pi_{j|i} \pi_{j'|i'}, \qquad (2.28)$$

dove $\pi_{i,i'}$ indica la probabilità di inclusione della coppia di grappoli (i, i'). Ad esempio, se i piani di campionamento sono srs in entrambi gli stadi risulta

$$\pi_{ij} = \frac{m}{M} \frac{n_i}{M_i},$$

mentre le probabilità di inclusione di secondo ordine divengono

$$\pi_{ij,ij'} = \frac{m}{M} \frac{n_i}{M_i} \frac{n_i - 1}{M_i - 1}, \quad \pi_{ij,i'j'} = \frac{m}{M} \frac{m-1}{M-1} \frac{n_i}{M_i} \frac{n_{i'}}{M_{i'}}.$$

2.5.10 I piani di campionamento complessi

Un piano di campionamento che non è ad ampiezza variabile e non richiede l'utilizzo di variabili ausiliarie è denominato *semplice*; al contrario, se prevede una ampiezza variabile e/o l'impiego di variabili ausiliarie è considerato *complesso*. Secondo questa accezione tra i piani di campionamento considerati nei precedenti paragrafi solo i piani srs, $srswr$ e sm sono semplici, tutti gli altri sono complessi.

Conviene anche osservare che i piani di campionamento complessi sono generalmente realizzati con frame complessi, cioè non semplici, intendendo per frame semplice quello in cui le unità di rilevazione coincidono con le unità statistiche, come precisato nel punto i. del Par. 4.3.1. Tuttavia, si fa notare che da un frame semplice certamente deriva un piano semplice ma potrebbe scaturirne anche uno complesso come, ad esempio, i piani pps o πps.

In genere nelle indagini su larga scala, caratterizzate da campioni estratti da una ampia popolazione (come può essere quella di una intera nazione) ai quali è richiesta una rappresentatività anche territoriale (si fa quindi riferimento alle indagini nazionali), si utilizzano sempre piani complessi *a due o più stadi*, per i quali naturalmente l'estrazione di primo stadio riguarda sempre dei grappoli, che possono essere estratti con probabilità variabili o costanti, mentre nel secondo stadio le unità elementari in genere sono estratte con il piano *srs* o *sm*. Di norma la misura di ampiezza utilizzata per estrarre con probabilità variabile i grappoli è il numero delle unità statistiche contenute. E ancora, sempre con riferimento al piano *ds*, si può pensare di suddividere le unità di primo stadio in strati omogenei – per esempio i comuni di un territorio possono essere stratificati in base al numero di residenti – quindi estrarre in primo stadio da ogni strato un campione di comuni e in secondo stadio da ciascun comune un campione di residenti. In questo caso si ha un *piano di campionamento a due stadi con stratificazione delle unità di primo stadio*. A volte si può decidere di campionare certamente tutti i comuni di elevate dimensioni (ad esempio con più di 50.000 abitanti) e di stratificare i rimanenti comuni. In alcune ricerche si possono predisporre piani a più stadi, da ciascuno dei quali, ad eccezione dell'ultimo, si effettuano estrazioni di grappoli, avendo predisposto in ciascuno stadio un apposito frame. Così, se un territorio è suddiviso in aree, ad esempio una città divisa in quartieri (unità di primo stadio), si possono selezionarne alcuni, da questi si possono estrarre delle vie (unità di secondo stadio), successivamente da esse estrarre dei numeri civici (unità di terzo stadio) e, infine, da questi dei nuclei familiari (unità di quarto stadio). Anche se i nuclei familiari sono considerati dei grappoli, il fatto di averli estratti nell'ultimo stadio comporta che tutte le unità appartenenti al nucleo saranno rilevate. Il piano descritto è a quattro stadi e in ciascuno stadio il piano può prevedere l'estrazione con probabilità costanti o variabili. In alternativa si potrebbe pensare di estrarre le vie da ciascun quartiere, in questo caso il territorio è pensato come stratificato in quartieri, da ogni quartiere si estraggono poi delle vie (primo stadio), da esse dei numeri civici (secondo stadio) e, infine, da questi ultimi dei nuclei familiari (terzo stadio). In questo secondo esempio il piano è a tre stadi di cui il primo stratificato; il campione di strato può essere con probabilità costante o variabile, come anche i campioni degli stadi successivi. In genere nei primi stadi si preferiscono piani complessi (stratificazione e/o estrazioni con probabilità variabili) mentre all'ultimo stadio si predispongono piani semplici. A volte nell'ultimo stadio si considera il piano *sm* come metodo di selezione alternativo al piano *srs*.

Un particolare piano di campionamento probabilistico complesso è quello in cui, con riferimento ad un certo numero di variabili ausiliarie, le unità campionate sono selezionate in modo tale che le stime dei totali di tali variabili sono pressoché uguali ai valori reali, purché conosciuti. Questo piano, che si ispira alla nozione di *campionamento bilanciato* con cui si vuole garantire la rappresentatività del campione rispetto alle variabili oggetto di analisi, può essere implementato attraverso un algoritmo ideato in epoca recente da

Deville e Tillé (2004) noto con il nome di *cube method*. Come è facile intuire, il problema del bilanciamento diventa sempre più complicato con l'aumentare delle variabili ausiliarie perché aumentano i vincoli per la selezione; inoltre può non essere rappresentativo per tutte le variabili oggetto di studio. Il *cube method* è ampiamente utilizzato anche dagli Istituti Nazionali di Statistica fra i quali, in particolare, quello francese.

2.6 Stime e stimatori

Come si è precisato nel Par. 1.2.1 esistono molti parametri della popolazione che possono essere oggetto di inferenza, la maggior parte dei quali può essere vista come funzione di totali. Pertanto conviene fissare l'attenzione sulla stima del totale Y e all'occorrenza apportare le opportune variazioni.

Nei paragrafi che seguono viene introdotto lo *stimatore di Horvitz-Thompson*, che può essere impiegato sia nel caso senza reinserimento, sia nel caso con reinserimento; nel presente contesto viene impiegato con riguardo al primo caso, ne viene verificata la correttezza, vengono prese in considerazione due versioni della relativa varianza, secondo che n sia variabile o fisso, e vengono proposte le stime corrette delle medesime. Infine si considera lo *stimatore di Hansen-Hurwitz* e si accenna alla sua varianza e alla stima di questa. Una trattazione completa del contenuto del presente paragrafo si trova in Särndal et al. (1992) e con particolare riguardo agli stimatori nel caso di piano di campionamento *srs* in Conti e Marella (2012).

2.6.1 Lo stimatore di Horvitz-Thompson

Nell'approccio *design-based* la stima fondamentale è la seguente

$$\hat{Y}_\pi = \sum_{j \in s} \frac{y_j}{\pi_j}, \tag{2.29}$$

dove con il simbolo $j \in s$ si indicano le etichette associate alle unità della popolazione comprese nel campione. La (2.29) è stata introdotta da Horvitz e Thompson (1952) dai quali prende il nome. Con riguardo allo stimatore si può scrivere

$$\hat{Y}_\pi = \sum_{j=1}^{N} \frac{y_j}{\pi_j} I_j(s) \tag{2.30}$$

dove $I_j(s)$ è la variabile indicatrice introdotta nel Par. 2.4. Ricordando anche la (2.5) il valore atteso dello stimatore (2.30) risulta essere

$$E(\hat{Y}_\pi) = \sum_{j=1}^{N} \frac{y_j}{\pi_j} E[I_j(s)] = \sum_{j=1}^{N} y_j = Y$$

che ne verifica la correttezza.

Nel caso particolare in cui il piano di campionamento sia *srs*, la (2.30) può riscriversi

$$\hat{Y} = \frac{N}{n} \sum_{j \in s} y_j, \qquad (2.31)$$

dove, per motivi di semplicità e di uso nella letteratura, si è eliminato il deponente π.

Conviene osservare che l'inverso delle probabilità di inclusione può essere inteso come un coefficiente di espansione (o peso di riporto all'universo) nella popolazione di ogni etichetta compresa nel campione; così, nel caso della (2.31), N/n può interpretarsi come il numero di unità della popolazione rappresentate da ogni etichetta compresa nel campione.

Un'ulteriore osservazione riguarda il fatto che se qualche probabilità di inclusione è nulla, la (2.30) perde senso ed altrettanto accade al suo valore atteso, ma questo caso porta a un piano non probabilistico che non è oggetto del presente capitolo.

Se la variabile y è qualitativa e l'interesse è rivolto alla stima del numero A, introdotto con la (1.3), di unità statistiche sulle quali è presente la modalità di interesse, sostituendo $\hat{Y}$ con $\hat{A}$ la (2.31) assume la forma

$$\hat{A} = \frac{N}{n} \sum_{j \in s} y_j = N \frac{a}{n}, \qquad (2.32)$$

dove a coincide con il numero di unità statistiche che nel campione possiede la modalità di interesse.

Nel caso di piano di campionamento *sm* ricordando che $\pi_j = 1/r = n/N$, sempre che N sia multiplo di n, la stima del totale coincide con la (2.31).

Esempio 2.10. *Si supponga che da una popolazione costituita da $N = 50$ unità statistiche siano state estratte le 5 etichette 8, 12, 45, 32, 50, alle quali sono assegnati i seguenti valori della variabile di interesse $y_8 = 125$, $y_{12} = 120$, $y_{45} = 136$, $y_{32} = 200$, $y_{50} = 140$ e i seguenti valori di una variabile ausiliaria $x_8 = 90$, $x_{12} = 12$, $x_{45} = 36$, $x_{32} = 150$, $x_{50} = 80$, il cui totale sull'intera popolazione è pari a 2500. Si supponga altresì che il piano di campionamento sia πps e si desideri una stima di Y. Tenuto conto che $\pi_j = 5x_j/X$, dalla (2.29) si ha*

$$\hat{Y}_\pi = \sum_{j \in s} \frac{y_j}{\pi_j} = \frac{125}{0,180} + \frac{120}{0,024} + \frac{136}{0,072} + \frac{200}{0,300} + \frac{140}{0,160} = 9.125.$$

Impiegando invece il piano di campionamento srs risulta $\hat{Y} = \frac{50}{5}721 = 7.210$, dove $10 = 50/5$ indica che ognuna delle etichette del campione rappresenta 10 unità della popolazione di riferimento. □

Si supponga ora che il piano di campionamento sia *st*; la stima assume l'ovvia forma

$$\hat{Y}_{\pi st} = \sum_{h=1}^{H} \hat{Y}_{\pi h} \qquad (2.33)$$

con

$$\hat{Y}_{\pi h} = \sum_{j \in s_h} \frac{y_{hj}}{\pi_{hj}}, \tag{2.34}$$

dove con $j \in s_h$ si indicano le etichette comprese nel campione s_h proveniente dallo strato h e con y_{hj} l'intensità del carattere y presente sull'etichetta j compresa in h ($h = 1, \ldots, H$). È immediato il controllo della correttezza dello stimatore descritto dalla (2.33). Se le probabilità di inclusione delle etichette nello strato h sono $\pi_{hj} = n_h/N_h$, cioè se si impiega il piano *srs* in ogni strato, la (2.34) coincide con l'usuale stima del totale nel piano di campionamento casuale stratificato che può riscriversi

$$\hat{Y}_{st} = \sum_{h=1}^{H} \frac{N_h}{n_h} \sum_{s \in s_h} y_{hj}. \tag{2.35}$$

Nel caso di piano *gr* la stima di Y è data da

$$\hat{Y}_{\pi gr} = \sum_{i \in s_g} \sum_{j=1}^{M_i} \frac{y_{ij}}{\pi_{ij}} = \sum_{i \in s_g} \frac{Y_i}{\pi_i}, \tag{2.36}$$

dove con $i \in s_g$ si indicano i grappoli estratti che entrano nel campione e con Y_i il totale del carattere y nel grappolo i, essendo inoltre $\pi_{ij} = \pi_i$.

Nel caso di piano di campionamento *ds*, la stima di Y è data da

$$\hat{Y}_{\pi ds} = \sum_{i \in s_g} \sum_{j \in s_i} \frac{y_{ij}}{\pi_{ij}} = \sum_{i \in s_g} \sum_{j \in s_i} \frac{y_{ij}}{\pi_i \pi_{j|i}} = \sum_{i \in s_g} \frac{\hat{Y}_{\pi i}}{\pi_i}, \tag{2.37}$$

dove con $j \in s_i$ si indicano le etichette comprese nel campione s_i estratto dal grappolo i e con $\hat{Y}_{\pi i}$ la stima di Y_i. Lo stimatore descritto dalla (2.37) è corretto come si mostra anche nel Par. 2.12, ricorrendo ai momenti condizionati, e altrettanto accade allo stimatore descritto dalla (2.36), essendone un caso particolare.

Se l'attenzione è rivolta alla media $\overline{Y}$ di y, allora è sufficiente dividere per N le corrispondenti stime del totale ottenendo così le stime corrette, indicate rispettivamente con $\hat{\overline{Y}}_\pi$, $\bar{y}$, $\hat{P}$, $\hat{\overline{Y}}_{\pi st}$, $\hat{\overline{Y}}_{st}$, $\hat{\overline{Y}}_{\pi gr}$ e $\hat{\overline{Y}}_{\pi ds}$.

2.6.2 Le varianze

Per quanto riguarda la varianza dello stimatore (2.30), ricordando la (2.5) e la (2.7) si ricava

$$\mathrm{V}(\hat{Y}_\pi) = \sum_{j=1}^{N} \left(\frac{y_j}{\pi_j} \right)^2 \mathrm{V}[I_j(s)] + \sum_{j=1}^{N} \sum_{j' \neq j}^{N} \frac{y_j}{\pi_j} \frac{y_{j'}}{\pi_{j'}} \mathrm{C}[I_j(s), I_{j'}(s)]$$

$$= \sum_{j=1}^{N} y_j^2 \frac{1 - \pi_j}{\pi_j} + \sum_{j=1}^{N} \sum_{j' \neq j}^{N} \frac{y_j}{\pi_j} \frac{y_{j'}}{\pi_{j'}} (\pi_{j,j'} - \pi_j \pi_{j'}) \tag{2.38}$$

che, nel caso di n fisso, impiegando la relazione (2.10), si può riscrivere

$$V(\hat{Y}_\pi) = \sum_{j=1}^{N} \sum_{j'>j}^{N} \left(\frac{y_j}{\pi_j} - \frac{y_{j'}}{\pi_{j'}} \right)^2 (\pi_j \pi_{j'} - \pi_{j,j'}). \tag{2.39}$$

Conviene osservare che la radice quadrata della (2.38), così come la radice quadrata della (2.39) prende il nome di *errore standard*, in quanto radice quadrata della varianza di uno stimatore.

Si supponga di avere scelto un piano di campionamento πps e che la variabile ausiliaria impiegata sia in relazione perfettamente proporzionale con la variabile di interesse, si abbia cioè $y = \alpha x$. Dal fatto che $\pi_j \propto x_j$, dalla (2.39) emerge che $V(\hat{Y}_\pi) = 0$, il che giustifica la ricerca di una variabile ausiliaria legata alla variabile di interesse con un forte legame proporzionale.

Va ancora aggiunto che la (2.38) può essere stimata nel modo seguente

$$v(\hat{Y}_\pi) = \sum_{j \in s} y_j^2 \frac{1 - \pi_j}{\pi_j^2} + \sum_{j \in s} \sum_{\substack{j' \in s \\ j' \neq j}} \frac{y_j}{\pi_j} \frac{y_{j'}}{\pi_{j'}} \left(\frac{\pi_{j,j'} - \pi_j \pi_{j'}}{\pi_{j,j'}} \right), \tag{2.40}$$

mentre la (2.39) con la quantità

$$v(\hat{Y}_\pi) = \sum_{j \in s} \sum_{\substack{j' \in s \\ j' > j}} \left(\frac{y_j}{\pi_j} - \frac{y_{j'}}{\pi_{j'}} \right)^2 \left(\frac{\pi_j \pi_{j'} - \pi_{j,j'}}{\pi_{j,j'}} \right). \tag{2.41}$$

Come viene dimostrato nel Par. 2.11 gli stimatori della varianza descritti dalla (2.40) e dalla (2.41), attribuiti rispettivamente a Horvitz-Thompson e a Yates-Grundy, sono entrambi corretti a patto però che le probabilità di inclusione di secondo ordine siano positive per ognuna delle coppie di etichette j e j', il che giustifica la richiesta di misurabilità del piano di campionamento di cui si è detto nel Par. 2.3. La (2.41) fornisce anche l'occasione per osservare che per assicurare la positività della stessa deve essere verificata non solo la misurabilità ma anche la condizione $\pi_j \pi_{j'} - \pi_{j,j'} > 0$, come si è accennato nel Par. 2.5.5.

Se il piano di campionamento è di Poisson, la (2.38) assume la semplice forma

$$V(\hat{Y}_\pi) = \sum_{j=1}^{N} y_j^2 \frac{1 - \pi_j}{\pi_j},$$

che viene chiamata in causa nel Cap. 5.

Se il piano di campionamento è *srs*, ricordando anche le (2.15), si ottiene

$$V(\hat{Y}) = N^2 \frac{N - n}{nN} S_y^2 = N^2 \frac{1 - f}{n} S_y^2, \tag{2.42}$$

dove S_y^2 è stata introdotta con la (1.6) come varianza di y e $f = n/N$ viene detto *tasso o frazione di sondaggio*. La (2.41) assume invece la forma

$$v(\hat{Y}) = N^2 \frac{1-f}{n(n-1)} \sum_{j \in s} (y_j - \bar{y})^2. \tag{2.43}$$

Se il piano di campionamento è *st*, risulta $V(\hat{Y}_{\pi st}) = \sum_{h=1}^{H} V(\hat{Y}_{\pi h})$, dove, supponendo ad esempio n_h fisso, dalla (2.39) e ricordando quanto precisato nel Par. 2.5.7, si ha

$$V(\hat{Y}_{\pi h}) = \sum_{j=1}^{N_h} \sum_{j'>j}^{N_h} \left(\frac{y_{hj}}{\pi_{hj}} - \frac{y_{hj'}}{\pi_{hj'}} \right)^2 (\pi_{hj}\pi_{hj'} - \pi_{hj,hj'}).$$

Vale la pena notare che il risultato è dovuto alla indipendenza dei campioni di strato per cui $C[I_j(s), I_{j'}(s)] = \pi_{j,j'} - \pi_j\pi_{j'} = 0$ per ogni coppia di unità appartenenti a strati diversi; la doppia sommatoria iniziale si riduce ad una somma di doppie sommatorie di strato.

Nel caso che si adotti lo stimatore (2.35), è immediato verificare che la precedente varianza assume la forma

$$V(\hat{Y}_{st}) = \sum_{h=1}^{H} N_h^2 \frac{1-f_h}{n_h} S_{yh}^2,$$

dove S_{yh}^2 e f_h sono rispettivamente la varianza del carattere y e il tasso di sondaggio nello strato h ($h = 1, \ldots, H$). Se l'*allocazione* è *proporzionale*, cioè prevede $n_h = nN_h/N$, la precedente varianza diviene

$$V(\hat{Y}_{st}) = N^2 \frac{1-f}{n} \tilde{S}_y^2,$$

dove $\tilde{S}_y^2 = \sum_{h=1}^{H} N_h S_{yh}^2 / N$ è la *varianza entro gli strati* del carattere y.

Per quanto riguarda la varianza dello stimatore descritto dalla (2.37), come si verifica nel Par. 2.12, risulta

$$V(\hat{Y}_{\pi ds}) = \left[\sum_{i=1}^{M} Y_i^2 \frac{1-\pi_i}{\pi_i} + \sum_{i=1}^{M} \sum_{i' \neq i}^{M} \frac{Y_i}{\pi_i} \frac{Y_{i'}}{\pi_{i'}} (\pi_{i,i'} - \pi_i\pi_{i'}) \right] + \sum_{i=1}^{M} \frac{V(\hat{Y}_{\pi_i})}{\pi_i}, \tag{2.44}$$

dove i termini che figurano entro parentesi quadra indicano la *varianza di primo stadio* (dovuta all'estrazione dei grappoli) e il restante termine al secondo membro della (2.44) *la varianza di secondo stadio* (dovuta all'estrazione dei campioni nei grappoli).

2.6.3 Lo stimatore di Hansen-Hurwitz

Se il piano di campionamento è del tipo *pps*, la stima per il totale Y, alternativa alla precedente, è quella proposta da Hansen e Hurwitz (1943) che ha la seguente struttura

$$\hat{Y}_{HH} = \sum_{j \in s} \frac{y_j}{\psi_j}, \tag{2.45}$$

dove, con riferimento alla (2.11), $\psi_j = np_j$, la frequenza attesa di inclusione, fa le veci delle probabilità di inclusione di primo ordine che figurano nella (2.29) e il confronto con quest'ultima porta a verificare che le due stime coincidono quando il piano di campionamento relativo alla (2.29) è πps.

Per quanto riguarda lo stimatore si può scrivere

$$\hat{Y}_{HH} = \sum_{j=1}^{N} \frac{y_j}{\psi_j} F_j(s)$$

con $F_j(s)$ definita nel Par. 2.4; dalla (2.11) si verifica la correttezza dello stimatore

$$E(\hat{Y}_{HH}) = \sum_{j=1}^{N} \frac{y_j}{\psi_j} E[F_j(s)] = \sum_{j=1}^{N} y_j = Y$$

e dalle (2.12) e (2.13) risulta

$$V(\hat{Y}_{HH}) = \sum_{j=1}^{N} \left(\frac{y_j}{\psi_j}\right)^2 V[F_j(s)] + \sum_{j=1}^{N} \sum_{j' \neq j}^{N} \frac{y_j}{\psi_j} \frac{y_{j'}}{\psi_{j'}} C[F_j(s), F_{j'}(s)]$$

che, con le dovute semplificazioni, diviene

$$V(\hat{Y}_{HH}) = \frac{1}{n} \sum_{j=1}^{N} \left(\frac{y_j}{p_j} - Y\right)^2 p_j. \tag{2.46}$$

Anche nel caso in esame se tra il carattere oggetto di indagine e la variabile ausiliaria per identificare le probabilità di selezione p_j, fornite con la (2.23), vi fosse una perfetta proporzionalità si avrebbe $V(\hat{Y}_{HH}) = 0$, il che giustifica, come si è già precisato per lo stimatore di Horvitz-Thompson, la ricerca di una variabile ausiliaria legata alla variabile di interesse con un forte legame proporzionale. Una stima corretta della (2.46) è la seguente

$$v(\hat{Y}_{HH}) = \frac{1}{n(n-1)} \sum_{j \in s} \left(\frac{y_j}{p_j} - \hat{Y}_{HH}\right)^2, \tag{2.47}$$

che ha il pregio di una notevole semplicità e giustifica l'interesse verso questo stimatore in alcune situazioni.

Conviene ancora precisare che impiegando il piano *srsws* dalla (2.45) e dalla (2.46) si ha

$$\hat{Y} = N\bar{y}, \quad V(\hat{Y}) = N^2\frac{S_y^2}{n}, \quad v(\hat{Y}) = \frac{N^2}{n(n-1)}\sum_{j\in s}(y_j - \bar{y})^2,$$

dove si è eliminato il deponente *HH* e si è supposto $N - 1 \approx N$.

2.7 Effetto del disegno ed efficienza

Conviene ora introdurre la definizione di *strategia di campionamento* che può considerarsi come la coppia formata da un piano di campionamento e da uno stimatore. Così ad esempio, fissato il piano di campionamento πps e lo stimatore $\hat{Y}_\pi$, la coppia $(\pi ps, \hat{Y}_\pi)$ è una strategia e un'altra strategia è la seguente $(srs, \hat{Y})$. Fissata una strategia $(p(s), \hat{T})$ dove lo stimatore $\hat{T}$ è corretto per il parametro T si può confrontare la sua efficienza rispetto alla strategia $(srs, \hat{T})$. Detto confronto avviene rapportando le varianze dei corrispondenti stimatori. Si ha cioè

$$Deff = \frac{V_{p(s)}(\hat{T})}{V_{srs}(\hat{T})}, \tag{2.48}$$

dove i deponenti al simbolo di varianza indicano il piano di campionamento di riferimento.

Il rapporto (2.48) viene chiamato *effetto del disegno* (*design effect*), dove disegno è l'analogo di piano. Se risulta $Deff < 1$ la strategia $(p(s), \hat{T})$ è più efficiente della strategia $(srs, \hat{T})$, se risulta $Deff > 1$ è meno efficiente, se risulta $Deff = 1$ le due strategie si equivalgono.

In molti casi il confronto (2.48) è pressoché impossibile da realizzarsi. Così, ad esempio, se si vogliono confrontare le due strategie $(\pi ps, \hat{Y}_\pi)$ e $(srs, \hat{Y})$, fissato n, il confronto fra le varianze (2.39) e (2.42) non consente di concludere a priori sulla efficienza di una strategia rispetto all'altra, in quanto tutto dipende dal legame di proporzionalità tra le variabili y e x: più forte è tale legame, più la varianza (2.39) si riduce, fissa restando invece la (2.42), con la conseguenza che quest'ultima tenderà ad essere maggiore della prima. Un caso molto semplice in cui la (2.48) porta ad un risultato a priori, si ha quando si confronta la strategia $(st, \hat{Y}_{st})$ con n fisso, con allocazione proporzionale delle unità e con *srs* in ogni strato, con la strategia $(srs, \hat{Y})$. Ricordando la (2.43) si ha

$$Deff = \frac{V_{st}(\hat{Y}_{st})}{V_{srs}(\hat{Y})} = \frac{\tilde{S}_y^2}{S_y^2},$$

ed essendo per cose note $\tilde{S}_y^2 \leq S_y^2$ e sempre che si ritenga $N_h - 1 \approx N_h$ e $N - 1 \approx N$ $(h = 1, \ldots, H)$ la strategia $(st, \hat{Y}_{st})$ risulta più efficiente di $(srs, \hat{Y})$.

Nel confronto fra la strategia $(srswr, \hat{Y})$ e la strategia $(srs, \hat{Y})$, ricordando la (2.47), è immediato controllare che $Deff > 1$ rendendo la prima meno efficiente della seconda, in accordo con le aspettative.

Se si confrontano due strategie dove può variare il piano, lo stimatore o entrambi, si perviene al rapporto

$$Eff = \frac{MSE(\hat{T}_1)}{MSE(\hat{T}_2)}, \qquad (2.49)$$

dove, come si è precisato nel Par. 1.2.4, MSE indica l'errore quadratico medio per i due stimatori $\hat{T}_1$ e $\hat{T}_2$ del parametro T. Eff diviene una misura di efficienza relativa e può essere minore, maggiore o uguale all'unità, mettendo in evidenza rispettivamente una maggiore, minore o uguale efficienza di $\hat{T}_1$ rispetto a $\hat{T}_2$.

Nel confronto fra le due strategie $(\pi ps, \hat{Y}_\pi)$ e $(pps, \hat{Y}_{HH})$, fisso restando n, il rapporto fra la varianza (2.39) e la varianza (2.46) porta a un valore $Eff < 1$ se

$$\frac{\pi_{j,j'}}{\pi_j \pi_{j'}} > \frac{n-1}{n} \qquad (2.50)$$

per ogni coppia j e j'; la (2.50) viene allora a identificarsi come condizione sufficiente perché la strategia che impiega un piano πps e lo stimatore di Horvitz-Thompson sia più efficiente della strategia che impiega il piano pps e lo stimatore di Hansen-Hurwitz.

2.8 Stimatori di parametri funzioni di totali

Come è già stato anticipato, molti parametri da stimare sono funzioni di totali che riguardano sia la variabile di interesse y sia anche altre variabili ausiliarie. Un esempio è già stato introdotto con la (1.12).

Se si può scrivere $T = f(T_1, \ldots, T_V)$, dove $T_1, \ldots, T_V$ sono opportuni totali, è del tutto naturale identificare come stimatore di T il seguente

$$\hat{T} = f(\hat{T}_1, \ldots, \hat{T}_V), \qquad (2.51)$$

dove $\hat{T}_1, \ldots, \hat{T}_V$ sono gli stimatori di $T_1, \ldots, T_V$. La (2.51) può avere una forma molto semplice se il parametro T è combinazione lineare di totali, cioè se

$$T = \sum_{v=1}^{V} u_v T_v \qquad (2.52)$$

con u_v costanti note. Risulta infatti

$$\hat{T} = \sum_{v=1}^{V} u_v \hat{T}_v. \qquad (2.53)$$

Esempio 2.11. *Un esempio banale si ha considerando il piano di campionamento casuale stratificato per la stima della media di y: in accordo con la (2.52), si ha*

$$\overline{Y} = \sum_{h=1}^{H} \frac{N_h}{N} \overline{Y}_h$$

e dalla (2.53) si ottiene come stima di $\overline{Y}$

$$\hat{\overline{Y}}_{st} = \sum_{h=1}^{H} \frac{N_h}{N} \sum_{j \in s_h} \frac{y_{hj}}{n_h} = \sum_{h=1}^{H} \frac{N_h}{N} \overline{y}_h,$$

che è l'analogo della (2.35) nel caso della media, anziché del totale.   □

Della (2.53) è agevole calcolare valore atteso e varianza, infatti

$$E(\hat{T}) = \sum_{v=1}^{V} u_v E(\hat{T}_v),$$

$$V(\hat{T}) = \sum_{v=1}^{V} u_v^2 V(\hat{T}_v) + \sum_{v=1}^{V} \sum_{r \neq v}^{V} u_v u_r C(\hat{T}_v, \hat{T}_r),$$

dove $C(\hat{T}_v, \hat{T}_r)$ è la covarianza fra i due stimatori, e quindi verificare la correttezza e fare confronti di efficienza.

Un esempio in cui il parametro non ha la forma (2.52) è il seguente

$$R = \frac{Y}{X}, \tag{2.54}$$

già introdotto con la (1.8). Lo stimatore della (2.54), detto *stimatore per rapporto*, è in via naturale dato da

$$\hat{R}_\pi = \frac{\hat{Y}_\pi}{\hat{X}_\pi}, \tag{2.55}$$

dove $\hat{X}_\pi$ è lo stimatore del totale X. Per semplificare il calcolo del valore atteso e della varianza si ricorre ad un opportuno *metodo di linearizzazione* dello stimatore illustrato nel Par. 2.13. Il predetto metodo consente di pervenire alla seguente approssimazione di $\hat{R}_\pi$

$$\hat{R}_\pi \cong R + \frac{1}{X}(\hat{Y}_\pi - R\hat{X}_\pi). \tag{2.56}$$

La (2.56) perde la natura di stimatore in quanto la sua struttura contiene il parametro da stimare; tuttavia è valida come approssimazione ed è tanto "migliore" quanto più i valori assunti da $(\hat{Y}_\pi, \hat{X}_\pi)$ sono vicini a (Y, X), il che si verifica se il campione è di ampiezza sufficientemente elevata. Il valore atteso della (2.56) è ora immediato perché si ha

$$E(\hat{R}_\pi) \cong R + \frac{1}{X}(Y - RX) = R, \tag{2.57}$$

segnalando la sua *approssimata correttezza*, con la quale si intende che, per un'ampiezza campionaria tendente all'infinito, il valore atteso dello stimatore va a coincidere con il parametro oggetto di attenzione. Per quanto riguarda la varianza, utilizzando sempre la (2.56), si può scrivere

$$V(\hat{R}_\pi) \cong \frac{1}{X^2} V(\hat{Y}_\pi - R\hat{X}_\pi),$$

dove

$$(\hat{Y}_\pi - R\hat{X}_\pi) = \sum_{j=1}^{N} \frac{y_j - Rx_j}{\pi_j} I_j(s) = \hat{Z}_\pi$$

viene a presentarsi come lo stimatore del totale $Z = \sum_{j=1}^{N} (y_j - Rx_j)$. Si ha perciò

$$V(\hat{Y}_\pi - R\hat{X}_\pi) = V(\hat{Z}_\pi),$$

ossia in definitiva $V(\hat{R}_\pi) \cong V(\hat{Z}_\pi)/X^2$. La varianza $V(\hat{Z}_\pi)$ è data dalla (2.38), o dalla (2.39) se n è fisso, sostituendo $z_j = y_j - Rx_j$ a y_j.

Nel caso di piano *srs*, ricordando la (2.42) e che $S_z^2 = \sum_{j=1}^{N} (y_j - Rx_j)^2 / (N-1) = S_y^2 + R^2 S_x^2 - 2RS_{yx}$, dove S_x^2 è la varianza di x mentre S_{yx} è la covarianza introdotta con la (1.10), si ricava che

$$V(\hat{R}) \cong N^2 \frac{(1-f)}{nX^2} (S_y^2 + R^2 S_x^2 - 2RS_{yx}).$$

2.9 La stima di un quantile

Come è noto il quantile di ordine q, Q_q, di una variabile coinvolge la funzione di ripartizione $\Phi(y)$ della variabile stessa. Fissato un valore y assunto dalla variabile di interesse, $\Phi(y)$ viene a presentarsi come frequenza relativa, ossia

$$\Phi(y) = \frac{A(y)}{N},$$

dove $A(y)$ coincide con il numero di unità nella popolazione alle quali è associato un valore della variabile minore o uguale al prefissato y; $A(y)$, pertanto, fa le veci di un totale.

Una stima di $\Phi(y)$ è data da

$$\hat{\Phi}(y) = \frac{1}{N} \sum_{j \in s} \frac{I_j^*(y)}{\pi_j}, \qquad (2.58)$$

dove $I_j^*(y)$ è la variabile che assume valore 1 se $y_j \leq y$ e 0 in caso contrario, essendo y_j il valore della variabile y osservato sulle unità comprese nel campione.

Se il piano di campionamento è *srs*, risulta $\pi_j = n/N$ e la (2.58) coincide con l'usuale *funzione di ripartizione empirica*. Essendo una frequenza relativa, fissato y, per il corrispondente stimatore si ha $E[\hat{\Phi}(y)] = \Phi(y)$ e

$$V[\hat{\Phi}(y)] = \frac{1-f}{n}\Phi(y)[1 - \Phi(y)],$$

nell'ipotesi che sia $N - 1 \approx N$.

Per quanto riguarda il quantile, ricordando la (1.5), la stima del medesimo è data da

$$\hat{Q}_q = \inf\{y : \hat{\Phi}(y) \geq q\}$$

e, in questo senso, può vedersi come una sorta di funzione di un totale. Per il valore atteso e la varianza di $\hat{Q}_q$ che sono di difficile valutazione si rimanda alla letteratura sull'argomento (si veda Sedransk e Smith 1988).

Dimostrazioni

2.10 Le probabilità di inclusione

Con riguardo alla (2.8), la medesima, ricordando anche la (2.4) e la (2.5), si può ottenere nel modo seguente

$$\sum_{j=1}^{N} \pi_j = \sum_{j=1}^{N} E[I_j(s)] = \sum_{j=1}^{N}\left[\sum_{s \in S} I_j(s)p(s)\right] = \sum_{s \in S}\left[\sum_{j=1}^{N} I_j(s)\right]p(s)$$

$$= \sum_{s \in S} n(s)p(s) = E[n(s)].$$

Con riguardo alla (2.9), ricordando anche la prima delle (2.7), risulta

$$\sum_{i=1}^{N}\sum_{j \neq i}^{N} \pi_{j,j'} = \sum_{j=1}^{N}\sum_{j' \neq j}^{N} E[I_j(s)I_{j'}(s)] = \sum_{j=1}^{N}\sum_{j' \neq j}^{N}\sum_{s \in S} I_j(s)I_{j'}(s)p(s)$$

$$= \sum_{s \in S}\left\{\left[\sum_{j=1}^{N} I_j(s)\right]^2 - \sum_{j=1}^{N} I_j^2(s)\right\}p(s)$$

$$= \sum_{s \in S}[n(s)]^2 p(s) - \sum_{s \in S}\sum_{j=1}^{N}[I_j(s)p(s)]$$

$$= E[n(s)^2] - E[n(s)] = V[n(s)] + E[n(s)]\{[E(n(s)] - 1\}.$$

Per quanto riguarda la (2.10) nel caso di ampiezza costante e pari a n, ricordando anche la (2.4) si ha

$$
\sum_{j\neq j'}^{N} \pi_{j,j'} = \sum_{j\neq j'}^{N} \left[\sum_{s\in S} I_j(s)I_{j'}(s)p(s)\right] = \sum_{s\in S}\left[I_{j'}(s)\sum_{j\neq j'}^{N} I_j(s)\right]p(s)
$$

$$
= \sum_{s\in S} I_{j'}(s)\left[\sum_{j=1}^{N} I_j(s) - I_{j'}(s)\right]p(s) = \sum_{s\in S} I_{j'}(s)[n - I_{j'}(s)]p(s)
$$

$$
= n\sum_{s\in S} I_{j'}(s)p(s) - \sum_{s\in S} I_{j'}(s)p(s) = n\pi_{j'} - \pi_{j'} = (n-1)\pi_{j'}.
$$

2.11 La correttezza dello stimatore della varianza dello stimatore di Horvitz-Thompson

Considerando lo stimatore descritto dalla (2.40), si può scrivere

$$
v(\hat{Y}_\pi) = \sum_{j=1}^{N} y_j^2 \frac{1-\pi_j}{\pi_j^2} I_j(s) + \sum_{j=1}^{N}\sum_{j'\neq j} \frac{y_j}{\pi_j}\frac{y_{j'}}{\pi_{j'}}\left(\frac{\pi_{j,j'} - \pi_j\pi_{j'}}{\pi_{j,j'}}\right)I_j(s)I_{j'}(s)
$$

e pertanto il corrispondente valore atteso, ricordando anche la (2.5) e la seconda delle (2.7), fornisce

$$
E[v(\hat{Y}_\pi)] = \sum_{j=1}^{N} y_j^2 \frac{1-\pi_j}{\pi_j} + \sum_{j=1}^{N}\sum_{j'\neq j} \frac{y_j}{\pi_j}\frac{y_{j'}}{\pi_{j'}}(\pi_{j,j'} - \pi_j\pi_{j'})
$$

che coincide con la (2.38), verificando in tal modo la correttezza.

Con riguardo ora allo stimatore descritto dalla (2.41), il medesimo può proporsi nella forma

$$
v[\hat{Y}_\pi] = \sum_{j=1}^{N}\sum_{j'>j} \left(\frac{y_j}{\pi_j} - \frac{y_{j'}}{\pi_{j'}}\right)^2\left(\frac{\pi_j\pi_{j'} - \pi_{j,j'}}{\pi_{j,j'}}\right)I_j(s)I_{j'}(s)
$$

per cui passando al valore atteso e sempre ricordando la seconda delle (2.7) si ha

$$
V(\hat{Y}_\pi) = \sum_{j=1}^{N}\sum_{j'>j} \left(\frac{y_j}{\pi_j} - \frac{y_{j'}}{\pi_{j'}}\right)^2 (\pi_j\pi_{j'} - \pi_{j,j'})
$$

che coincide con la (2.39).

2.12 La correttezza e la varianza dello stimatore di Horvitz-Thompson nel campionamento *ds*

Per determinare in modo alternativo la correttezza dello stimatore descritto dalla (2.37), conviene osservare quanto segue. Sia i un evento che ha associato una sua legge di probabilità e Z una v.c. Si può scrivere

$$E(Z) = E_i[E(Z|i)]$$
$$V(Z) = V_i[E(Z|i)] + E_i[V(Z|i)] \qquad (2.59)$$

dove E_i e V_i sono valore atteso e varianza secondo la legge di distribuzione associate all'evento i. L'evento i sia, per l'appunto, l'estrazione del grappolo i.

Per la prima delle (2.59), risulta

$$E(Z|i) = E\left[\sum_{i \in s} \frac{\hat{Y}_{\pi i}}{\pi_i}\right] = \sum_{i \in s_g} \frac{Y_i}{\pi_i}$$

e si ha

$$E(\hat{Y}_{\pi ds}) = E(Z) = E_i[E(Z|i)] = E_i\left[\sum_{i=1}^{M} \frac{Y_i}{\pi_i} I_i(s)\right] = Y$$

restando così verificata la correttezza. Con riguardo alla varianza, tenendo anche conto della (2.39), cioè della varianza dello stimatore di Horvitz-Thompson, si ha

$$V_i\left[E\left(\sum_{i \in s_g} \frac{\hat{Y}_{\pi i}}{\pi_i}\right)\right] = V_i\left[\sum_{i=1}^{M} \frac{Y_i}{\pi_i} I_i(s)\right]$$
$$= \sum_{i=1}^{M} Y_i^2 \frac{1 - \pi_i}{\pi_i} + \sum_{i=1}^{M}\sum_{i' \neq i}^{M} \frac{Y_i}{\pi_i}\frac{Y_{i'}}{\pi_{i'}}(\pi_{i,i'} - \pi_i \pi_{i'}) \qquad (2.60)$$

e

$$E_i\left[V\left(\sum_{i \in s_g} \frac{\hat{Y}_{\pi i}}{\pi_i}\right)\right] = E_i\left[\sum_{i=1}^{M} \frac{V(\hat{Y}_{\pi i})}{\pi_i^2} I_i(s)\right] = \sum_{i=1}^{M} \frac{V(\hat{Y}_{\pi i})}{\pi_i}. \qquad (2.61)$$

La somma delle (2.60) e (2.61) coincide con la varianza fornita con la (2.44).

2.13 Il metodo della linearizzazione

Il metodo della linearizzazione consente di sostituire a uno stimatore che non si presenta come funzione lineare di altri stimatori una sua approssimazione lineare tramite la quale calcolare poi valore atteso e varianza. A tale proposito si consideri lo sviluppo in serie di Taylor di una funzione di due variabili $f(\nu, \xi)$ che sia regolare, che assume la forma

$$f(\nu, \xi) = f(\nu_0, \xi_0) + f'_\nu(\nu_0, \xi_0)(\nu - \nu_0) + f'_\xi(\nu_0, \xi_0)(\xi - \xi_0) + \varepsilon$$

dove $f'_\nu(\nu_0, \xi_0)$ e $f'_\xi(\nu_0, \xi_0)$ sono le derivate parziali della funzione $f(\nu, \xi)$ calcolate nel punto (ν_0, ξ_0) e ε è il resto dello sviluppo che dipende dalle derivate di ordine superiore al primo e ha la caratteristica di tendere a zero più velocemente dei termini che lo precedono al tendere di (ν, ξ) al punto (ν_0, ξ_0).

Pertanto, quando (ν, ξ) è sufficientemente vicino a (ν_0, ξ_0), il resto ε si può considerare trascurabile e la funzione si può approssimare con i termini rimanenti, ossia

$$f(\nu, \xi) \cong f(\nu_0, \xi_0) + f'_\nu(\nu_0, \xi_0)(\nu - \nu_0) + f'_\xi(\nu_0, \xi_0)(\xi - \xi_0). \qquad (2.62)$$

Il secondo membro della (2.62) viene chiamato *approssimazione lineare* della funzione al primo membro.

Tenuto conto che $\hat{R}_\pi = f(\hat{Y}_\pi, \hat{X}_\pi)$ e che $R = f(Y, X)$, con riguardo all'approssimazione (2.56), dalla (2.62) si ha

$$f(\hat{Y}_\pi, \hat{X}_\pi) \cong f(Y, X) + \frac{1}{X}(\hat{Y}_\pi - Y) - \frac{Y}{X^2}(\hat{X}_\pi - X)$$

ossia

$$\hat{R}_\pi \cong R + \frac{1}{X}\hat{Y}_\pi - \frac{Y}{X} - \frac{Y}{X}\frac{\hat{X}_\pi}{X} + \frac{Y}{X} = R + \frac{1}{X}(\hat{Y}_\pi - R\hat{X}_\pi)$$

in accordo con la stessa (2.56).

Bibliografia

Brewer, K.R.W.: A simple procedure for sampling $\pi pswor$. Aust. J. of Stat. **17**, 162–172 (1975)

Brewer, K.R.W., Hanif, M.: Sampling with Unequal Probabilities. Springer-Verlag, New York (1983)

Chauduri, A., Vos, J.W.E.: Unified Theory and Strategies of Survey Sampling. North-Holland, Amsterdam (1988)

Cicchitelli, G., Herzel, A., Montanari, G.E.: Il campionamento statistico, 2a ed. Il Mulino, Bologna (1997)

Cochran, G.C.: Sampling Techniques, 3a ed. J. Wiley, New York (1977)

Conti, P.L., Marella, D.: Il campionamento da popolazioni finite. Il disegno campionario. Springer-Verlag, Milano (2012)

Deville, J.-C., Tillé, Y.: Efficient balanced sampling: The cube method. Biomet. **91**, 893–912 (2004)

Durbin, J.: Design of multi-stage surveys for the estimation of sampling errors. Appl. Stat. **16**, 152–164 (1967)

Francisco, C.A., Fuller, W.A.: Quantile estimation with a complex survey designs. Ann. Stat. **19**, 454–469 (1991)

Frosini, B.V., Montinaro, M., Nicolini, G.: Campionamento da popolazioni finte. Metodi e Applicazioni. Giappichelli Editore, Torino (2011)

Hansen, M.H., Hurwitz, W.N.: On the theory of sampling from finite populations. Ann. Math. Stat. **14**, 333–362 (1943)

Horvitz, D.G., Thompson, D.J.: A generalization of sampling without replacement from a finite universe. J. Am. Stat. Assoc. **47**, 663–685 (1952)

Murthy, M.N.: Sampling Theory and Methods. Statistical Publishing Society, Calcutta (1967)

Rao, J.N.K.: On two sample scheme of unequal probability sampling without replacement. J. Indian Stat. Assoc. **3**, 173–180 (1965)

Sampford, M.R.: On sampling without replacement wit unequal probabilities. Biomet. **54**, 499–513 (1967)

Särndal, C.E., Swensson, B., Wretman, J.: Model Assisted Survey Sampling. Springer-Verlag, New York (1992)

Sedransk, J., Smith, P.J.: Inference for Finite Population Quantiles. Handbook of Statistics 6. Sampling, North-Holland, Amsterdam (1988)

Tillé, Y.: Sampling Alghoritms. Springer, New York (2006)

3

L'impiego delle variabili ausiliarie per la costruzione degli stimatori

3.1 Introduzione

Nel capitolo precedente sono stati richiamati in modo schematico i principali piani di campionamento di uso corrente evidenziando il ruolo fondamentale delle informazioni disponibili nel frame. Ad esempio, conoscere la dislocazione territoriale delle unità statistiche consente di predisporre una stratificazione territoriale; oppure, nel caso sia nota la data di nascita degli individui è possibile definire una loro stratificazione per classe d'età. Ancora, se per una popolazione di imprese è disponibile un archivio amministrativo con i dati sul settore di attività produttiva e il numero degli addetti è possibile stratificare per settore e introdurre un campionamento con probabilità proporzionale al numero degli addetti. In questo capitolo, invece, verrà trattato l'utilizzo delle informazioni sulla popolazione, anche provenienti da fonti alternative alla lista di campionamento, ai fini della costruzione dello stimatore da utilizzare, con l'obiettivo di accrescere l'efficienza del processo di stima.

Per iniziare, si considerino alcuni esempi di casi in cui informazioni ausiliarie disponibili sulla popolazione possono contribuire a migliorare la stima dei parametri di interesse. Si immagini di aver condotto un'indagine su un campione casuale di imprese ed aver ottenuto una stima del fatturato totale pari a 7.563,9 milioni di Euro ed una stima del numero totale di dipendenti pari a 26.936. Dai dati del registro delle imprese risulta che il numero totale di dipendenti in tale popolazione è, invece, pari a 28.159. Il fatto che il campione fornisca una sottostima del numero degli addetti insinua qualche perplessità sulla qualità della stima del fatturato totale. È verosimile ritenere che anche la stima del fatturato possa essere una sottostima del dato reale. Oppure, si consideri un'indagine sulle famiglie di una regione italiana per analizzare le condizioni di salute dei cittadini. Si immagini che il campione sia stato estratto con un campionamento a due stadi, dove i comuni sono le unità di primo stadio e le famiglie quelle di secondo stadio (si tratta di un campionamento tipicamente utilizzato in Italia quando occorre somministrare il questionario

G. Nicolini et al., *Metodi di stima in presenza di errori non campionari*,
UNITEXT – Collana di Statistica e Probabilità Applicata,
DOI 10.1007/978-88-470-2796-1_3, © Springer-Verlag Italia 2013

con metodi PAPI o CAPI). Questo tipo di campionamento non consente il controllo della distribuzione campionaria per sesso e classe d'età degli individui selezionati. È possibile quindi che alcune classi demografiche siano sotto o sovra rappresentate. Se, ad esempio, confrontando la stima della struttura per sesso e classe d'età ottenuta dal campione con quella disponibile da dati di fonte amministrativa[1] si notasse una sottostima del numero delle donne e degli anziani, si potrebbe pensare che la frequenza di condizioni di cronicità più diffuse fra le donne, quali le malattie osteo-articolari e quelle vascolari, o fra gli anziani, quali le malattie neurologiche, sia sottostimata. Ci si chiede allora se non sia possibile utilizzare la conoscenza della distribuzione per sesso e classe d'età nella popolazione per migliorare la stima di Horvitz-Thompson. Finora, infatti, sono stati presentati diversi metodi per estrarre un campione di unità da una popolazione finita e lo stimatore di Horvitz-Thompson quale strumento per ottenere le stime dei parametri di interesse – totali, medie, funzioni di totali, ecc. –, in virtù della sua proprietà di essere corretto rispetto al piano di campionamento. Tale stimatore utilizza esclusivamente dati provenienti dall'indagine stessa, quali i valori della variabile di interesse osservati sulle unità del campione e le rispettive probabilità di inclusione.

In generale, per informazioni ausiliarie si intendono qui tutte quelle informazioni che non sono primariamente oggetto della rilevazione ma esterne all'indagine, e che, tuttavia, sono utilizzabili per meglio disegnare la rilevazione e i procedimenti di stima. Si tratta di informazioni che sono in genere già disponibili e possono quindi essere utilizzate a costi relativamente ridotti e senza ulteriori rilevazioni dirette. Le informazioni ausiliarie possono anche essere interne ad una indagine, cioè ricavate dall'indagine stessa, ma con funzione strumentale al miglioramento dei processi inferenziali.

L'informazione ausiliaria può provenire dalla popolazione oggetto di indagine o da altre indagini relative alla stessa popolazione. In ambedue i casi l'informazione può derivare da una sola fonte – amministrativa, censuaria, da sistemi informativi geografici – o da una combinazione di esse. Tali informazioni possono essere impiegate sia nella definizione del piano di campionamento che della strategia di stima. Nel primo caso è prassi consolidata, come si è già visto nel Cap. 2, utilizzare le informazioni ausiliarie disponibili nel frame per costruire piani di campionamento più efficienti o più convenienti sotto il profilo del costo dell'indagine. In questo capitolo si tratteranno le metodologie che impiegano tali informazioni *a posteriori*, cioè nella costruzione di stimatori alternativi a quello di Horvitz-Thompson. Negli ultimi 30 anni, lo sviluppo di tali metodologie è stato particolarmente intenso e reso possibile dalla crescente disponibilità di informazione ausiliaria di questo tipo. Il loro

---

[1] L'ISTAT mette a disposizione nel sito www.demo.istat.it i dati ufficiali più recenti sulla popolazione residente nei Comuni italiani, derivanti da indagini effettuate presso gli Uffici di Anagrafe. Il sito consente di costruire le tabelle di interesse e scaricare i dati in formato rielaborabile attraverso interrogazioni personalizzate (ad es. per anno, territorio, età, sesso, stato civile, ecc.).

impiego ha particolare rilevanza non solo ai fini di un aumento dell'efficienza delle stime, ma anche per controllare le distorsioni prodotte dagli errori non campionari e per garantire la coerenza fra i risultati di un'indagine e quello che già si sa sulla popolazione indagata.

Nel campionamento da popolazioni finite, gli approcci possibili per fare inferenza sui parametri descrittivi di una popolazione finita sono più di uno. È opportuno distinguere tra le due modalità principali che sono l'approccio basato sul piano di campionamento (*design-based approach*) e l'approccio basato sul modello (*model-based approach*). Il primo è quello a cui si è fatto riferimento nel Cap. 2 e nell'ambito del quale è stato introdotto lo stimatore di Horvitz-Thompson. Le proprietà dello stimatore sono ricavate esaminandone la distribuzione nello spazio dei campioni che si possono ottenere con il piano utilizzato. All'opposto, l'approccio basato sul modello si basa sul concetto di *superpopolazione*. In breve, si ipotizza che il valore di y in ciascuna unità statistica sia la realizzazione di una specifica variabile casuale associata a quella unità e il modello di superpopolazione specifica in tutto o in parte quale sia la distribuzione delle variabili casuali associate alle diverse unità della popolazione; la distribuzione delle funzioni di interesse dei dati campionari sono ricavate a partire dalle distribuzioni di probabilità assegnate alle variabili casuali da cui funzionalmente dipendono. Inoltre, è possibile anche un approccio misto in cui le statistiche campionarie sono valutate congiuntamente al variare dei valori assunti dalle variabili casuali associate alle unità di popolazione e dei campioni che possono essere estratti con il piano di campionamento utilizzato.

La prima parte di questo capitolo è dedicata ai procedimenti di costruzione degli stimatori nell'ambito dell'approccio basato sul piano di campionamento, mentre la seconda affronterà il tema secondo l'approccio basato sul modello. La parte finale del capitolo è dedicata invece agli errori di misura, i cui effetti possono essere valutati congiuntamente rispetto al piano di campionamento e al modello di misura.

3.2 La costruzione degli stimatori nell'approccio *design-based*

L'approccio basato sul piano di campionamento, nel seguito detto anche *disegno di campionamento* o semplicemente *disegno*, traducendo la terminologia in uso nella letteratura in lingua inglese, è quello più seguito nella realizzazione delle indagini campionarie, soprattutto per l'assenza di assunzioni aprioristiche sulla popolazione; questo fatto ne spiega il grande utilizzo nell'ambito della produzione delle statistiche ufficiali, aventi carattere pubblico. Ciò non toglie che in situazioni affatto particolari sia comunque necessario ricorrere ad altri approcci. In anni più recenti poi si è andato affermando anche un approccio basato sul disegno ma assistito dal modello (*model-assisted approach*): il modello di superpopolazione viene impiegato per descrivere la relazione tra la variabile di interesse e le variabili ausiliarie, al fine di individuare stimatori più efficienti dello stimatore di Horvitz-Thompson (Särndal, Swensson e Wretman 1992). Le proprietà degli stimatori che ne conseguono, d'altro lato, sono valutate in un contesto di tipo *design-based* e sono quindi trattati nel presente paragrafo. Nel seguito dunque si passeranno in rassegna i casi più comuni di stimatori che impiegano informazione ausiliaria in un'ottica basata sul disegno. Vale la pena di notare che in questo approccio, una volta calcolata la stima di un parametro e la stima della sua varianza, è prassi consolidata, con alcune cautele, ricorrere alla distribuzione normale o t di Student per la costruzione di intervalli di confidenza approssimati.

3.2.1 Lo stimatore per quoziente e le sue proprietà

Lo stimatore per quoziente viene utilizzato quando nel processo di stima del totale della variabile y si vuole sfruttare la conoscenza del totale di popolazione X di una variabile ausiliaria x, che si suppone abbia una relazione di approssimata proporzionalità diretta con la y. È questo il caso dell'esempio del Par. 3.1 in cui si vuole stimare il fatturato totale Y in una popolazione di imprese di un dato settore produttivo e si conosce il numero totale X degli addetti in quel settore. Estratto un campione con un prefissato piano di campionamento, siano $\hat{Y}_\pi$ e $\hat{X}_\pi$ gli stimatori di Horvitz-Thompson di Y e X (da ora in avanti questo stimatore verrà chiamato semplicemente stimatore corretto). In virtù della relazione di proporzionalità diretta tra y e x, che si suppone siano entrambe positive, è plausibile ritenere che se $\hat{X}_\pi$ sovrastima o sottostima il valore conosciuto X, altrettanto faccia $\hat{Y}_\pi$. Tale supposizione porta a definire lo *stimatore per quoziente* del totale di una popolazione come segue

$$\hat{Y}_q = \hat{Y}_\pi \frac{X}{\hat{X}_\pi} = X\hat{R}_\pi, \qquad (3.1)$$

dove $\hat{R}_\pi$ è definito nella (2.55). Come si può osservare, lo stimatore corretto viene moltiplicato per un fattore di aggiustamento che è tanto maggiore (minore) di 1 quanto più $\hat{X}_\pi$ sottostima (sovrastima) il valore noto X. In altri termini, lo stimatore per quoziente viene ottenuto apportando un aggiustamento al rialzo (ribasso) dello stimatore corretto a seconda di quanto $\hat{X}_\pi$ sottostima (sovrastima) il valore noto X. L'obiettivo è dunque quello di costruire uno stimatore più efficiente di quello corretto sfruttando la conoscenza di X. Si noti che il presupposto per l'impiego di tale stimatore è che le due variabili assumano valori non negativi.

Esempio 3.1. *Si consideri un'indagine su un campione casuale semplice di $n = 70$ imprese estratto da una popolazione di dimensione $N = 811$. Sia $\hat{Y}_\pi = N\bar{y} = 7.332,3$ milioni di euro la stima corretta del fatturato totale e $\hat{X}_\pi = 26.936$ quella del numero totale di dipendenti. Se dai dati del registro delle imprese risulta che il numero totale di addetti X in tale popolazione di imprese è pari a 28.159, allora lo stimatore per quoziente assume il valore $\hat{Y}_q = 7.332,3 \times 28.159/26.936 = 7.332,3 \times 1,045 = 7.665,2$ milioni.* □

Lo stimatore per quoziente è approssimativamente corretto in virtù della (2.57) e ha una varianza che discende da quella di $\hat{R}_\pi$, ricavata nel Par. 2.8. Si ottiene

$$V(\hat{Y}_q) \simeq V(\hat{Z}_\pi),\tag{3.2}$$

dove $\hat{Z}_\pi$ è lo stimatore corretto del totale della variabile z i cui valori sono dati da $z_j = y_j - Rx_j$ ed il cui totale Z è zero.

È facile rendersi conto che se tra y e x ci fosse una relazione di proporzionalità perfetta, cioè $y_j = Rx_j$ per ogni j, si avrebbe $V(\hat{Z}_\pi) = 0$. In altre parole, lo stimatore per quoziente del totale avrebbe varianza nulla e sarebbe pari al valore del totale Y. In realtà, relazioni di proporzionalità perfetta non si verificano mai. Tuttavia, più è piccola la variabilità dei rapporti y_j/x_j nella popolazione, tanto minore sarà la varianza e maggiore l'efficienza dello stimatore per quoziente.

Nel campionamento *srs* la (3.2), riprendendo la (2.42), si semplifica in

$$V(\hat{Y}_q) \simeq N^2\frac{1-f}{n}S_z^2,\tag{3.3}$$

dove S_z^2 è la varianza nella popolazione della variabile z. Inoltre è facile mostrare che lo stimatore per quoziente del totale è più efficiente di quello corretto se il coefficiente di correlazione lineare tra le variabili y e x nella popolazione è superiore alla metà del rapporto tra i coefficienti di variazione della y e della x (si veda ad esempio Cicchitelli et al. 1997, Cap. 4). Se questi ultimi fossero all'incirca uguali, come accade spesso, è sufficiente che la correlazione tra y e x sia maggiore di 0,5 per realizzare la condizione di maggiore efficienza. In altre parole, per migliorare l'efficienza dello stimatore corretto la variabile ausiliaria deve presentare una correlazione non piccola con quella oggetto di indagine.

Si osservi che la stima per quoziente richiede la conoscenza del solo totale X nella popolazione oltre, ovviamente, ai valori della x nella unità campionate. Ciò significa che non è necessario conoscerne preventivamente i valori in tutte le unità della popolazione come quando la si vuole utilizzare nella costruzione del piano di campionamento, ad esempio di tipo πps. Questo fatto permette di ampliare la gamma delle variabili ausiliarie utilizzabili, in quanto capita spesso che totali di popolazioni siano noti da fonti amministrative e censimenti o stimati con alta precisione da indagini campionarie di grande ampiezza.

La varianza dello stimatore per quoziente è dunque approssimativamente pari a quella dello stimatore corretto del totale della variabile z. Ne consegue che essa può essere stimata con gli stimatori corretti (2.40) o (2.41), sostituendovi i valori di y con quelli della z. A tal fine sono necessari i valori campionari della z, ma tali valori, essendo pari a $z_j = y_j - Rx_j$, non sono calcolabili in quanto non è noto il valore di R. Il problema viene solitamente risolto sostituendo R con la sua stima $\hat{R}_\pi = \hat{Y}_\pi/\hat{X}_\pi$. Nel campionamento *srs*, ad esempio, lo stimatore della varianza dello stimatore per quoziente diventa

$$v(\hat{Y}_q) = N^2 \frac{1-f}{n} s_{\hat{z}}^2, \tag{3.4}$$

dove $s_{\hat{z}}^2$ è la varianza nel campione dei valori $\hat{z}_j = y_j - \hat{R}x_j$.

Questi stimatori non sono corretti per $V(\hat{Y}_q)$, in quanto stimano $V(\hat{Z}_\pi)$ che a sua volta è solo una approssimazione di $V(\hat{Y}_q)$. Inoltre, non sono stimatori corretti neanche di $V(\hat{Z}_\pi)$ in quanto i valori della z non sono quelli veri ma quelli approssimati ottenuti sostituendo R con $\hat{R}_\pi$. Le approssimazioni rendono lo stimatore $v(\hat{Y}_q)$ generalmente distorto negativamente; tuttavia, se il campione è sufficientemente grande, tale da rendere accettabili le approssimazioni lineari, la distorsione è trascurabile e $v(\hat{Y}_q)$ è una buona approssimazione per $V(\hat{Y}_q)$.

Esempio 3.1. (continua) *Sapendo che la varianza campionaria della y è pari a* 327, 66, *la stima della varianza dello stimatore corretto* (*piano srs*) *è pari a*

$$v(\hat{Y}) = 811^2 \frac{1 - 70/811}{70} \, 327, 66 = 2.812.965.$$

L'errore standard (*stimato*) *dello stimatore corretto è dunque pari a* 1.677, 2 *ed il coefficiente di variazione* (*rapporto tra errore standard e stima*) *è del* 22, 9 %.

Se si calcolano i valori di $\hat{z}_j = y_j - 0,272x_j$ *ed il corrispondente valore della varianza campionaria* $s_{\hat{z}}^2 = 205, 0$, *allora*

$$v(\hat{Y}_q) = 811^2 \frac{1 - 70/811}{70} \, 205, 0 = 1.759.928.$$

L'errore standard dello stimatore per quoziente è quindi 1.326, 6 *e il coefficiente di variazione assume il valore* 16, 8 %. □

A partire da $\hat{Y}_q$ è immediato ricavare lo stimatore per quoziente della media della popolazione ponendo

$$\hat{\bar{Y}}_q = \frac{1}{N}\hat{Y}_q = \frac{\hat{Y}_\pi}{N} \frac{X}{\hat{X}_\pi} = \hat{Y}_\pi \frac{\overline{X}}{\hat{X}_\pi} = \overline{X}\,\hat{R}_\pi. \tag{3.5}$$

La varianza e lo stimatore della varianza di $\hat{\bar{Y}}_q$ si ricavano agevolmente, rispettivamente, da $V(\hat{\bar{Y}}_q) = V(\hat{Y}_q)/N^2$ e da $v(\hat{\bar{Y}}_q) = v(\hat{Y}_q)/N^2$. Della stima di R si è già detto nel Par. 2.9. Basti aggiungere che per la stima della varianza di $\hat{R}_\pi$ generalmente si usa porre $v(\hat{R}_\pi) = v(\hat{Y}_q)/\hat{X}_\pi$ per ragioni di maggiore efficienza della stima.

3.2.1.1 Il caso della variabile ausiliaria unitaria

Quando la dimensione della popolazione non è nota, lo stimatore corretto della media della popolazione, $\hat{\bar{Y}}_\pi = \hat{Y}_\pi/N$, non è calcolabile. È possibile però ottenere una stima corretta della dimensione della popolazione data da

$$\hat{N}_\pi = \sum_{j \in s} \frac{1}{\pi_j}, \qquad (3.6)$$

in cui, al secondo membro, è presente l'espressione tipica dello stimatore corretto del totale di una variabile u i cui valori sono pari a 1 per ogni unità della popolazione. Pertanto, dalla (3.5) si ottiene

$$\hat{\bar{Y}}_q = \hat{\bar{Y}}_\pi \frac{1}{\hat{N}_\pi} = \frac{\hat{Y}_\pi}{\hat{N}_\pi}. \qquad (3.7)$$

Si tratta, dunque, di un caso particolare di stima per quoziente della media in quanto la variabile ausiliaria è costante e pari ad 1, il cui totale di popolazione è N e la cui media è ancora 1.

La variabile ausiliaria u in realtà è molto utile, in quanto consente di ricavare uno stimatore generalmente più efficiente di quello corretto per tutti quei piani di campionamento in cui la dimensione del campione $n(s)$ non è fissa. Lo stimatore corretto presenta, infatti, l'inconveniente di non essere efficiente in questo caso. Si consideri ad esempio un piano di campionamento autoponderante con dimensione del campione $n(s)$ variabile e sia π la probabilità di inclusione comune a tutte le unità della popolazione. Sia pure costante la variabile indagata, ovvero $y_j = \bar{Y}$ per ogni j. Poiché deve essere $\pi = \mathrm{E}[n(s)]/N$ (Par. 2.10), ne segue che $\hat{\bar{Y}}_\pi = \bar{Y} n(s)/\mathrm{E}[n(s)]$ e dunque la sua varianza non è nulla, pur essendo nulla quella del carattere y. Al contrario, nel caso dello stimatore per quoziente è facile verificare che $\hat{\bar{Y}}_q = \bar{Y}$ per ogni s. Dunque, lo stimatore per quoziente assume esattamente il valore della media di popolazione, cioè ha varianza zero. Ciò significa che tale stimatore è depurato dalla componente di variabilità introdotta dalla dimensione non fissa del campione. Da questo fatto ne discende la maggiore efficienza rispetto allo stimatore corretto.

Quanto ora argomentato ha in realtà una validità più generale: quando la dimensione del campione non è fissa, lo stimatore per quoziente della media con variabile unitaria u, che è sempre possibile calcolare, è più efficiente dello stimatore corretto, purché il campione sia abbastanza grande per garantirne l'approssimata correttezza. Nelle indagini reali, come si vedrà, la variabilità della dimensione campionaria è piuttosto la regola anziché l'eccezione e questo spiega perché si finisca quasi sempre con l'utilizzare lo stimatore per quoziente, anche quando sarebbe possibile utilizzare quello corretto, come nel caso in cui si conosca la dimensione della popolazione N. In quest'ultimo caso, si preferisce stimare anche il totale di popolazione con il metodo del quoziente, attraverso $\hat{Y}_q = \hat{Y}_\pi N/\hat{N}_\pi$.

3.2.2 Lo stimatore post-stratificato e le sue proprietà

La post-stratificazione è una tecnica di stima il cui scopo è riprodurre i vantaggi della stratificazione rispetto ad alcune variabili ausiliarie senza che questa venga effettuata a livello di estrazione del campione. I motivi per cui la stratificazione rispetto a quelle variabili non viene effettuata al momento della selezione del campione possono essere molteplici. Da un lato, è possibile che considerazioni pratiche possano favorire l'impiego di piani di campionamento stratificati rispetto ad altri caratteri, sebbene le variabili ausiliarie in questione siano note per tutte le unità della popolazione. Dall'altro, è frequente il caso in cui con riferimento a potenziali caratteri di stratificazione si conoscono le dimensioni delle sottopopolazioni definite dalle loro modalità ma non sono disponibili i valori individuali per tutte le unità della popolazione. Un esempio di questa situazione è quello illustrato nell'introduzione del capitolo in cui si è accennato ad un'indagine sulle famiglie condotta usando un piano di campionamento a due stadi comuni-famiglie con stratificazione delle sole unità di primo stadio. La post-stratificazione può risultare particolarmente utile quando la distribuzione per sesso ed età degli individui campionati è diversa da quella esistente nella popolazione.

La tecnica della post-stratificazione consiste nell'individuare strati di unità della popolazione di dimensione nota, detti appunto *post-strati*, sulla base di uno o più caratteri di stratificazione, le cui modalità siano tra quelle osservate sulle unità campionarie. Questo requisito consente di attribuire ciascuna unità del campione al corrispondente post-strato e di stimare il totale della popolazione come somma delle stime dei totali di ciascun post-strato. Lo scopo è quello di effettuare una sorta di stratificazione a posteriori, per sfruttare i vantaggi della stratificazione dopo l'estrazione del campione.

Si indichino con $U_1, U_2, \ldots, U_L$ i post-strati di dimensione nota e tali da costituire una partizione della popolazione. Ad esempio si considerino come variabili di post-stratificazione il sesso e l'età divisa in tre classi – fino a 29 anni, da 30 a 54 anni e 55 anni e oltre –; si avranno allora $L = 2 \times 3 = 6$ post-strati, dati dall'incrocio del sesso con le tre classi di età. Si indichino con $Y_1, Y_2, \ldots, Y_L$ i totali della variabile y in tali post-strati e con $N_1, N_2, \ldots, N_L$ le rispettive numerosità, che si suppongono note. Proprio perché i post-strati costituiscono una partizione della popolazione, il totale della y è pari alla somma dei totali di post-strato, ovvero

$$Y = \sum_{l=1}^{L} Y_l. \tag{3.8}$$

Il totale di popolazione è ovviamente stimabile con lo stimatore corretto, $\hat{Y}_\pi = \sum_{j \in s} y_j / \pi_j$. Si osservi, tuttavia, che questo può essere anche scritto come somma degli stimatori corretti dei totali di post-strato, ovvero come

$$\hat{Y}_\pi = \sum_{l=1}^{L} \hat{Y}_{\pi l},$$

dove $\hat{Y}_{\pi l} = \sum_{j \in s_l} y_j / \pi_j$ è lo stimatore corretto del totale del post-strato l ed s_l denota l'insieme delle unità campionarie che appartengono al post-strato l-esimo. Ora, benché corretto, questo stimatore non è tuttavia efficiente, in quanto il numero delle unità campionarie appartenenti a ciascun post-strato non è fisso, ma variabile. In questo caso la stima per quoziente, come si è visto nel paragrafo precedente, costituisce un'alternativa più efficiente per i totali di post-strato. Si considerino allora L variabili ausiliarie a_l, con $l = 1, 2, \ldots, L$, definite sull'intera popolazione e tali che

$$a_{lj} = \begin{cases} 1 & \text{se } j \in U_l \\ 0 & \text{altrimenti} \end{cases} \quad (l = 1, \ldots, L). \tag{3.9}$$

È immediato verificare che il totale di a_l coincide con la dimensione del post-strato l-esimo, N_l, e che lo stimatore $\hat{N}_{\pi l} = \sum_{j \in s} a_{lj} / \pi_j = \sum_{j \in s_l} 1 / \pi_j$ è corretto per N_l. Dunque, sostituendo gli stimatori corretti dei totali di post-strato $\hat{Y}_{\pi l}$ con gli stimatori per quoziente con variabile ausiliaria a_l si ottiene uno stimatore generalmente più efficiente del totale di popolazione. Lo stimatore che se ne ricava, detto *stimatore post-stratificato*, assume la forma

$$\hat{Y}_{ps} = \sum_{l=1}^{L} \hat{Y}_{ql} = \sum_{l=1}^{L} \hat{Y}_{\pi l} \frac{N_l}{\hat{N}_{\pi l}}. \tag{3.10}$$

In sintesi, in ciascun post-strato lo stimatore corretto viene aggiustato per eccesso o per difetto a seconda che il post-strato risulti sotto o sovra rappresentato nel campione.

Esempio 3.2. *Si supponga di aver rilevato alcune variabili socio-sanitarie su un campione di 522 individui di un piccolo comune mediante la selezione dall'anagrafe comunale (composta da 6.404 nuclei familiari) di un campione casuale semplice di 340 nuclei familiari (campionamento gr). Si vuole usare re l'informazione presente negli archivi comunali per costruire uno stimatore post-stratificato per il totale degli individui affetti da una determinata malattia cronica. I post-strati sono dati dall'incrocio della variabile sesso (M = maschio, F = femmina) e 3 classi di età (L = 6).*

Nella Tabella 3.1 vengono riportate le quantità necessarie al calcolo dello stimatore post-stratificato. Si noti come la dimensione della popolazione sia sottostimata (9.832 individui contro i 10.497 presenti in anagrafe). Lo stimatore corretto del totale della variabile indicatrice della presenza della malattia cronica assume in questo caso il valore 870,70, mentre lo stimatore post-stratificato è pari a 912,98. La colonna dei rapporti fra le dimensioni note dei post-strati e quelle stimate fornisce i coefficienti di aggiustamento del peso base $1/\pi_j = 6.404/340 = 18,84$ utilizzato per la costruzione dello stimatore corretto. Ad esempio, le donne con meno di 35 anni risultano particolarmente sottorappresentate nel campione ed avranno, quindi, un peso di riporto all'universo aumentato di un fattore pari a 1,638.

Tabella 3.1 Post-strati e valori delle relative grandezze necessarie per $\hat{Y}_{ps}$

l	Post-strato	$\hat{N}_{\pi l}$	N_l	$N_l/\hat{N}_{\pi l}$	$\hat{Y}_l$	$\hat{Y}_{ql} = \hat{Y}_l N_l/\hat{N}_{\pi l}$
1	F–(fino a 34)	1.118,21	1.832	1,638	78,12	127,99
2	F–(35-59)	2.168,22	1.833	0,845	173,65	146,80
3	F–(60 e oltre)	1.118,21	1.647	1,473	168,28	247,86
4	M–(fino a 34)	790,92	1.932	2,443	40,18	98,15
5	M–(35-59)	2.931,87	1.878	0,641	205,33	131,52
6	M–(60 e oltre)	1.704,58	1.335	0,783	205,14	160,66
	Totale	9.832,02	10.497		870,70	912,98

$\square$

Per quanto riguarda le proprietà dello stimatore post-stratificato, si noti che esso è una combinazione lineare di stimatori per quoziente. Di conseguenza, non è uno stimatore corretto, ma solo approssimativamente corretto purché all'interno di ciascun post-strato il numero delle unità campionarie sia sufficientemente grande. Questa condizione dà una prima indicazione per la costruzione dei post-strati, e cioè che contengano un numero sufficiente di osservazioni campionarie – indicativamente almeno trenta.

Per quanto riguarda la varianza di $\hat{Y}_{ps}$, si può dimostrare attraverso il metodo della linearizzazione (Par 2.13) che $V(\hat{Y}_{ps}) \cong V(\hat{Z}_\pi)$, dove $\hat{Z}_\pi$ è lo stimatore corretto del totale della variabile z i cui valori sono dati da $z_j = y_j - \bar{Y}_{l(j)}(j = 1, \ldots, N)$ e $l(j)$ indica il post-strato a cui appartiene l'unità j. Il valore di $V(\hat{Z}_\pi)$ può essere stimato mediante la (2.40) o la (2.41) sostituendovi y_j con $\hat{z}_j = y_j - \hat{\bar{Y}}_{ql(j)}$, dove $\hat{\bar{Y}}_{ql(j)} = \hat{Y}_{\pi l(j)}/\hat{N}_{\pi l(j)}$.

Si osservi che se la variabile y fosse costante all'interno di ciascun post-strato, la varianza dello stimatore post-stratificato diventerebbe nulla. Questo fatto suggerisce una seconda linea guida per la costruzione dei post-strati: la post-stratificazione sarà tanto più efficace nel ridurre la varianza dello stimatore quanto più i valori del carattere entro i post-strati sono omogenei, esattamente come nella stratificazione.

Esempio 3.3. *Il caso del campionamento srs. Si supponga di voler stimare la media di un carattere quantitativo in una popolazione di individui e di aver estratto a questo fine un campione srs di n unità. Lo stimatore corretto è la media campionaria $\bar{y}$. Si supponga ora di considerare due soli post-strati in base al sesso delle persone. Applicando la proprietà associativa della media aritmetica si può scrivere*

$$\bar{y} = \frac{n_M}{n}\bar{y}_M + \frac{n_F}{n}\bar{y}_F,$$

dove $\bar{y}_M$ e n_M sono la media tra i maschi e il numero dei maschi nel campione e $\bar{y}_F$ e n_F sono le analoghe quantità per le femmine. Dall'espressione a secondo membro si evince, ad esempio, che il peso della media dei maschi *sulla stima della media generale sarà tanto maggiore quanto più i maschi sono numerosi nel campione e viceversa. Ciò non accade con lo stimatore post-stratificato che assume la seguente espressione*

$$\hat{\bar{Y}}_{ps} = \frac{\hat{Y}_{ps}}{N} = \frac{N_M}{N}\bar{y}_M + \frac{N_F}{N}\bar{y}_F,$$

dove N_M e N_F sono le dimensioni note dei post-strati nella popolazione. In questo caso, il peso della media dei maschi sulla stima della media generale non dipende dal numero dei maschi nel campione, ma è fisso e pari al peso dei maschi nella popolazione. In sostanza, con la post-stratificazione si viene ad eliminare quella parte della varianza dello stimatore corretto che dipende dalla variabilità del numero delle unità provenienti da uno stesso post-strato e questo è esattamente ciò che si ottiene anche con la stratificazione del campione. Dunque, con la post-stratificazione si può ottenere un guadagno in efficienza molto vicino a quello che si sarebbe ottenuto con la stratificazione utilizzata a livello di selezione del campione. A riprova di ciò, sempre assumendo il campionamento srs e ricordando la (2.42), l'espressione della varianza di $\hat{\bar{Y}}_{ps}$ è approssimabile nel modo seguente

$$V(\hat{\bar{Y}}_{ps}) \cong V(\hat{\bar{Z}}) = \frac{1-f}{n}S_z^2 = \frac{1-f}{n}\sum_{l=1}^{L}W_l S_{yl}^2,$$

dove $W_l = N_l/N$ e S_{yl}^2 sono, rispettivamente, il peso del post-strato e la varianza del carattere y in esso. L'espressione nell'ultimo membro coincide con la varianza della media di un campione casuale stratificato con allocazione proporzionale. Dunque, con la post-stratificazione è possibile conseguire guadagni in efficienza analoghi a quelli del campionamento casuale stratificato con allocazione proporzionale, purché il campione sia abbastanza grande nei post-strati costruiti. □

La tecnica della post-stratificazione equivale, in sostanza, alla stratificazione del campione, con la differenza che la prima si realizza nella fase di analisi dei dati, mentre la seconda si realizza nella fase di selezione del campione. Il guadagno in efficienza che si consegue è sostanzialmente lo stesso. È quindi sempre conveniente ricorrere alla post-stratificazione quando possibile, anche perché il suo costo è generalmente minore rispetto alla stratificazione del campione.

In pratica, nelle indagini reali è prassi comune utilizzare quanto più possibile sia la stratificazione del campione rispetto ad alcuni caratteri (anche per ragioni di opportunità e convenienza nella organizzazione del lavoro, ad esempio mediante strati territoriali), sia la post-stratificazione rispetto ad altre variabili di cui magari non si conoscono i valori individuali per ogni unità della popolazione ma è possibile conoscere la dimensione dei posti-strati che definiscono.

La post-stratificazione, così come la stratificazione, può essere costruita utilizzando variabili sia di natura qualitativa (ad esempio sesso o settore di attività economica) sia di natura quantitativa suddividendone in classi i valori (come per l'età delle persone o il numero degli addetti di una impresa). Tuttavia, nella costruzione dei post-strati, soprattutto quando si incrociano le modalità di più caratteri di post-stratificazione, si devono tenere presente due fattori importanti: (i) il numero di unità campionarie provenienti da ciascun post-strato deve essere sufficientemente grande, almeno 30 e (ii) le variabili ausiliarie impiegate devono essere sufficientemente connesse con quelle oggetto di studio in modo che i post-strati siano quanto più possibile omogenei al loro interno, con riferimento alle variabili di indagine. L'utilizzo di variabili non correlate con quelle oggetto di indagine può infatti vanificare gli effetti positivi della post-stratificazione e in qualche caso anche peggiorare l'efficienza rispetto allo stimatore corretto.

3.2.3 Lo stimatore per differenza e le sue proprietà

Nel Par. 3.2.1 si è discusso dello stimatore per quoziente che presuppone una relazione di approssimata proporzionalità tra la variabile ausiliaria x e la variabile y. È naturale chiedersi, perciò, cosa sia possibile fare se le variabili x e y fossero correlate negativamente, oppure assumessero anche valori negativi o, ancora, se in una regressione lineare della y sulla x si trovasse un valore dell'intercetta sensibilmente diverso da zero. Lo stimatore post-stratificato, introdotto nel Par. 3.2.2, costituisce una prima risposta, ma richiede la suddivisione in classi delle variabili ausiliarie quantitative, con una perdita di dettaglio informativo. Esistono però delle alternative che permettono di usare più variabili quantitative e/o qualitative insieme senza dover costruire una partizione della popolazione. In questo e nei paragrafi che seguono verranno illustrate le metodologie in grado di utilizzare in modo più flessibile ed efficiente le variabili ausiliarie disponibili.

Lo *stimatore per differenza*, contrariamente a quello per quoziente, introduce come fattore di aggiustamento dello stimatore corretto la differenza tra il valore vero e quello stimato del totale (o della media) della variabile ausiliaria:

$$\hat{Y}_d = \hat{Y}_\pi + \lambda(X - \hat{X}_\pi), \qquad (3.11)$$

dove λ è una opportuna costante. Riprendendo l'Esempio 3.1, in cui y è il fatturato delle imprese e x il numero degli addetti, la stima corretta del totale Y era pari a 7.332,3. Ad essa lo stimatore per differenza aggiunge una quantità che dipende dalla differenza tra il numero noto degli addetti (28.159) e la sua stima (26.937). È evidente che quest'ultima differenza non può essere aggiunta *tout court* poiché espressa in una unità di misura diversa da quella del fatturato: la costante λ ha quindi la funzione di trasformare tale differenza in una unità di misura omogenea con quella della variabile di interesse.

L'utilizzo della correzione additiva consente di incrementare o diminuire la stima corretta in funzione della differenza tra $\hat{X}_\pi$ e X e del segno della correlazione tra le due variabili, permettendo così la gestione di correlazioni sia positive sia negative.

A differenza dello stimatore per quoziente e dello stimatore post-stratificato, $\hat{Y}_d$ è uno stimatore corretto di Y, in quanto funzione lineare di stimatori corretti. Infatti $E[\hat{Y}_d] = E[\hat{Y}_\pi] + \lambda(X - E[\hat{X}_\pi]) = Y$. Per analizzarne la varianza, si riscriva la (3.11) come segue:

$$\hat{Y}_d = \hat{Y}_\pi - \lambda\hat{X}_\pi + \lambda X = \sum_{j \in s} \frac{y_j - \lambda x_j}{\pi_j} + \lambda X,$$

così che $V(\hat{Y}_d) = V(\hat{Z}_\pi)$, con $z_j = y_j - \lambda x_j$. Si noti che tale risultato è esatto e non è approssimato come nel caso dello stimatore per quoziente. È facile verificare che se valesse la relazione $y_j = \alpha + \lambda x_j$ e $\hat{N}_\pi = N$ la varianza dello stimatore per differenza sarebbe zero. Diversamente, tale varianza è tanto più grande quanto maggiore è la variabilità delle quantità $z_j = y_j - \lambda x_j$.

Si ricordi che λ è una costante decisa dal ricercatore e indipendente dal campione estratto. Il suo valore potrebbe essere desunto da precedenti indagini o altre considerazioni sulle caratteristiche della popolazione nel tentativo di rendere quanto più piccoli possibili i valori delle z_j.

3.2.3.1 Lo stimatore per differenza a varianza minima

Poiché il valore di λ è deciso dal ricercatore, ci si può chiedere quale sia quello che minimizza la varianza di $\hat{Y}_d$. Quest'ultima può essere scritta, osservando la (3.11), anche nel modo seguente:

$$V(\hat{Y}_d) = V(\hat{Y}_\pi) + \lambda^2 V(\hat{X}_\pi) - 2\lambda C(\hat{Y}_\pi, \hat{X}_\pi), \qquad (3.12)$$

dove $C(\hat{Y}_\pi, \hat{X}_\pi)$ è la covarianza fra gli stimatori corretti dei totali Y ed X. A questo proposito, in modo analogo alla derivazione delle (2.38) e (2.39) si ha

$$C(\hat{Y}_\pi, \hat{X}_\pi) = \sum_{j=1}^{N} y_j x_j \frac{1 - \pi_j}{\pi_j} + \sum_{j=1}^{N} \sum_{j' \neq j}^{N} \frac{y_j}{\pi_j} \frac{x_{j'}}{\pi_{j'}} (\pi_{j,j'} - \pi_j \pi_{j'}), \qquad (3.13)$$

che nel caso di n fisso si può riscrivere

$$C(\hat{Y}_\pi, \hat{X}_\pi) = \sum_{j=1}^{N} \sum_{j' > j}^{N} \left(\frac{y_j}{\pi_j} - \frac{x_{j'}}{\pi_{j'}} \right)^2 (\pi_j \pi_{j'} - \pi_{j,j'}).$$

Gli stimatori corretti di tali covarianze, con procedimenti analoghi a quelli che giustificano le (2.40) e (2.41), sono dati, rispettivamente, da

$$c(\hat{Y}_\pi, \hat{X}_\pi) = \sum_{j \in s} y_j x_j \frac{1 - \pi_j}{\pi_j^2} + \sum_{j \in s} \sum_{\substack{j' \neq j \\ j' \in s}} \frac{y_j}{\pi_j} \frac{x_{j'}}{\pi_{j'}} \frac{\pi_{j,j'} - \pi_j \pi_{j'}}{\pi_{j,j'}}$$

e (nel caso di n fisso)

$$c(\hat{Y}_\pi, \hat{X}_\pi) = \sum_{j \in s} \sum_{\substack{j' > j \\ j' \in s}} \left(\frac{y_j}{\pi_j} - \frac{x_{j'}}{\pi_{j'}} \right)^2 \frac{\pi_j \pi_{j'} - \pi_{j,j'}}{\pi_{j,j'}}.$$

Tornando allo stimatore per differenza, uguagliando a zero la derivata di $V(\hat{Y}_d)$ rispetto a λ, si ottiene

$$\lambda^* = \frac{C(\hat{Y}_\pi, \hat{X}_\pi)}{V(\hat{X}_\pi)}, \tag{3.14}$$

cioè il coefficiente della retta di regressione di $\hat{Y}_\pi$ su $\hat{X}_\pi$ (si noti che λ^* è il coefficiente di regressione fra gli stimatori e *non* fra le variabili x e y). Se il valore di λ^* è noto, si ottiene lo stimatore per differenza a *varianza minima*

$$\hat{Y}_o = \hat{Y}_\pi + \lambda^*(X - \hat{X}_\pi) \tag{3.15}$$

(si veda ad es. Cicchitelli et al. 1997, Cap. 4). Ci si riferisce a tale stimatore anche con il nome di *stimatore ottimo*, essendo quello che minimizza la varianza di tutti gli stimatori con la struttura dello stimatore per differenza (Rao 1994).

Si noti come dalla (3.14) emerga il ruolo della covarianza fra $\hat{Y}_\pi$ e $\hat{X}_\pi$ nella determinazione del fattore additivo di aggiustamento che determina lo stimatore per differenza. Nel caso in cui la covarianza fra gli stimatori sia positiva, il fattore di aggiustamento avrà lo stesso segno della differenza fra X e $\hat{X}_\pi$, altrimenti, nel caso di covarianza negativa, avrà segno opposto. Inoltre, la natura di coefficiente di regressione di λ^* è coerente con il suo ruolo di fattore di trasformazione dall'unità di misura di x a quella di y.

Lo stimatore ottimo è ancora corretto e la sua varianza può essere ottenuta sostituendo λ^* a λ nella (3.12), ottenendo

$$V(\hat{Y}_o) = V(\hat{Y}_\pi)[1 - \rho^2(\hat{Y}_\pi, \hat{X}_\pi)], \tag{3.16}$$

dove $\rho(\hat{Y}_\pi, \hat{X}_\pi)$ è il coefficiente di correlazione fra $\hat{Y}_\pi$ e $\hat{X}_\pi$. La (3.16) indica che lo stimatore ottimo è sempre più efficiente dello stimatore corretto $\hat{Y}_\pi$, qualunque siano il grado ed il segno della correlazione fra $\hat{Y}_\pi$ e $\hat{X}_\pi$. Chiaramente, il guadagno in efficienza sarà tanto maggiore quanto maggiore in valore assoluto è il valore di $\rho(\hat{Y}_\pi, \hat{X}_\pi)$. Nel caso del campionamento *srs* è facile verificare che $\rho(\hat{Y}_\pi, \hat{X}_\pi)$ è pari al coefficiente di correlazione lineare delle variabili y e x nella popolazione, dato dalla (1.11).

Sia lo stimatore per differenza che lo stimatore per quoziente utilizzano la medesima informazione a priori costituita dal totale noto X. Ci si può chiedere, allora, quale sia la performance dello stimatore ottimo rispetto ad un altro stimatore che impiega la stessa informazione ausiliaria. Si dimostra al riguardo che (si veda, ad esempio, Cicchitelli et al. 1997)

$$V(\hat{Y}_q) - V(\hat{Y}_o) \cong V(\hat{X}_\pi)(R - \lambda^*)^2.$$

Ne consegue che lo stimatore ottimo, ammesso che il campione abbia ampiezza elevata, è sempre più efficiente dello stimatore per quoziente, a meno che non sia $\lambda^* = R$, nel qual caso i due stimatori coincidono. Si osservi che tale uguaglianza sussiste se e solo se la retta di regressione di $\hat{Y}_\pi$ su $\hat{X}_\pi$ passa per l'origine.

Lo stimatore ottimo si basa sull'assunto che il coefficiente λ^* sia noto. Quest'ultimo dipende da quantità di popolazione che non sono note al ricercatore. Ci si deve basare, quindi, su informazioni provenienti da indagini precedenti o da un censimento. Quando tali informazioni non sono disponibili, si può pensare di stimare il valore di λ^* con i dati del campione. Un modo possibile, ad esempio, è quello di sostituire alle varianze e covarianze che figurano nella (3.14) le loro stime campionarie. In particolare, la (3.15) diventa

$$\hat{Y}_{os} = \hat{Y}_\pi + \hat{\lambda}^*(X - \hat{X}_\pi), \tag{3.17}$$

dove $\hat{\lambda}^* = c(\hat{Y}_\pi, \hat{X}_\pi)/v(\hat{X}_\pi)$. Si noti che lo stimatore ottimo con λ^* stimato, detto *stimatore ottimo empirico*, non è più corretto. Tuttavia, poiché la sua approssimazione lineare (3.15) è lo stimatore ottimo è possibile affermare che lo stimatore (3.17) è approssimativamente corretto nei campioni di elevata dimensione.

Per quanto riguarda la varianza di $\hat{Y}_{os}$, essa può essere approssimata con quella di $\hat{Y}_o$, mentre per la sua stima è possibile impiegare una delle espressioni seguenti

$$v(\hat{Y}_{os}) = v(\hat{Y}_\pi) + \hat{\lambda}^{*2}v(\hat{X}_\pi) - 2\hat{\lambda}^{*2}c(\hat{Y}_\pi, \hat{X}_\pi) = v(\hat{Z}_\pi), \tag{3.18}$$

dove $\hat{Z}_\pi$ è lo stimatore del totale della variabile scarto $\hat{z}_j = y_j - \hat{\lambda}^* x_j$. Come nel caso dello stimatore per quoziente, tale stimatore di varianza è distorto negativamente, in quanto non tiene conto della sorgente di variabilità aggiuntiva introdotta con la stima del coefficiente λ^*.

Nonostante lo stimatore ottimo empirico sia quello approssimativamente di minima varianza, occorre osservare che il suo impiego è ostacolato da alcune problematiche importanti. In primo luogo, mentre lo stimatore per quoziente dipende solo dalle probabilità di inclusione del primo ordine contenute nei totali stimati di cui si fa il rapporto, nello stimatore ottimo compare il rapporto tra la stima corretta di una covarianza e quella di una varianza. Ne discende che il piano di campionamento deve essere misurabile e che le dimensioni campionarie necessarie per avvalersi delle approssimazioni lineari devono essere sensibilmente più grandi rispetto a quelle richieste dallo stimatore per quoziente o post-stratificato. È noto, infatti, che le stime delle varianze e covarianze sono notevolmente più variabili rispetto a quelle di un totale. Può quindi accadere che, a parità di dimensione campionaria e almeno fintantoché questa non è sufficientemente elevata, lo stimatore per quoziente, benché teoricamente meno efficiente di quello ottimo, possa avere in effetti una varianza minore.

Esempio 3.4. *Si consideri il caso del campionamento srs. La forma dello stimatore ottimo si semplifica in*

$$\hat{Y}_o = N\bar{y} + \lambda^*(X - N\bar{x}),$$

dove $\lambda^* = S_{yx}/S_x^2$, *poiché* $C(\hat{Y}_\pi, \hat{X}_\pi) = N^2(1-f)S_{yx}/n$ *e* $V(\hat{X}_\pi) = N^2(1-f)S_x^2/n$. *In questo caso* λ^* *si riduce al coefficiente angolare della retta di regressione di y su x a livello di popolazione. Il risultato mette in evidenza il ruolo della correlazione che deve esistere tra la y e la x. Nel caso in cui* λ^* *non sia noto, esso può essere stimato mediante il coefficiente di regressione campionario* $\hat{\lambda}^* = s_{xy}/s_x^2$. *Questa forma particolare di* λ^* *è di ausilio nel confronto e nella scelta fra lo stimatore per differenza e lo stimatore per quoziente. Infatti, nel campionamento srs, lo stimatore ottimo e lo stimatore per quoziente hanno la stessa efficienza solo se la retta di regressione di y su x passa per l'origine. In quel caso, infatti, il coefficiente di regressione si riduce al rapporto fra le medie (o i totali). Quindi, quando si ha a disposizione una variabile ausiliaria quantitativa, conviene osservare il diagramma a dispersione dei valori campionari di x e y: nel caso in cui la correlazione sia negativa o la retta di regressione di y su x abbia una intercetta sensibilmente diversa da zero, allora è consigliabile l'impiego dello stimatore ottimo. Nel caso in cui, al contrario, il grafico evidenzi una relazione di approssimata proporzionalità diretta, allora è preferibile lo stimatore per quoziente in quanto più stabile nei campioni di ampiezza finita.*   □

Esempio 3.1. (continua) *Si consideri il campione casuale semplice dell'indagine sulle imprese dell'Esempio 3.1 e si ricordi che in questo caso* $n = 70$, $N = 811$, $\hat{Y}_\pi = 7.332,3$ *milioni di euro,* $\hat{X}_\pi = 26.936$ *e* $X = 28.159$ *(dipendenti). Il coefficiente* $\hat{\lambda}^* = s_{yx}/s_x^2$ *assume il valore* $0,206$ *e, quindi, lo stimatore ottimo empirico è dato da* $\hat{Y}_{os} = 7.332,3 + (28.159 - 26.936) \times 0,206 = 7.584,2$ *milioni. La sua varianza può essere determinata a partire dalla variabile scarto stimata* $\hat{z}_j = y_j - 0,206x_j$ *la cui varianza campionaria è* $s_{\hat{z}}^2 = 186,44$, *da cui* $v(\hat{Y}_{os}) = 811^2 \frac{1-70/811}{70} \times 186,44 = 1.600.590$. *L'errore standard è dunque* $1.265,1$ *ed il coefficiente di variazione dello stimatore è pari al* $16,7\%$.   □

3.2.3.2 Il caso di più variabili ausiliarie qualitative e quantitative

Lo stimatore per differenza, al contrario di quello per quoziente, permette con facilità l'impiego di più variabili ausiliarie contemporaneamente. Anche lo stimatore post-stratificato è in grado di trarre profitto da più variabili di stratificazione, ma richiede che si individui una partizione della popolazione; inoltre, le variabili quantitative devono essere suddivise in classi. Si vedrà ora come poter incorporare informazioni ausiliarie multivariate senza queste restrizioni.

Si considerino P variabili ausiliarie x_p ($p = 1, \ldots, P$) e sia X_p il totale, supposto noto, di x_p e $\hat{X}_{p\pi}$ il corrispondente stimatore corretto. Esse possono essere variabili quantitative vere e proprie oppure variabili indicatrici della presenza di singole modalità di variabili categoriche. Ad esempio, per la variabile genere si avranno due variabili indicatrici: la prima indicherà la presenza dell'attributo "maschio", la seconda quella dell'attributo "femmina". Lo stimatore per differenza in presenza di informazione ausiliaria multipla è dato da

$$\hat{Y}_d = \hat{Y}_\pi + \sum_{p=1}^{P} \lambda_p (X_p - \hat{X}_{\pi p}), \tag{3.19}$$

in cui λ_p indica il coefficiente moltiplicativo della differenza tra X_p e $\hat{X}_{p\pi}$, generalmente diverso per ciascuna variabile ausiliaria. Se si indica con $x = (x_1, x_2, \ldots, x_P)$ il vettore riga delle variabili ausiliarie, con $X = (X_1, X_2, \ldots, X_P)$ il vettore dei loro totali di popolazione e con $\hat{X}_\pi$ il vettore delle corrispondenti stime corrette, adottando la notazione matriciale, la (3.19) può essere scritta

$$\hat{Y}_d = \hat{Y}_\pi + (X - \hat{X}_\pi)\lambda, \tag{3.20}$$

in cui $\lambda = (\lambda_1, \lambda_2, \ldots, \lambda_P)^T$ è il vettore colonna dei coefficienti di aggiustamento.

Anche nel caso multivariato è possibile determinare i valori dei fattori di aggiustamento che minimizzano la varianza, estendendo opportunamente la (3.14). In particolare, se si indica con $V(\hat{X}_\pi)$ la matrice delle varianze e covarianze del vettore $\hat{X}_\pi$ e con $c(\hat{Y}_\pi, \hat{X}_\pi)$ il vettore colonna delle covarianze tra $\hat{Y}_\pi$ e $\hat{X}_\pi$, si ha che il minimo della varianza della (3.20) si ottiene con

$$\lambda^* = V(\hat{X}_\pi)^{-1} c(\hat{Y}_\pi, \hat{X}_\pi) \tag{3.21}$$

(Montanari 1987). Si noti come sia possibile determinare il valore ottimo per il vettore λ solo se la matrice $V(\hat{X}_\pi)$ è invertibile. Questo richiede che fra le variabili ausiliarie impiegate x_p non siano presenti variabili il cui totale è stimabile correttamente senza errore e la cui varianza, di conseguenza, è pari a zero. Esempi di questo tipo di variabili sono la costante unitaria nel campionamento *srs*, oppure le variabili indicatrici dell'appartenenza delle unità agli strati in un campionamento casuale stratificato.

La varianza, analogamente a quanto visto nel caso univariato, può essere posta approssimativamente pari alla varianza dello stimatore corretto del totale della variabile scarto $z_j = y_j - x_j \lambda^*$, dove x_j è il vettore dei valori delle variabili ausiliarie nella j-esima unità. Si osservi che nel caso in cui $\hat{N}_\pi$ non abbia varianza nulla, come accade nei campioni di ampiezza variabile o nei campionamenti con probabilità variabili, allora nel vettore x è opportuno inserire la variabile ausiliaria unitaria, per le stesse ragioni che sono state esposte nell'Esempio 3.3.

Se il vettore λ^* non è noto, esso può essere stimato con i dati campionari sostituendo nella (3.21) le stime corrette delle varianze e delle covarianze che vi figurano. In tal caso la stima della varianza sarà quella dello stimatore corretto del totale della variabile $\hat{z}_j = y_j - x_j \hat{\lambda}^*$, dove $\hat{\lambda}^*$ è lo stimatore di λ^*.

Esempio 3.1. (continua) *Si consideri ancora il campione di imprese dell'Esempio 3.1 e si supponga di conoscere, oltre al numero totale di dipendenti,*

*anche la distribuzione delle imprese per forma giuridica e per settore di atti-
vità. In particolare, si sa che nella popolazione ci sono 512 SRL, mentre le
restanti 299 sono SPA; inoltre, si sa anche che 411 appartengono al settore
dei servizi, mentre le rimanenti 400 a quello dell'industria. Si può pensare
di includere queste ulteriori informazioni nel vettore delle variabili ausiliarie.
Si noti che nel campionamento srs la dimensione della popolazione viene stimata senza errore e, quindi, la variabile unitaria non deve essere inserita. In
definitiva il vettore delle variabili ausiliarie da utilizzare è*

$$x = (x_1, x_2, x_3) = (\#dipendenti;\ SRL;\ SER),$$

*in cui la prima è una variabile numerica, mentre le ultime due sono va-
riabili dicotomiche che indicano la presenza del relativo attributo. Il corrispondente vettore di totali di popolazione è dato da* $\mathbf{X} = (X_1, X_2, X_3) =$
$(28.159; 512; 411)$ *e quello delle relative stime corrette da* $\hat{\mathbf{X}}_\pi = (26.936;$
$428, 67; 451, 8)$. *Si noti come non sia possibile inserire la variabile dicotomi-
ca per l'industria – IND – in quanto è una funzione lineare della variabile
SER (essendo IND = 1 − SER) e, per lo stesso motivo, la variabile SPA
(SPA = 1 − SRL). Il vettore dei coefficienti stimati assume in questo caso il
valore*

$$\hat{\boldsymbol{\lambda}}^* = (\mathbf{s}_x^2)^{-1}\mathbf{s}_{yx} = \begin{bmatrix} 3325,53 & -9,868 & -0,034 \\ -9,868 & 0,253 & -0,096 \\ -0,034 & -0,096 & 0,250 \end{bmatrix}^{-1} \begin{bmatrix} 685,302 \\ -3,467 \\ 1,500 \end{bmatrix} = \begin{bmatrix} 0,193 \\ -4,583 \\ 4,264 \end{bmatrix}$$

e di conseguenza lo stimatore ottimo empirico è pari a

$$\hat{Y}_{os} = 7.332,3 + [1.223\ 83,33 \quad -40,8] \begin{bmatrix} 0,193 \\ -4,583 \\ 4,264 \end{bmatrix} = 7.012,3.$$

*Per quanto riguarda la stima di varianza, occorre determinare la varianza
campionaria della variabile scarto, pari a 173,4, per ottenere* $\mathrm{v}(\hat{Y}_{os}) = 811^2 \times$
$\frac{1-70/811}{70}173,4 = 1.488.961$. *L'errore standard è ora 1.220,2 ed il coefficiente
di variazione dello stimatore pari al 17,4 %.*   □

Quanto sin qui esposto porta a ritenere che aumentando il numero delle va-
riabili ausiliarie ci si possa aspettare che le quantità $z_j = y_j - \mathbf{x}_j\boldsymbol{\lambda}^*$ assumano
valori via via più piccoli, rendendo lo stimatore ottimo sempre più efficiente.
Tuttavia, quando $\boldsymbol{\lambda}^*$ è stimato dal campione, è necessario selezionare le variabili effettivamente correlate con quella di indagine, per evitare fenomeni quali
un'approssimazione molto buona dei dati campionari e contestualmente una
scarsa capacità di generalizzazione alle altre unità della popolazione (fenomeno conosciuto con il termine anglosassone *overfitting*), determinando così un
aumento della variabilità delle stime prodotte.

3.2.4 La stima per regressione generalizzata

In questo paragrafo verrà illustrata una metodologia di impiego dell'informazione ausiliaria che ha molti punti di contatto sia con la stima per differenza – può essere, infatti, vista come un metodo alternativo di determinazione del vettore dei coefficienti $\boldsymbol{\lambda}$ – che con la stima per quoziente e post-stratificata – di cui si vedrà essere una generalizzazione. Questa metodologia, sviluppata negli anni '80 del secolo scorso e sistematizzata in un manuale che è diventato un punto di riferimento nella letteratura per il campionamento e l'inferenza su popolazioni finite (Särndal et al. 1992), parte da un'osservazione concernente l'impiego dell'informazione ausiliaria nelle metodologie presentate nei paragrafi precedenti. Le tecniche di stima sino ad ora descritte si basano sul presupposto che le variabili ausiliarie utilizzate siano correlate o in grado di spiegare la variabile di interesse, attraverso loro combinazioni lineari che fossero *proxy* di quella oggetto di indagine. La varianza dello stimatore costruito dipende dalle quantità z_j volta per volta definite come differenza tra le y_j e i valori predetti per esse, y_j^o, al punto che se fosse $y_j = y_j^o$ per ogni j lo stimatore avrebbe varianza zero ed il totale Y sarebbe stimato senza errore. Ad esempio, nel caso dello stimatore per quoziente, dove $z_j = y_j - Rx_j$, con $R = Y/X$, si ha $y_j^o = Rx_j$; qui si ipotizza che la variabile di interesse possa essere descritta sufficientemente bene da una relazione di proporzionalità con la x. Nel caso dello stimatore post-stratificato si pone $y_j^o = \overline{Y}_{l(j)}$ e l'ipotesi implicata è che il valore della variabile di interesse possa essere approssimato dal valore medio all'interno del post-strato di appartenenza. Nel caso di informazione ausiliaria multivariata, lo stimatore per differenza implica che $y_j^o = \mathbf{x}_j \boldsymbol{\lambda}$ e che, quindi, una combinazione lineare delle variabili ausiliarie descriva adeguatamente la variabile di interesse. A conferma di ciò si noti come lo stimatore per differenza in (3.20) può essere riscritto anche nella forma seguente

$$\hat{Y}_d = \sum_{j=1}^N \mathbf{x}_j \boldsymbol{\lambda} + \sum_{j \in s} \frac{y_j - \mathbf{x}_j \boldsymbol{\lambda}}{\pi_j} = \sum_{j=1}^N y_j^o + \sum_{j \in s} \frac{y_j - y_j^o}{\pi_j},$$

nella quale si evidenzia il ruolo della variabile *proxy* y_j^o. Lo stimatore del totale, infatti, è scritto come somma tra il totale di popolazione della variabile *proxy* e un termine di correzione pari allo stimatore corretto del totale della variabile scarto $y_j - y_j^o$. Questa correzione garantisce la correttezza dello stimatore o eventualmente della sua approssimazione lineare, ed evidenzia come il guadagno in efficienza rispetto allo stimatore corretto dipenda dal valore assunto dagli scarti. La stima per regressione generalizzata esplicita e rende particolarmente flessibile questo processo di descrizione della variabile di interesse prendendo a prestito dalla statistica classica la teoria dei modelli di regressione multipla.

3.2.4.1 Lo stimatore per regressione generalizzata e le sue proprietà

Si ipotizzi dunque che i valori della variabile oggetto di indagine y possano essere predetti mediante una relazione del tipo $y_j^o = \mathbf{x}_j \boldsymbol{\beta}$, come del resto accade anche per lo stimatore per differenza. Nel caso dello stimatore ottimo, i coefficienti della combinazione lineare dei valori delle variabili ausiliarie sono determinati in modo che la varianza dello stimatore sia minima (cfr. Equazione 3.21). Nello stimatore per regressione generalizzata, invece, i coefficienti sono determinati a partire dalla stima dei minimi quadrati (eventualmente ponderati) che si otterrebbe se si conoscessero tutti i valori di $\mathbf{x}$ e y a livello di popolazione e si volesse effettuare la regressione di y sulle variabili esplicative $\mathbf{x}$. Se si indica con $\boldsymbol{\beta}^*$ tale quantità, essa assume la forma

$$\boldsymbol{\beta}^* = \left(\sum_{j=1}^{N} q_j \mathbf{x}_j^{\mathrm{T}} \mathbf{x}_j \right)^{-1} \sum_{j=1}^{N} q_j \mathbf{x}_j^{\mathrm{T}} y_j, \tag{3.22}$$

sotto l'ipotesi che la matrice inversa presente a secondo membro esista. Le costanti q_j sono scelte dal ricercatore per ponderare le unità statistiche e generalmente sono poste pari all'inverso della varianza della componente casuale di un modello di regressione lineare eteroschedastico. In assenza di adeguate ragioni per fare diversamente è comune porre $q_j = 1$, per ogni j. Ovviamente, $\boldsymbol{\beta}^*$ non è noto ma può essere stimato con i dati del campione. Si noti che la (3.22) è una funzione di totali di popolazione che possono essere stimati correttamente mediante i corrispondenti stimatori corretti. Così facendo si ottiene il seguente stimatore

$$\hat{\boldsymbol{\beta}} = \left(\sum_{j \in s} \frac{q_j \mathbf{x}_j^T \mathbf{x}_j}{\pi_j} \right)^{-1} \sum_{j \in s} \frac{q_j \mathbf{x}_j^T y_j}{\pi_j}, \tag{3.23}$$

che si dimostra essere approssimativamente corretto per $\boldsymbol{\beta}^*$ applicando il metodo della linearizzazione. Una volta calcolato il vettore $\hat{\boldsymbol{\beta}}$, si definisce *stimatore per regressione generalizzata* (detto sinteticamente *stimatore GREG*) l'espressione

$$\hat{Y}_{reg} = \hat{Y}_\pi + (\mathbf{X} - \hat{\mathbf{X}}_\pi)\hat{\boldsymbol{\beta}}, \tag{3.24}$$

che, esplicitando la variabile *proxy*, può essere anche scritto

$$\hat{Y}_{reg} = \sum_{j=1}^{N} \hat{y}_j^o + \sum_{j \in s} \frac{y_j - \hat{y}_j^o}{\pi_j}, \tag{3.25}$$

dove $\hat{y}_j^o = \mathbf{x}_j \hat{\boldsymbol{\beta}}$. Si noti che la condizione di invertibilità delle matrici che compaiono nelle (3.22) e (3.23) richiede che nessuna delle variabili ausiliarie possa essere scritta come combinazione lineare delle altre. Ad esempio, se tra le variabili ausiliarie si inserisce la variabile unitaria, le variabili categoriche devono essere inserite con tante varabili binarie quante sono le categorie meno una (categoria di riferimento).

Lo stimatore per regressione generalizzato non è uno stimatore corretto. Tuttavia, poiché la sua approssimazione lineare è lo stimatore per differenza in cui $\boldsymbol{\lambda} = \boldsymbol{\beta}^*$, esso è approssimativamente corretto a condizione che il campione sia sufficientemente grande da consentire l'utilizzo della sua approssimazione lineare. La varianza di $\hat{Y}_{reg}$ può essere approssimata ponendo $V(\hat{Y}_{reg}) \cong V(\hat{Z}_\pi)$, dove $\hat{Z}_\pi$ è lo stimatore del totale della variabile scarto $z_j = y_j - \mathbf{x}_j\boldsymbol{\beta}^*$. Uno stimatore di $V(\hat{Y}_r)$ è dato da $v(\hat{Y}_{reg}) = v(\hat{Z}_\pi)$, dove la variabile scarto è stimata con $\hat{z}_j = y_j - \mathbf{x}_j\hat{\boldsymbol{\beta}}$. Anche in questo caso, come per lo stimatore per quoziente, lo stimatore sarà generalmente distorto negativamente, in modo trascurabile se il campione è sufficientemente grande, in quanto non include la variabilità introdotta con la stima di $\boldsymbol{\beta}^*$.

Se si confronta la (3.24) con la (3.20), ci si accorge che l'unica differenza sta nella determinazione dei coefficienti di aggiustamento: nel caso dello stimatore ottimo essi sono determinati attraverso la minimizzazione della sua varianza, mentre nello stimatore per regressione generalizzata sono posti pari ai coefficienti di regressione parziale in una regressione lineare della y sulle variabili esplicative $\mathbf{x}$ ottenuti attraverso il metodo dei minimi quadrati. Ne consegue che per il calcolo di $\hat{Y}_{reg}$ non è necessario conoscere le probabilità di inclusione del secondo ordine. Questo aspetto ne semplifica l'impiego, soprattutto quando il piano di campionamento è complesso e perfino quando non è misurabile. Inoltre, essendo $\hat{\boldsymbol{\beta}}$ una funzione di totali stimati, esso è generalmente più stabile rispetto allo stimatore di $\boldsymbol{\lambda}^*$. Ne consegue che nonostante lo stimatore GREG non sia di minima varianza come lo stimatore ottimo empirico, il primo può comunque risultare più efficiente del secondo che richiede campioni di dimensione più elevata per la validità delle sue approssimazioni lineari. Per un approfondimento delle relazioni tra le due tipologie di stimatori si vedano Montanari (1998; 2000) e Montanari e Ranalli (2002).

Vale la pena di osservare che nel caso del campionamento *srs*, posto che $q_j = 1$ per ogni j e che la prima componente del vettore $\mathbf{x}_j$ sia la variabile unitaria, si ha

$$\hat{\boldsymbol{\beta}} = \left(\sum_{j \in s} \mathbf{x}_j^T \mathbf{x}_j \right)^{-1} \sum_{j \in s} \mathbf{x}_j^T y_j;$$

dunque, il vettore $\hat{\boldsymbol{\beta}}$ assume la forma dello stimatore dei minimi quadrati dei coefficienti di regressione di y su $\mathbf{x}$ e $\hat{Y}_{os}$ e $\hat{Y}_r$ assumono lo stesso valore, poiché $\hat{\boldsymbol{\beta}} = [\hat{\beta}_1 \quad \hat{\boldsymbol{\lambda}}^{*T}]^T$.

Esempio 3.1. (continua) *Si consideri ancora il campione casuale semplice di imprese dell'Esempio 3.1. Se si adotta il vettore delle variabili ausiliarie*

$\boldsymbol{x} = (1, x_1, x_2, x_3) = (1, \#dipendenti;\ SRL;\ SER)$ e si pone $q_j = 1$, allora

$$\hat{\boldsymbol{\beta}} = \left(\sum_{j \in s} \mathbf{x}_j^T \mathbf{x}_j \right)^{-1} \sum_{j \in s} \mathbf{x}_j^T y_j = \begin{bmatrix} 2,979 \\ 0,193 \\ -4,583 \\ 4,264 \end{bmatrix}.$$

Poiché il coefficiente della costante 1, cioè 2,979, è moltiplicato per zero nella (3.24), dal momento che il suo totale è stimato senza errore, gli stimatori ottimo empirico e per regressione generalizzata coincidono. □

Esempio 3.5. Si consideri uno studio di customer satisfaction per i clienti di un istituto bancario. A questo scopo si conduce un'indagine campionaria selezionando un campione di 626 unità dall'anagrafe dei suoi clienti. Le 12.095 unità della popolazione sono state preventivamente stratificate per filiale, per un totale di 12 strati, prevedendo l'allocazione proporzionale del campione con un correttivo finalizzato a garantire un minimo di 30 unità statistiche da ciascuna filiale. Il piano di campionamento perciò non è autoponderante. La Tabella 3.2 riporta la distribuzione per filiale del campione e della popolazione.

Tabella 3.2 Dimensione del campione e della popolazione, probabilità di inclusione e peso di riporto all'universo per ciascuno strato

Filiale	n_h	N_h	π_h	$a_j = 1/\pi_h$
A	122	2.598	0,04696	21,30
B	76	1.612	0,04715	21,21
C	96	2.033	0,04722	21,18
D	55	1.159	0,04745	21,07
E	36	770	0,04675	21,39
F	56	1.181	0,04742	21,09
G	32	680	0,04706	21,25
H	33	696	0,04741	21,09
I	30	542	0,05535	18,07
L	30	386	0,07772	12,87
M	30	236	0,12712	7,87
N	30	202	0,14851	6,73
Totale	626	12.095		

Fra le numerose variabili rilevate, una di particolare interesse è quella del gradimento della Banca in generale (espresso con un numero intero compreso fra 0 e 10). Lo stimatore corretto della sua media assume il valore $\hat{\bar{Y}}_\pi = 7,83$.

Dagli archivi della Banca si desume la distribuzione di due variabili importanti quali la classificazione della clientela fra clienti soci e clienti ordinari e quella fra clienti che usano la Banca per le proprie esigenze personali o familiari e chi invece la usa per la gestione di attività commerciali, produttive *o altro. La Tabella 3.3 riporta la distribuzione nella popolazione di tali quantità e le relative stime ottenute con lo stimatore corretto, da cui si evince una sottostima sia del numero dei clienti ordinari che di quello delle famiglie.*

Tabella 3.3 Totali noti e stimati delle variabili indicatrici di socio, non socio, famiglia, altro

Variabili	X	$\hat{X}_\pi$
Cliente Socio	981	2.372,59
Cliente Ordinario	11.114	9.722,41
Famiglie	9.690	8.190,60
Attività produttive, commerciali ed altro	2.405	3.904,40

Si supponga ora di voler impiegare lo stimatore per regressione generalizzata al fine di sfruttare le informazioni disponibili e contrastare possibili inefficienze dovute a questo sbilanciamento del campione. A tal fine si definisce il vettore di variabili ausiliarie $\boldsymbol{x} = (x_1, x_2, x_3) = (1; SOCIO; FAM)$, *in cui la prima componente è la variabile unitaria mentre la seconda e la terza sono le variabili indicatrici dell'attributo Cliente Socio e Categoria Famiglie. Il corrispondente vettore dei totali di popolazione è dato da* $\mathbf{X} = (X_1, X_2, X_3) = (12.095; 981; 9.690)$ *e quello delle sue stime corrette da* $\hat{\mathbf{X}}_\pi = (12.095; 2.372, 6; 8.190, 6)$. *Si noti come le variabili ausiliarie utilizzate non consentano una post-stratificazione, in quanto si hanno a disposizione solo le distribuzioni marginali di tali variabili e non la loro distribuzione congiunta.*

Il vettore dei coefficienti stimati per la soddisfazione media assume il valore

$$\hat{\boldsymbol{\beta}} = \begin{bmatrix} 0,683 \\ 0,517 \\ 0,211 \end{bmatrix}$$

e, di conseguenza, lo stimatore per regressione della soddisfazione media assume il valore

$$\hat{\bar{Y}}_{reg} = 7,83 + 12.905^{-1} \times [0 \ -1.499,4 \ -1.391,6] \begin{bmatrix} 0,683 \\ 0,517 \\ 0,211 \end{bmatrix} = 7,74.$$

La differenza fra la stima corretta e quella per regressione è spiegabile con la minore soddisfazione tra i clienti che non sono soci e tra quelli che utilizzano il conto per le attività lavorative, che come si è visto sono sottorappresentati nel campione disponibile.

Per determinare la stima della varianza, la Tabella 3.4 riporta le quantità, fra cui le varianze campionarie di y e della variabile scarto $\hat{z}_j = y_j - \mathbf{x}_j \hat{\boldsymbol{\beta}}$ negli strati, necessarie per il calcolo dell'espressione $\sum_h (N_h/N)^2 \times [(1 - f_h)/n_h] s_{zh}^2$, ottenuta particolarizzando al caso in esame la (2.41).

*Si noti come in questo caso l'impiego delle variabili ausiliare scelte determi-
ni una scarsa riduzione della variabilità: i valori delle varianze campionarie di
strato per la variabile di interesse e per quella scarto non sono molto dissimili
fra loro. Lo stimatore della varianza dello stimatore corretto e dello stimatore
per regressione assumono infatti, rispettivamente, i valori* $v(\hat{Y}_\pi) = 0,00326$
e $v(\hat{Y}_{reg}) = 0,00310$. *Questo indica che il legame tra le variabili ausiliarie e
la variabile di interesse non era così forte da determinare un incremento di
efficienza considerevole come per l'esempio precedente.*

Tabella 3.4 Fattori di correzione per popolazione finita, varianza campionaria della
variabile di interesse e della variabile scarto per ciascuno strato

Filiale	$\frac{N_h^2}{N^2}\frac{1-f_h}{n_h}$	$s_h^2(y)$	$s_h^2(z)$
A	$3,604 \times 10^{-4}$	1,761	1,674
B	$2,227 \times 10^{-4}$	2,057	1,951
C	$2,804 \times 10^{-4}$	2,612	2,476
D	$1,590 \times 10^{-4}$	3,325	3,152
E	$1,073 \times 10^{-4}$	0,930	0,882
F	$1,622 \times 10^{-4}$	2,233	2,120
G	$0,941 \times 10^{-4}$	1,458	1,384
H	$0,956 \times 10^{-4}$	1,187	1,121
I	$0,632 \times 10^{-4}$	1,153	1,099
L	$0,313 \times 10^{-4}$	1,653	1,562
M	$0,111 \times 10^{-4}$	4,721	4,477
N	$0,079 \times 10^{-4}$	2,582	2,454

□

3.2.4.2 La scelta delle variabili ausiliarie nella stima per regressione generalizzata

La stima per regressione generalizzata permette di incorporare nel processo di
stima, in modo molto flessibile, l'ipotesi che il ricercatore formula sul tipo di
relazione che intercorre tra la variabile oggetto di indagine e le variabili ausiliarie disponibili. Gli strumenti dell'analisi di regressione possono essere presi
a prestito anche per quanto riguarda la definizione delle variabili ausiliarie da
utilizzare e delle eventuali interazioni fra esse. Una variabile quantitativa, ad
esempio, può essere inserita in modo diverso a seconda della relazione che si
ritiene essa abbia con la variabile di interesse: può essere inserita come variabile quantitativa in modo lineare, oppure si può pensare di inserirla anche al
quadrato per descrivere una qualche curvatura nella relazione con la y. Se la
relazione è più complessa si può pensare di inserirla come variabile categorica
dopo averla suddivisa in classi, oppure quando si ritiene che il legame fra la
variabile di interesse e la variabile ausiliaria sia diversa in due o più gruppi

della popolazione, si possono inserire le variabili indicatrici dell'appartenenza
dell'unità statistica a tali gruppi e le variabili interazioni. Una volta scelte le
variabili da inserire e la forma della relazione con y, si calcola il vettore dei
coefficienti di regressione (3.23) e lo si inserisce nello stimatore per regressione
generalizzata (3.24) (per la selezione delle variabili ausiliarie nella stima per
regressione si veda anche Nascimento Silva e Skinner 1997).

Esistono dei vincoli che limitano la scelta delle variabili ausiliarie per la costruzione dello stimatore GREG. Da un lato, occorre ricordare che si possono
inserire solo variabili di cui sia noto il totale di popolazione; di conseguenza,
anche se si ritiene che la relazione fra una variabile ausiliaria e la variabile di
interesse sia espressa da un polinomio di secondo grado, ma non si dispone
del totale dei valori al quadrato della variabile ausiliaria, quest'ultima variabile non può essere utilizzata. Dall'altro lato, esiste una limitazione dettata
dalla ragionevolezza della descrizione ipotizzata e dall'attenzione al principio
statistico di parsimonia. Infatti, l'inserimento di variabili con scarse capacità
esplicative della y al netto dell'effetto delle variabili già inserite può portare
ad un aumento della varianza dello stimatore.

In un modello di regressione, se la varianza della y condizionata ai valori
delle variabili ausiliarie non è costante, ipotesi di *omoschedasticità*, si è in
presenza di *eteroschedasticità*. Nella statistica classica, nell'intento di stimare
in modo più efficiente i coefficienti di regressione, si ricorre ai minimi quadrati
ponderati. Se si indica con σ_j^2 la varianza della variabile casuale $y|\boldsymbol{x}$ nell'unità
j-esima, questo valore è di solito sconosciuto e viene sostituito con una sua
approssimazione $\sigma^2 v_j$ che spesso assume la forma di una funzione nota delle
variabili ausiliarie. Ad esempio, in una regressione semplice per l'origine è a
volte appropriato porre $v_j = \sqrt{x_j}$, e cioè ipotizzare che la varianza condizionata cresca proporzionalmente alla radice quadrata di x_j, Una volta assegnato
un valore alle v_j, basterà porre $q_j = v_j^{-1}$ nella (3.23) per ottenere lo stimatore
GREG corrispondente (3.24).

Vale la pena di osservare come sia lo stimatore per quoziente sia lo stimatore post-stratificato possono essere scritti come stimatori per regressione
generalizzata, diventandone dei casi particolari. Infatti, per il primo stimatore
basta porre $y_j^o = Rx_j$ e $v_j = x_j$ per verificare che lo stimatore per regressione
generalizzata assume la forma in (3.1). Se, invece, si ipotizza che esiste una
partizione della popolazione, tale da costituire una post-stratificazione, in cui
i valori della y sono ben descritti da una relazione del tipo $y_j^o = \beta_{l(j)}$, dove $l(j)$
indica il post-strato a cui appartiene l'unità j, con $l = 1, \ldots, L$, è possibile
dimostrare che lo stimatore post-stratificato coincide con lo stimatore GREG
che utilizza come variabili ausiliarie le variabili indicatrici dell'appartenenza
delle unità ai post-strati definite dalla (3.9) e pone $q_j = 1$ per ogni j.

La stima per regressione generalizzata è andata sempre più affermando-
si nell'ultimo ventennio per questa sua peculiarità di costituire una classe di
stimatori molto generale, tale da includere come casi particolari gli stimatori classici della letteratura più datata, e molto flessibile nell'impiego delle
variabili ausiliarie. Ad esempio si può tenere conto dell'appartenenza di una

unità a due diverse partizioni della popolazione, ipotizzando un modello additivo di dipendenza della y da due variabili categoriche, anche quando non ne si conosce la distribuzione congiunta, necessaria invece per poter effettuare una post-stratificazione rispetto alla partizione ottenuta dall'incrocio delle due variabili.

3.2.5 La ponderazione dei dati nelle indagini campionarie

Lo stimatore corretto può essere scritto nella forma $\hat{Y}_\pi = \sum_{j \in s} a_j y_j$, dove $a_j = 1/\pi_j$ è il peso associato all'unità j-esima derivante dal piano di campionamento. Tale peso è chiamato generalmente *peso di riporto all'universo* e, estendendo le considerazioni fatte nel Par. 2.6.1, può essere interpretato come il numero di unità della popolazione rappresentate da quella unità campionaria, inclusa se stessa. Poiché sono definiti a partire dalle caratteristiche del piano di campionamento, sono chiamati *pesi base*, per distinguerli da quelli che si ricavano con i metodi di stima descritti in questo capitolo. Gli stimatori sin qui considerati, infatti, possono essere tutti riscritti come combinazione lineare dei valori della variabile di cui si vuole stimare il totale, o la media, con pesi di riporto all'universo ottenuti dal prodotto tra a_j ed un fattore di aggiustamento. In tutti questi casi, si usa parlare di *riponderazione dei dati*, intendendo con tale termine la modifica dei pesi base al fine di incrementare l'efficienza dello stimatore e in senso lato la rappresentatività delle unità campionarie mediante il loro peso di riporto all'universo.

Lo stimatore per quoziente, ad esempio, può essere scritto nella forma $\hat{Y}_q = \sum_{j \in s} w_j y_j$, dove $w_j = a_j(X/\hat{X}_\pi)$. È facile verificare che i nuovi pesi w_j consentono di stimare senza errore il totale della variabile x e di stimare con maggiore precisione il totale della variabile y. Lo stimatore poststratificato può essere anch'esso scritto nella forma $\hat{Y}_{ps} = \sum_{j \in s} w_j y_j$, ponendo $w_j = a_j N_{l(j)}/\hat{N}_{\pi l(j)}$. La correzione del peso base è tale che se il carattere y fosse costante all'interno di ciascun post-strato, lo stimatore avrebbe varianza nulla. Nel caso dello stimatore GREG (3.24), non è difficile vedere che esso può essere scritto nella forma $\hat{Y}_{reg} = \sum_{j \in s} w_j y_j$ ponendo

$$w_j = a_j g_j = a_j \left[1 + (\mathbf{X} - \hat{\mathbf{X}}_\pi) \left(\sum_{j \in s} a_j q_j \mathbf{x}_j^T \mathbf{x}_j \right)^{-1} q_j \mathbf{x}_j^T \right]. \qquad (3.26)$$

Il fattore di aggiustamento del peso base, in questo caso, dipende dalla differenza fra il totale vero e il totale stimato delle variabili ausiliarie impiegate.

In tutti i casi analizzati, i pesi aggiustati implicati dagli stimatori considerati, sono tali che, quando applicati alle variabili ausiliarie, forniscono stime senza errore dei loro totali noti. Questa proprietà è conosciuta con il nome di *calibrazione* e verrà studiata più in dettaglio in seguito; qui basti ricordare che tale proprietà è molto importante in pratica perché permette di ottenere stime da un'indagine campionaria che siano allineate alle informazioni disponibili a livello di popolazione, garantendo così la coerenza esterna con tali informazioni.

È da osservare, infine, che nelle applicazioni reali le variabili di cui si vuole stimare il totale o la media sono molteplici, ma è prassi comune definire un set di pesi di riporto all'universo per le unità campionarie unico per tutte le variabili oggetto di indagine. Questo modo di procedere garantisce la coerenza tra le stime, nel senso di assicurare stime non contraddittorie per tutti i parametri di interesse. Infatti, a pesi diversi corrisponderebbero stime diverse di una stessa quantità e da ciò ne discenderebbero incertezze su quali utilizzare e possibili incongruenze. Se il set di pesi deve essere unico, ne discende che l'insieme delle variabili ausiliarie da utilizzare per la riponderazione sarà anch'esso unico per tutte le variabili oggetto di indagine e sarà l'insieme che garantisce stime più precise per le più importanti tra esse.

3.2.6 La stima a ponderazione vincolata o calibrazione

Coerentemente con quanto è stato detto nel paragrafo precedente, si può affermare che il processo di stima dei parametri di interesse della popolazione finita si concretizza quasi sempre con l'attribuzione dei pesi di riporto all'universo alle unità campionarie. Questi pesi sono inseriti nella matrice dei dati ricavati dall'indagine e messi a disposizione di tutti coloro che vorranno utilizzare tali dati per le loro analisi, consentendo il riporto all'universo dei dati del campione. Nel caso più elementare dello stimatore corretto il peso per ciascuna unità campionaria è dato dall'inverso della probabilità di inclusione. Questo peso, come si è visto nel paragrafo precedente, in presenza di informazione ausiliaria, può essere modificato per aumentare l'efficienza delle stime – attraverso gli stimatori per quoziente, post-stratificato, per regressione. Oltre all'efficienza, un altro motivo per cui modificare i pesi base è quello della coerenza esterna o *allineamento* delle stime prodotte con le informazioni ausiliarie note. È esigenza di chi produce stime, in particolare di chi produce statistiche *ufficiali*, come l'ISTAT, che esse siano coerenti con valori noti a livello di popolazione da altre fonti o già pubblicati. È necessario, quindi, che i pesi modificati, quando applicati ai valori campionari delle variabili ausiliarie, restituiscano i totali noti. Questa proprietà è già stata presa in considerazione e si è visto come gli stimatori per quoziente, post-stratificato e per regressione definiscano pesi che la soddisfano. Si ricordi, tuttavia, che mentre i pesi a_j forniscono stime corrette, per i pesi modificati w_j questo non è generalmente vero, anche se la correttezza dello stimatore è comunque richiesta almeno approssimativamente.

In un articolo apparso sul *Journal of the American Statistical Association* nel 1992, Jean-Claude Deville e Carl-Erik Särndal partono da queste semplici considerazioni per introdurre una nuova classe di stimatori del totale – detti stimatori *a ponderazione vincolata* o anche *calibrati* – che nel giro di pochi anni hanno modificato il modo di produrre le stime da una indagine campionaria, soprattutto a livello di statistiche ufficiali. I principali istituti di statistica nazionali nel mondo infatti ne fanno ampio utilizzo (si veda Särndal 2007, per una rassegna degli sviluppi metodologici connessi alla calibrazione ed alla sua diffusione).

Uno stimatore calibrato viene costruito ponendo

$$\hat{Y}_{cal} = \sum_{j \in s} w_j y_j, \qquad (3.27)$$

cioè come combinazione lineare delle osservazioni y_j con pesi w_j che devono soddisfare le seguenti due condizioni:

1. devono discostarsi il meno possibile dai pesi base a_j;
2. quando vengono utilizzati per stimare il totale delle variabili ausiliarie utilizzate per la sua costruzione riproducono senza errore il loro totale noto.

Questa nuova classe di stimatori, dunque, comporta la costruzione di pesi di riporto all'universo che sono molto vicini a quelli base ma che contemporaneamente soddisfano a vincoli di coerenza sulle variabili ausiliarie, imposti attraverso le cosiddette *equazioni* o *vincoli di calibrazione*. Tecnicamente, tali pesi sono individuati attraverso la soluzione di un problema di minimo vincolato. Più precisamente, si tratta di determinare i pesi w_j che minimizzano una funzione di distanza $\sum_{j \in s} G_j(w_j, a_j)$ tra i pesi base e i pesi calibrati rispettando il vincolo definito dal sistema di equazioni $\sum_{j \in s} w_j \mathbf{x}_j = \mathbf{X}$. Tale procedura può essere riassunta con la scrittura

$$\min_{w_j} \sum_{j \in s} G_j(w_j, a_j), \quad \text{sotto il vincolo} \sum_{j \in s} w_j \mathbf{x}_j = \mathbf{X}. \qquad (3.28)$$

La funzione di distanza $G_j(\cdot, \cdot)$ deve godere di alcune proprietà perché possa essere impiegata a questo scopo. In particolare, essendo una misura di distanza, deve essere non negativa e tale che $G_j(w, w) = 0$; inoltre, per poter fornire almeno una soluzione al problema di minimo, deve essere differenziabile rispetto a w e strettamente convessa.

Con la calibrazione si vuole dunque individuare dei pesi w_j che distino il meno possibile dai pesi base, a seconda della funzione di distanza prescelta, e che sottostiano alla condizione per cui la combinazione lineare dei valori delle variabili ausiliarie con coefficienti w_j diano il totale noto delle stesse. I pesi sono generalmente determinati risolvendo il problema di minimo vincolato mediante il metodo di Lagrange. Tale minimizzazione può avere una soluzione analitica o numerica, a seconda del tipo di funzione di distanza impiegato. Inoltre l'esistenza della soluzione è garantita solo per alcune funzioni di distanza.

Un sottoinsieme molto importante di stimatori calibrati è quello che si ottiene impiegando come misura di distanza $G_j(\cdot, \cdot)$ quella quadratica o euclidea, data da $G_j(w_j, a_j) = (w_j - a_j)^2 / 2a_j q_j$, in cui le q_j sono costanti scelte dal ricercatore come per la (3.23). Nella maggior parte dei casi si utilizza una costante uguale per tutte le unità, ma in alcuni casi può essere conveniente utilizzare costanti diverse. Si tratta di una funzione di distanza intuitiva e che gode della proprietà di rendere possibile una soluzione analitica del problema di minimizzazione vincolata (3.28) (si veda il Par. 3.5). I pesi che si ottengono assumono la seguente forma, già incontrata nel Par. 3.2.5:

$$w_j = a_j \left[1 + (\mathbf{X} - \hat{\mathbf{X}}_\pi) \left(\sum_{j \in s} a_j q_j \mathbf{x}_j^T \mathbf{x}_j \right)^{-1} q_j \mathbf{x}_j^T \right]. \tag{3.29}$$

Inserendo tali pesi nello stimatore calibrato (3.27) si ottiene il seguente stimatore: $\hat{Y}_{cal} = \hat{Y}_\pi + (\mathbf{X} - \hat{\mathbf{X}}_\pi) \hat{\boldsymbol{\beta}}$, dove $\hat{\boldsymbol{\beta}} = \left(\sum_{j \in s} a_j q_j \mathbf{x}_j^T \mathbf{x}_j \right)^{-1} \sum_{j \in s} a_j q_j \mathbf{x}_j^T y_j$, e cioè lo stimatore per regressione generalizzata. I pesi (3.29) si possono infatti scrivere $w_j = a_j g_j$ con g_j definito nella (3.26).

La distanza quadratica è molto importante non solo perché restituisce lo stimatore GREG ma soprattutto perché si dimostra che ogni altro stimatore calibrato basato sulle stesse variabili ausiliarie, quale che sia la funzione distanza $G_j(\cdot, \cdot)$ utilizzata, può essere approssimato con lo stimatore GREG al crescere della dimensione del campione. Questo è un risultato estremamente importante perché da un lato fornisce delle linee guida per la scelta delle variabili ausiliarie da impiegare e, dall'altro, consente di approssimare la varianza degli stimatori calibrati con quello dello stimatore GREG corrispondente. In pratica, assumendo che la dimensione campionaria sia sufficientemente grande, è possibile porre $V(\hat{Y}_{cal}) \cong V(\hat{Z}_\pi)$, dove $\hat{Z}_\pi$ è lo stimatore corretto del totale della variabile scarto $z_j = y_j - \mathbf{x}_j \boldsymbol{\beta}^*$ con $\boldsymbol{\beta}^*$ dato dalla (3.22). Tale varianza può essere stimata con $v(\hat{Y}_{cal}) = v(\hat{Z}_\pi)$ in cui la variabile scarto è data da $\hat{z}_j = y_j - \mathbf{x}_j \hat{\boldsymbol{\beta}}$.

L'approssimazione dello stimatore calibrato allo stimatore GREG vale quando il campione è sufficientemente grande, e ciò resta vero anche quando la funzione $G_j(\cdot, \cdot)$ è diversa da quella quadratica e magari non consente una soluzione analitica al problema di minimizzazione. In pratica, data una determinata dimensione campionaria, misure di distanza diverse portano alla costruzione di stimatori calibrati con proprietà diverse, ma tutti convergenti verso lo stimatore GREG al crescere della dimensione del campione. È naturale perciò chiedersi come orientarsi nella scelta della funzione di distanza. Al riguardo occorre osservare, come gli studi teorici ed empirici dimostrano, che l'efficienza degli stimatori calibrati dipende da due fattori: l'insieme delle variabili ausiliarie impiegate nella definizione dei vincoli e, in modo molto meno determinante, dalla misura di distanza. Le esigenze, quindi, che portano alla scelta della funzione di distanza non sono riconducibili al miglioramento dell'efficienza delle stime, quanto piuttosto al controllo del comportamento dei pesi calibrati. Infatti, è ragionevole richiedere che i pesi calibrati mantengano la loro natura di pesi di riporto all'universo e che quindi assumano valori maggiori o uguali a 1. La funzione di distanza quadratica non assicura questo risultato, anzi è possibile che in campioni particolarmente sbilanciati rispetto alle variabili ausiliarie impiegate e/o in presenza di un gran numero di vincoli di calibrazione qualche peso finale possa assumere valori negativi o valori positivi particolarmente grandi. Valori così estremi costituiscono un problema quando si calcolano stime di totali nelle sottopopolazioni che includono le unità a cui essi sono associati, come si vedrà più avanti.

Nel tentativo di controllare la variabilità dei pesi campionari ottenuti con la calibrazione sono state proposte in letteratura funzioni di distanza alternative. Oltre a quella quadratica sono state studiate le seguenti funzioni di distanza:

- moltiplicativa: $q_j G_j(w_j, a_j) = w_j \log(w_j/a_j) - w_j + a_j$;
  (metodo *raking ratio*)
- di Hellinger: $q_j G_j(w_j, a_j) = 2(\sqrt{w_j} - \sqrt{a_j})^2$;
- di minima entropia: $q_j G_j(w_j, a_j) = -a_j \log(w_j/a_j) + w_j - a_j$;
- quadratica modificata: $q_j G_j(w_j, a_j) = (w_j - a_j)^2/2w_j$.

Queste funzioni assicurano la positività dei pesi, ma non c'è controllo sul valore massimo che essi possono assumere. Un approccio più euristico consiste nel restringere a priori i pesi in un *range* prefissato di valori impiegando una misura di distanza troncata. Si può considerare, ad esempio, la funzione di distanza logaritmica troncata (si veda al riguardo Deville et al. 1993) data da

$$q_j G(w_j, a_j) = \frac{a_j}{A}\left(\frac{w_j}{a_j} - L\right) \log\left(\frac{w_j/a_j - L}{1 - L}\right)$$
$$+ \frac{a_j}{A}\left(U - \frac{w_j}{a_j}\right) \log\left(\frac{U - w_j/a_j}{U - 1}\right),$$

dove L ed U sono due costanti tali che $0 < L < 1 < U$ ed $A = L(U - 1)/(U - L)(U - 1)$. Il fattore di aggiustamento del peso base assume valori compresi nell'intervallo (L, U) e di conseguenza i pesi finali oscilleranno nell'intervallo $(La_j; Ua_j)$. Purtroppo non sempre esiste una soluzione: la scelta dei valori da assegnare ad L ed U non può essere arbitraria, poiché esiste un valore massimo di L, $L_{\max} < 1$, ed un valore minimo di U, $U_{\min} > 1$, affinché la procedura di minimo vincolato ammetta soluzioni. Per trovarne una, un primo metodo, di tipo euristico, consiste nell'attribuire ad L un valore iniziale prossimo allo 0 e ad U un valore iniziale molto alto per poi procedere per tentativi aumentando L e diminuendo U fino ad ottenere i valori più prossimi a quelli desiderati che ammettono una soluzione. Un secondo metodo approssimato per determinare l'intervallo di valori per i quali il sistema ammette soluzioni è data dalle espressioni:

$$L_{\max} < \min\{r_1, r_2, \ldots, r_P\}; \quad U_{\min} > \max\{r_1, r_2, \ldots, r_P\},$$

dove $r_p = X_p/\hat{X}_{p\pi}$, per $p = 1, 2, \ldots, P$. Si noti che in questo caso, quanto più i totali noti in $\mathbf{X}$ differiscono dalle corrispondenti stime corrette in $\hat{\mathbf{X}}_\pi$, tanto più i rapporti r_p saranno diversi dall'unità, e quindi più forte sarà la correzione da apportare ai pesi originari per ottenere i pesi richiesti.

Esempio 3.6. *Il pacchetto "sampling" (Tillé e Matei 2006) del software sta-tistico[2] R, permette, fra le altre cose, di determinare il set di pesi calibrati su un determinato insieme di totali di popolazione e secondo una determinata funzione di distanza, a partire dai pesi base dati dall'inverso delle probabi-lità di inclusione del primo ordine. In particolare, la funzione* calib *fornisce i coefficienti di aggiustamento g_j per ciascuna unità del campione: la funzione è richiamata dalla seguente istruzione e dagli argomenti indicati*

```
calib(Xs,d,total,q=rep(1,length(d)),method='linear',
bounds=c(low=0,upp=10),description=FALSE,max_iter=500)
```

in cui

Xs	*matrice di dimensione $n \times P$ contenente i valori delle variabili ausiliarie osservate sulle unità del campione (i vettori $\mathbf{x}_j$ sono disposti sulle righe);*
d	*vettore con gli n valori dei pesi base a_j;*
total	*vettore dei P totali di popolazione $\mathbf{X}$;*
q	*vettore delle costanti positive q_j (di default è posto pari ad un vettore di 1);*
method	*specifica la funzione di distanza da utilizzare dove* linear *sta per la distanza euclidea; le alternative disponibili sono* raking *per quella moltiplicativa,* logit *per quella logaritmica troncata e* truncated, *per la distanza euclidea troncata;*
bounds	*vettore di limiti per i coefficienti g_j da usare nei meto-di* truncated *e* logit; low *è il valore minore,* upp *quello maggiore;*
description	*argomento logico, se* description=TRUE, *vengono forniti stati-stiche descrittive e grafici di riepilogo dei pesi finali; il default è* FALSE;
max_iter	*massimo numero di iterazioni per il metodo di approssimazione di Newton–Raphson.*

Il pacchetto offre inoltre la possibilità di determinare il valore dello stima-tore calibrato per una particolare variabile con l'associata stima di varianza. Quest'ultima è ottenuta secondo la metodologia illustrata basata sull'appros-simazione asintotica allo stimatore per regressione generalizzata. La funzione calibev *restituisce il valore dello stimatore calibrato e della sua stima di varianza prendendo i seguenti argomenti*

```
calibev(Ys, Xs, total, pikl, d, g, q=rep(1, length(d)),
with=FALSE, EPS=1e-6)
```

in cui Xs, total, d, q *sono come per la funzione precedente, mentre*

---

[2] Il software R è gratuitamente scaricabile dal sito www.r-project.org insieme al pacchetto *sampling*.

Ys   *vettore con gli n valori della variabile di interesse y;*

pikl *matrice di dimensione $n \times n$ delle probabilità di inclusione del secondo ordine;*

g   *vettore dei coefficienti di aggiustamento g_j (output della funzione* calib);

with *argomento logico: se* TRUE, *la stima di varianza è quella dello stimatore di Horvitz-Thompson del totale della variabile scarto stimata, $v(\hat{Z}_\pi)$, mentre se* FALSE, *è quella dello stimatore GREG del totale della variabile scarto stimata. Quest'ultima ha una espressione leggermente diversa perché ottenuta usando una formula alternativa per la stima della varianza. In particolare, $v(\hat{Y}_{cal}) = v(\hat{Z}_\pi^g)$, in cui $\hat{Z}_\pi^g$ è il totale della variabile scarto definita come $\hat{z}_j^g = g_j \hat{z}_j$. Si veda a riguardo Deville e Särndal (1992). Il default è* FALSE;

EPS   *il livello di tolleranza nel soddisfare i vincoli di calibrazione.*

Nel caso in cui la costruzione della matrice delle probabilità di inclusione del secondo ordine possa diventare un compito proibitivo, il pacchetto fornisce una funzione per la stima di varianza approssimata che richiede solo le probabilità di inclusione del primo ordine e il set di pesi calibrati. La funzione varest *è basata sul metodo di Deville (1993) e richiede i seguenti argomenti*

```
varest(Ys,Xs,pik,w)
```

dove pik *è il vettore di dimensione n delle probabilità di inclusione del primo ordine e* w *il vettore dei pesi calibrati.*

Esempio 3.1. (continua) *Si consideri ancora il campione casuale semplice di imprese dell'Esempio 3.1. Se si definisce il vettore di variabili ausiliarie come $x = (1, x_1, x_2, x_3) = (1, \#dipendenti; SRL; SER)$ e si costruisce la matrice* Xs *avente sulle righe i valori di x nelle unità campionarie, le istruzioni per il calcolo dei pesi calibrati sono le seguenti:*

```
> N=811
> n=70
> d=rep(N/n,n)
> g=calib(Xs,d=a,total=c(811,28159,512,411),description=TRUE,
method='linear')
> w=d*g
```

L'output fornisce le seguenti statistiche descrittive dei pesi base e dei pesi finali

```
summary - initial weigths d
    Min.   1st Qu.   Median    Mean   3rd Qu.    Max.
   11.59     11.59    11.59   11.59     11.59   11.59
summary - final weigths w=d*g
    Min.   1st Qu.   Median    Mean   3rd Qu.    Max.
   7.853     8.597   13.500  11.590    13.800  15.210
```

ed il grafico della Fig. 3.1.

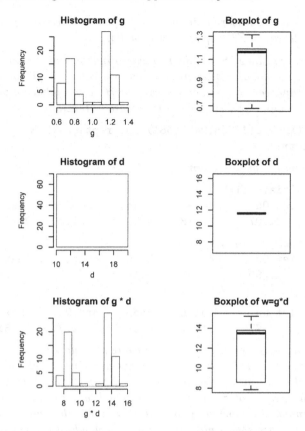

Fig. 3.1 Plot descrittivi dei pesi base e calibrati

Usando la funzione `calibev` *è possibile ottenere anche la stima di varianza per questo stimatore. A questo scopo occorre prima definire la matrice delle probabilità di inclusione del secondo ordine:*

```
> pikl=matrix(n*(n-1)/(N*(N-1)),n,n)
> diag(pikl)=n/N
```

e poi richiamare la funzione

```
> calibev(Ys,Xs,total=c(811,28159,512,411),pikl=pikl,d=a,g,
with=TRUE)
```

ottenendo come stima del totale

```
$calest
[1] 7243.114,
```

e come stima della varianza

```
$evar
[1] 1491866
```

Quest'ultimo valore è leggermente diverso da quello ricavato in precedenza in quanto calcolato con $v(\hat{Z}^g_\pi)$ *(opzione di default).*   □

Esempio 3.5. (continua) *Si consideri ancora l'indagine di customer satisfaction dell'Esempio 3.5. Per ottenere il set di pesi calibrato sui totali noti utilizzati nella stima per regressione occorre costruire la matrice delle variabili ausiliarie per le unità del campione e impiegare la funzione*

```
> g = calib(Xs,d,c(12095,2405,981),description=TRUE,
method='linear')
```

da cui si ottiene il seguente output:

```
summary - initial weights d
   Min.    1st Qu.    Median    Mean    3rd Qu.    Max.
   6.73     21.07     21.18    19.32    21.30     21.39

summary - final weights w=g*d
   Min.    1st Qu.    Median    Mean    3rd Qu.    Max.
   0.54     11.99     19.22    20.16    30.61     33.68

summary(g)
   Min.    1st Qu.    Median    Mean    3rd Qu.    Max.
   0.08     0.77      1.31     0.99     1.31      1.31
```

Si noti come il nuovo set di pesi calibrati contenga valori anche molto piccoli (alcuni minori di 1). Tali valori non sono generalmente accettabili in quanto non conciliabili con l'interpretazione dei pesi di riporto all'universo come numero di unità della popolazione rappresentate dall'unità campionaria. Al fine di ridurre il range dei valori dei pesi finali ed evitare valori minori di 1 si può impiegare la distanza logaritmica troncata attribuendo degli opportuni valori minimi e massimi per i coefficienti g. In particolare, si può pensare di lasciare il valore superiore pari al massimo trovato (1.3) e fissare il minimo a 0.3 in modo che il peso finale più piccolo non sia inferiore a circa 1.8. L'istruzione necessaria è

```
> gt=calib(Xs, d, c(12095,2405,981), method='logit',
bounds=c(0.3,1.3))
```

ma si ottiene il messaggio

```
no convergence in 500 iterations with the given bounds.
the bounds for the g-weights are: 0.3 and 1.3.
```

Anche aumentando il numero di iterazioni non si giunge comunque ad una soluzione. Occorre quindi aumentare il limite superiore per permettere all'algoritmo di giungere a convergenza:

```
> gt=calib(Xs, d, c(12095,2405,981), method='logit',
bounds=c(0.3,1.5), description=TRUE).
```

Si ottiene il seguente output

```
number of iterations 25
```

```
summary - initial weights d
   Min.    1st Qu.   Median    Mean    3rd Qu.    Max.
   6.73     21.07    21.18    19.32     21.30    21.39

summary - final weights w=g*d
   Min.    1st Qu.   Median    Mean    3rd Qu.    Max.
   2.06     10.91    17.50    20.16     31.34    34.48
```

*Si può ora determinare il valore dello stimatore calibrato della soddisfazione
media con l'istruzione*

> w%*%Ys/N,

da cui

```
     [,1]
[1,] 7.763,
```

*e della sua stima di varianza usando l'approssimazione che non richiede il
computo della matrice delle probabilità di inclusione del secondo ordine*

> varest(Ys,Xs,pih,w)/N^2

ottenendo come risultato

[1] 0.003700207   □

3.2.7 La stima dei parametri nei domini di studio

In una indagine campionaria, oltre ai parametri di popolazione, quasi sempre
interessano anche parametri relativi a sottopopolazioni di particolare interesse. Anzi, si può dire che la stragrande maggioranza delle stime prodotte
sono stime di parametri definiti su sottopopolazioni. Ad esempio, nel campo
dei sondaggi di opinione, sottopopolazioni di interesse sono quelle dei maschi
e delle femmine, quelle dei giovani, degli adulti e degli anziani. Nelle indagini sulle imprese, domini caratteristici sono le imprese di un determinato
settore produttivo o quelle di una data dimensione in termini di addetti. Queste sottopopolazioni, di cui interessa stimare uno o più parametri, vengono
generalmente chiamate *domini di studio*.

Se una sottopopolazione coincide con uno o più strati del disegno di campionamento è possibile stimarne i parametri come se fosse una popolazione a
sé stante. In questo caso si parla di *dominio stratificato* e poiché la dimensione
del campione entro gli strati è stabilita dal piano di campionamento, questa
può essere scelta in modo tale da assicurare un adeguato livello di precisione
alle stime dei parametri che interessano. Poiché i singoli strati sono campionati come se fossero popolazioni a sé stanti, la stima dei parametri di domini
stratificati equivale alla stima di parametri di popolazione (quella circoscritta
agli strati che costituiscono il dominio di studio) e a questo fine si possono
utilizzare le stesse strategie che sono state discusse sino ad ora.

Quando, invece, la sottopopolazione di interesse non coincide con uno o più strati, ma solo con parti di essi, allora si è in presenza dei cosiddetti *domini di studio trasversali*: gli strati sono generalmente costituiti da unità che appartengono al dominio e da unità che non ne fanno parte e il numero delle unità campionarie appartenenti al dominio è casuale e al di fuori del controllo di chi seleziona il campione. Ad esempio, quando il campione è costituito da intere famiglie, magari stratificate per provincia di residenza, le persone di sesso maschile o di una certa classe d'età sono casi di domini trasversali. Anche in questi casi è ancora possibile utilizzare i metodi esaminati nei capitoli precedenti attraverso un piccolo artificio che riconduce il problema della stima di un parametro di dominio alla stima di un parametro di popolazione.

Sia D il dominio oggetto di studio, Y_D il totale del carattere y nel dominio e N_D la sua dimensione. Dunque $Y_D = \sum_{j \in D} y_j$ e $\overline{Y}_D = Y_D/N_D$. Ai fini della stima di Y_D si consideri la variabile y' definita sull'intera popolazione come segue:

$$y'_j = \begin{cases} y_j & \text{se } j \in D \\ 0 & \text{altrimenti} \end{cases} \quad (j = 1, 2, \ldots, N).$$

È immediato verificare che il totale dei valori y'_j calcolato sull'intera popolazione coincide con il totale della variabile y nel dominio di studio, ovvero $Y' = \sum_{j=1}^{N} y_j' = \sum_{j \in D} y_j = Y_D$. In questo modo, il totale di dominio è ricondotto ad un totale di popolazione che è possibile stimare correttamente o in modo approssimativamente corretto con uno degli stimatori che impiegano variabili ausiliarie. Nel caso dello stimatore corretto, si ha

$$\hat{Y}_D = \sum_{j \in s} \frac{y'_j}{\pi_j} = \sum_{j \in s_D} a_j y_j,$$

dove s_D è il sottoinsieme delle unità campionarie appartenenti a D e dove l'ultima uguaglianza si ottiene ricordando che y'_j vale zero quando l'unità non appartiene al dominio di studio. In pratica, il totale di dominio è stimato mediante la somma dei prodotti $a_j y_j$ limitatamente alle unità campionarie appartenenti al dominio. Per quanto riguarda la sua varianza e il relativo stimatore è sufficiente riprendere le formule della varianza e dello stimatore di varianza dello stimatore corretto sostituendovi i valori di y con quelli di y'.

Lo stimatore $\hat{Y}_D$, benché corretto, non è però efficiente in quanto la dimensione del campione di unità appartenenti a D non è costante ma variabile da campione a campione, proprio perché il dominio è di tipo trasversale. In questo caso la stima per quoziente, come si è visto nel Par. 3.2.1.1, consente di annullare la componente di varianza dovuta alla dimensione variabile $n(s_D)$ del campione di unità del dominio. Si consideri allora la variabile u' definita sull'intera popolazione come segue

$$u'_j = \begin{cases} 1 & \text{se } j \in D \\ 0 & \text{altrimenti} \end{cases} \quad (j = 1, 2, \ldots, N).$$

È immediato verificare che il totale di questa variabile, U', coincide con la dimensione del dominio, cioè $U' = N_D$, e che lo stimatore $\hat{N}_D = \sum_{j \in s} u'_j/\pi_j = \sum_{j \in s_D} 1/\pi_j$ è corretto per N_D. Utilizzando la u' come variabile ausiliaria, lo stimatore per quoziente del totale di dominio è dato da

$$\hat{Y}_{Dq} = \frac{\hat{Y}'}{\hat{U}'} U' = \frac{\hat{Y}_D}{\hat{N}_D} N_D.$$

Per quanto riguarda la varianza di $\hat{Y}_{Dq}$, attraverso il metodo della linearizzazione, utilizzabile se s_D è di dimensione sufficientemente grande, si può porre $V(\hat{Y}_{Dq}) \cong V(\hat{Z}_\pi)$, dove $\hat{Z}_\pi$ è lo stimatore corretto del totale della variabile $z_j = y'_j - \bar{Y}_{D u'_j}$, in quanto i totali messi a rapporto sono Y_D e N_D. La quantità $V(\hat{Z}_\pi)$ è stimabile con gli usuali stimatori corretti (2.40) e (2.41) sostituendovi i valori y_j con $\hat{z}_j = y'_j - \bar{\hat{Y}}_{Dq} u'_j$, dove $\bar{\hat{Y}}_{Dq} = \hat{Y}_D/\hat{N}_D$.

Lo stimatore $\hat{Y}_{Dq}$ è calcolabile purché si conosca N_D, mentre ciò non è necessario per il calcolo dello stimatore corretto. Se invece si vuole stimare la media del dominio, si verifica il contrario. Infatti, lo stimatore per quoziente $\bar{\hat{Y}}_{Dq} = \hat{Y}_D/\hat{N}_D$ non richiede la conoscenza di N_D e la sua varianza, data da $V(\bar{\hat{Y}}_{Dq}) \cong V(\hat{Z}_\pi)/N_D^2$, può essere stimata con $v(\bar{\hat{Y}}_{Dq}) = v(\hat{Z}_\pi)/\hat{N}_D^2$.

Osservazioni conclusive importanti sono le seguenti. Qualsiasi parametro di dominio che si possa scrivere come funzione di totali di dominio è stimabile in modo analogo a quanto discusso nel Par. 2.8. A tal fine è sufficiente sostituire i totali di cui il parametro è funzione con le rispettive stime corrette.

Le stime che si producono per i domini di interesse, siano essi stratificati o trasversali, devono essere basate su un numero sufficiente di osservazioni campionarie provenienti dal dominio stesso, al fine di evitare che abbiano errori campionari eccessivamente elevati (in tal caso si usa ricorrere alle metodologie sviluppate per la stima delle cosiddette *piccole aree*; si veda al riguardo Rao 2003). Inoltre, nel caso in cui per un dominio trasversale venga utilizzato lo stimatore per quoziente, al problema della variabilità si aggiunge quello della distorsione, per cui è necessario disporre di un congruo numero di unità campionarie come più volte richiamato. Per orientarsi, basti considerare il caso del campionamento *srs* in cui $\bar{\hat{Y}}_{Dq} = \bar{y}_D$, la media campionaria delle unità del dominio, e

$$V(\bar{\hat{Y}}_{Dq}) \cong \frac{V(Z_\pi)}{N_D^2} = \frac{1-f}{n P_D} S_D^2,$$

dove S_D^2 è la varianza di y nel dominio e P_D la proporzione delle unità di D nella popolazione. Dunque, se la varianza di y nel dominio è pressoché uguale a quella dell'intera popolazione, la varianza dello stimatore corretto è tanto più grande quanto più è piccolo P_D.

Se è stata effettuata una riponderazione dei dati, attraverso l'utilizzo di stimatori che incorporano una o più variabili ausiliarie, è prassi comune nelle espressioni di $\hat{Y}_D$ e $\hat{N}_D$ sostituire i pesi base a_j con i pesi finali w_j. Infatti, benché per ogni parametro di popolazione ci possa essere una riponderazione specifica e più efficiente, come detto in precedenza si preferisce utilizzare un unico insieme di pesi per le osservazioni campionarie da utilizzarsi per tutte le necessità, sia a livello di intera popolazione che di domini di studio, al fine di ottenere stime coerenti internamente e allineate con le informazioni a priori disponibili. Infine, poiché le stime dei totali di dominio sono date dalla somma dei prodotti tra pesi finali e osservazioni sulla y nelle unità del dominio, si comprende perché sia preferibile evitare pesi estremi o addirittura negativi, il cui effetto sarebbe quello di destabilizzare le stime dei domini che includono tali unità. Da un punto di vista operativo è preferibile ottenere stime generalmente di buona precisione piuttosto che averne alcune molto precise ed altre scadenti.

Esempio 3.1. (continua) *Si consideri ancora il campione casuale semplice di imprese dell'Esempio 3.1. Nel campione, su 70 imprese 33 appartengono al settore dell'industria edile. Si vuole ottenere la stima del fatturato complessivo solo per queste ultime.*

Introducendo la variabile indicatrice u' che vale 1 se l'impresa appartiene al dominio considerato e zero altrimenti, è possibile stimare correttamente il numero delle imprese del dominio mediante l'espressione $33 \times 811/70 = 382,3$. Moltiplicando invece la variabile fatturato (y) per la variabile indicatrice u', si ottiene una nuova variabile (y') il cui totale è quello del dominio in esame. La stima corretta di questo totale è pari a $208,66 \times 811/70 = 2.417,5$, essendo 208,66 il fatturato complessivo delle imprese edili presenti nel campione.

Quando il numero esatto delle imprese edili è noto, come in questo caso, pari a 398, lo stimatore per quoziente del totale assume il valore $2417,5 \times 398/382,3 = 2.516,6$.

Nel caso si voglia determinare lo stimatore calibrato per il dominio delle imprese edili, basterà semplicemente sommare i prodotti tra i valori della variabile fatturato e i relativi pesi calibrati per le sole unità del dominio di interesse. Le istruzioni sono

```
> Yp=Ys*u
> w%*%Yp.
```

Si ottiene come risultato

```
      [,1]
[1,] 2582.2.
```

Nel caso in cui si possa incorporare l'informazione relativa al numero di imprese edili nella popolazione, imponendo che la somma dei pesi delle imprese edili sia pari al totale noto 398, si ottiene come stima del fatturato di tali imprese il valore 2.630,6.   □

3.3 La costruzione degli stimatori nell'approccio *model-based*

Come è stato già accennato nel Par. 3.1, nell'approccio basato sul modello si ipotizza che il valore di y, su ogni unità statistica della popolazione $U = \{1, \ldots, N\}$, sia la realizzazione di una specifica variabile casuale associata a quella unità. In altre parole il vettore di valori $\mathbf{y} = (y_1, y_2, \ldots, y_N)$ è visto come un campione, cioè una tra le possibili realizzazioni della variabile casuale N dimensionale $\mathbf{Y} = (Y_1, Y_2, \ldots, Y_N)$. Il modello statistico adottato per i valori di $\mathbf{Y}$ si chiama *modello di superpopolazione* e nel seguito sarà indicato con ξ. Nella sua accezione più ampia si tratta di un modello specificato tramite assunzioni sulle proprietà statistiche dei valori della variabile di studio y. In alcuni casi il modello può essere individuato in modo molto preciso tramite la descrizione del processo stocastico che genera i valori della variabile. In generale, comunque, esso specifica il primo e secondo momento della distribuzione della variabile casuale $\mathbf{Y}$. In entrambi i casi, tuttavia, ci saranno dei parametri i cui valori sono incogniti e dai quali il modello dipende. Tali parametri sono detti *parametri di superpopolazione* e, per distinguerli dai precedenti parametri descrittivi, sono qui indicati con le lettere dell'alfabeto greco.

Esempio 3.7. *Un semplice modello di superpopolazione è quello secondo cui la variabile y è legata in modo lineare ad un insieme di variabili ausiliarie. Si pensi al caso in cui y è il risparmio familiare, $\boldsymbol{x}$ un vettore di opportune variabili esplicative e $\mathbf{x}_j$ il vettore riga del valore assunto da $\boldsymbol{x}$ sull'unità j, per $j = 1, \ldots, N$. In dettaglio il modello stabilisce che*

1. $Y_j = \mathbf{x}_j\boldsymbol{\beta} + \varepsilon_j$, *per $j = 1, \ldots, N$;*
2. $\varepsilon_1, \varepsilon_2, \ldots, \varepsilon_N$ *sono variabili casuali indipendenti, a media nulla e varianza costante, cioè $E_\xi(\varepsilon_j) = 0$ e $V_\xi(\varepsilon_j) = \sigma^2$, per $j = 1, \ldots, N$;*
3. $\varepsilon_1, \varepsilon_2, \ldots, \varepsilon_N$ *sono distribuite normalmente.*

Ne consegue la relazione $E_\xi(Y_j|\mathbf{x}_j) = \mathbf{x}_j\boldsymbol{\beta}$ dove con il simbolo E_ξ si indica il valore atteso calcolato rispetto al modello di superpopolazione, vale a dire rispetto al processo stocastico sottostante che ha generato i valori $y_1, \ldots, y_N$. In questo caso i parametri del modello di superpopolazione sono raccolti nel vettore $\boldsymbol{\theta} = (\boldsymbol{\beta}^T, \sigma^2)^T$. $\square$

3.3.1 Obiettivo dell'inferenza nell'approccio basato sul modello

L'Esempio 3.7 ci permette di capire che nell'approccio basato sul modello l'obiettivo dell'inferenza può essere duplice:

1. si può essere interessati alla stima dei parametri descrittivi della popolazione, quali il totale Y, la media $\overline{Y}$, il rapporto R, il coefficiente di regressione β_{yx}; questi sono gli stessi parametri che sono oggetto dell'inferenza nell'impostazione basata sul disegno e considerati nel Cap. 1: l'attenzione è

rivolta alla particolare realizzazione $\mathbf{y} = (y_1, y_2, \ldots, y_N)$ del modello nella popolazione U;

2. oppure si può essere interessati alla stima della funzione di densità o probabilità $f(\mathbf{y}, \boldsymbol{\theta})$ della variabile casuale $\mathbf{Y}$: in questo caso l'attenzione è posta sul modello che si pensa abbia generato la popolazione, cioè sul processo sottostante alla popolazione finita U e sul vettore di parametri $\boldsymbol{\theta}$ da cui esso dipende.

Nel caso 2 è ragionevole pensare che chi formula il modello non abbia interesse a stimare i parametri descrittivi della popolazione, cioè non abbia interesse a conoscere il momento attuale vissuto dalla popolazione e rappresentato da $\mathbf{y}$. Piuttosto sarà interessato a conoscere il processo e/o il sistema di relazioni e cause che genera y e che la mette in relazione con le variabili $\boldsymbol{x}$, sarà cioè interessato ai parametri di superpopolazione.

A differenza dei parametri descrittivi, che in un censimento non affetto da errori di misura e mancata risposta potrebbero anche essere conosciuti esattamente, i parametri di superpopolazione sono costrutti ipotetici che non sono osservabili direttamente neanche in occasione di un censimento della popolazione finita. Comunque, difficilmente si avranno osservazioni censuarie sulla realizzazione $\mathbf{y}$, in realtà si osservano i valori della y e delle variabili ausiliarie solo per un campione s di $n < N$ elementi, selezionati tramite un piano di campionamento che può anche non essere probabilistico. L'osservazione, cioè, è limitata alle sole unità campionate.

Nell'impostazione basata solo sul piano di campionamento, trattata nei precedenti paragrafi, la struttura stocastica necessaria per l'inferenza è indotta soltanto dal piano di campionamento e la popolazione di valori $\mathbf{y} = (y_1, y_2, \ldots, y_N)$ è considerata costante e fissa. Nell'approccio basato sul modello invece $\mathbf{y}$ è visto come una realizzazione di $\mathbf{Y}$, la cui distribuzione congiunta è specificata dal modello ξ, quale, ad esempio, il modello dell'Esempio 3.7. In questo caso la realizzazione $\mathbf{y}$ costituisce il primo passo, a cui segue la selezione del campione s da U e, infine, come ultimo passo, l'osservazione di y_j, per $j \in s$. In definitiva, i valori della variabile y si osservano solo per le unità campionate.

3.3.2 Stima dei parametri descrittivi

I modelli di superpopolazione possono però essere utilizzati anche per la stima dei parametri descrittivi di cui al Cap. 1. Si fissi l'attenzione sulla stima del totale di popolazione Y di una variabile d'indagine y. Nel seguito si indicherà con $\hat{Y}_\xi$ un qualsiasi stimatore di questa quantità. Poiché l'osservazione è effettuata in due passi, la valutazione delle proprietà statistiche di un potenziale stimatore può avvenire tramite un criterio che tenga conto congiuntamente delle due fonti di casualità: il modello ξ che guida la realizzazione della superpopolazione e il piano di campionamento $p(s)$ secondo il quale si seleziona il campione s.

Si consideri a questo scopo la seguente notazione. Per $j = 1, \ldots, N$ sia:

- $\mu_j = E_\xi(Y_j)$ il valore atteso di Y_j sotto il modello ξ;
- $\sigma_j^2 = V_\xi(Y_j)$ la varianza di Y_j sotto il modello ξ;
- $\sigma_{jj'} = C_\xi(Y_j, Y_{j'})$ la covarianza tra Y_j e $Y_{j'}$ sotto il modello ξ.

Poiché le fonti di casualità nelle osservazioni sono due, il modello di superpopolazione e il piano di campionamento, è sensato studiare le proprietà statistiche di $\hat{Y}_\xi$ congiuntamente rispetto all'uno e all'altro. Il criterio generalmente usato per ricercare uno stimatore appropriato è rappresentato dalla minimizzazione della seguente espressione

$$E_\xi E[(\hat{Y}_\xi - Y)^2 | \mathbf{y}] \tag{3.30}$$

dove si ricorda che il simbolo $E(\cdot)$ indica il valore atteso rispetto al piano di campionamento data la popolazione finita. È opportuno notare che

- poiché per ipotesi si lavora con disegni di campionamento di tipo *non informativo* (in cui, cioè, le probabilità di inclusione non dipendono dai valori della variabile di studio y) gli operatori E_ξ ed E sono scambiabili nel calcolo della (3.30). Di conseguenza, l'indicazione dell'evento su cui ci si condiziona (popolazione finita $\mathbf{y}$ o campione s) sarà omessa quando questo non creerà ambiguità;
- i valori campionari y_j sono realizzazioni di Y_j, per $j \in s$, e dunque anch'essi determinazioni di variabili casuali;
- il totale di popolazione $Y = \sum_{j=1}^N Y_j$ è una somma di variabili casuali e, quindi, variabile casuale esso stesso. La stima di Y equivale alla *predizione* del valore di questa variabile casuale, a partire dai dati a disposizione;
- lo stimatore $\hat{Y}_\xi$ di Y è funzione delle variabili casuali Y_j, per $j \in s$, e anche dell'informazione ausiliaria $\mathbf{x}_j$ ($j = 1, \ldots, N$), nota per tutte le unità della popolazione.

Tutto questo rende fondato considerare anche le seguenti proprietà di $\hat{Y}_\xi$:

- $\hat{Y}_\xi$ è corretto rispetto al modello se $E_\xi(\hat{Y}_\xi | s) = \sum_{j=1}^N \mu_j = N\bar{\mu}$;
- $\hat{Y}_\xi$ è corretto rispetto al disegno di campionamento $p(s)$ se $E(\hat{Y}_\xi | \mathbf{y}) = \sum_{j=1}^N y_j = N\bar{Y}$;
- $\hat{Y}_\xi$ è congiuntamente corretto rispetto al piano di campionamento e al modello se $E[E_\xi(\hat{Y}_\xi)] = \sum_{j=1}^N \mu_j = N\bar{\mu}$.

L'espressione (3.30) consente di individuare lo stimatore ottimale congiuntamente rispetto al piano di campionamento e al modello di superpopolazione, attraverso la sua minimizzazione. Al riguardo, ipotizzando che $\hat{Y}_\xi$ sia corretto rispetto al disegno per il totale Y, la (3.30) può essere sviluppata come segue

$$\begin{aligned}
E_\xi E[(\hat{Y}_\xi - Y)^2] &= E_\xi \{E[\hat{Y}_\xi - Y + E_\xi(Y) - E_\xi(Y)]^2\} \\
&= E_\xi [E(\hat{Y}_\xi - N\bar{\mu})^2 - (Y - N\bar{\mu})^2] \\
&= E_\xi E(\hat{Y}_\xi - N\bar{\mu})^2 - V_\xi(Y).
\end{aligned} \tag{3.31}$$

Poiché la quantità $V_\xi(Y)$ è costante sotto il modello ξ, la ricerca dello stimatore ottimale può limitarsi alla minimizzazione di $E_\xi[E(\hat{Y}_\xi - N\bar{\mu})^2]$. L'utilizzo della (3.30) è particolarmente utile quando si vuole individuare una strategia ottimale nell'ambito dei campionamenti probabilistici sulla base di una dato modello di superpopolazione.

La variabilità dello stimatore $\hat{Y}_\xi$ può essere valutata anche solo rispetto al modello di superpopolazione, tenendo fisso il campione s, cioè condizionatamente ad esso. Si consideri ad esempio lo stimatore per quoziente del totale e si immagini di non avere informazioni sul disegno di campionamento, quindi di non conoscere le probabilità di inclusione e di volere comunque valutare le proprietà dello stimatore (3.1), che in questo caso può essere scritto come

$$\hat{Y}_q = \sum_{j \in s} Y_j \frac{X}{n\bar{x}},$$

dove X è il totale della variabile ausiliaria x riferito all'intera popolazione U. A tal fine si ipotizzi che i dati osservati siano generati secondo il semplice modello di regressione $\mu_j = x_j\beta$; $\sigma_j^2 = x_j\sigma^2$ e $\sigma_{jj'} = 0$ $(j, j' = 1, \ldots, N)$, nel quale la varianza di Y_j è proporzionale al valore della variabile ausiliaria. Poiché si può scrivere

$$E_\xi[\hat{Y}_q] = E_\xi\left[\sum_{j \in s} Y_j \frac{X}{n\bar{x}}\right] = \beta\left(\sum_{j \in s} x_j\right) \cdot \frac{X}{n\bar{x}} = \beta X,$$

lo stimatore per quoziente è corretto rispetto al modello. In questo caso l'errore quadratico medio (di previsione) dello stimatore può essere valutato solo rispetto al modello e condizionatamente al campione s. Si ottiene

$$E_\xi[(\hat{Y}_q - Y|s)^2] = E_\xi\left\{\left[\sum_{j \in s} Y_j\left(\frac{X}{n\bar{x}} - 1\right) - \sum_{j \in U \setminus s} Y_j \,\Big| s\right]^2\right\}$$

$$= \sum_{j \in s} x_j\left(\frac{X}{n\bar{x}} - 1\right)^2 \sigma^2 + \sum_{j \in U \setminus s} x_j\sigma^2$$

$$= N^2 \frac{(1 - f)}{n} \frac{\overline{X} \cdot \overline{X}_{U \setminus s}}{\bar{x}} \sigma^2 \qquad (3.32)$$

dove $\overline{X}_{U \setminus s}$ è la media di x nelle unità della popolazione non campionate. Inserendo nella (3.32) un opportuno stimatore di σ^2 è possibile costruire intervalli di confidenza per $\hat{Y}_q$.

Alcune osservazioni importanti. Si può dimostrare che $\hat{Y}_q$ è di minima varianza, nel senso che nella classe degli stimatori corretti rispetto al modello di regressione $\mu_j = x_j\beta$; $\sigma_j^2 = x_j\sigma^2$ e $\sigma_{j,j'} = 0$ $(j, j' = 1, \ldots, N)$ esso minimizza $E_\xi[(\hat{Y}_q - Y)^2]$. Questo risultato consente di affermare che per ogni modello di superpopolazione è possibile individuare uno stimatore di minima varianza con i metodi inferenziali classici.

La varianza di $\hat{Y}_q$ dipende dal campione estratto e in particolare può essere minimizzata scegliendo le n unità della popolazione con i valori più grandi di x. Questa scelta delle unità campionarie comporta l'abbandono del campionamento probabilistico a favore di quello ragionato. Se, da una parte, $\hat{Y}_q$ ha in tal modo la varianza più bassa possibile (rispetto al modello), dall'altra, si corre il rischio di introdurre distorsioni pesanti qualora il modello non sia correttamente specificato. In questo senso, l'approccio basato sul modello è detto anche *dipendente dal modello*, in quanto la validità dell'inferenza è condizionata alla corretta specificazione del modello di superpopolazione. Vale la pena notare che l'approccio dipendente dal modello è l'unico possibile quando il campione non è probabilistico.

3.3.3 Stima dei parametri di superpopolazione

Talvolta, obiettivo della stima sono i parametri da cui dipende il modello di superpopolazione. Nell'economia di questo paragrafo non si affronterà il tema in generale ma ci si limiterà al caso del modello dell'Esempio 3.7, dove la realizzazione della superpopolazione proviene da un modello di regressione lineare per il quale:

- $Y_j = \mathbf{x}_j \boldsymbol{\beta} + \varepsilon_j$ per $j = 1 \ldots, N$;
- $\varepsilon_1, \varepsilon_2, \ldots, \varepsilon_N$ sono variabili casuali indipendenti a media nulla e varianza costante, cioè $\mathrm{E}_\xi(\varepsilon_j) = 0$ e $\mathrm{V}_\xi(\varepsilon_j) = \sigma^2$, per $j = 1, \ldots, N$;
- $\varepsilon_1, \varepsilon_2, \ldots, \varepsilon_N$ sono distribuite normalmente.

In questo caso l'attenzione è focalizzata sulla stima di $\boldsymbol{\beta}$ e a tal fine si supponga di disporre dell'intero vettore $\mathbf{y} = (y_1, y_2, \ldots, y_N)$, come nel caso di un censimento della popolazione U. Massimizzando il logaritmo della funzione di verosimiglianza dell'osservazione censuaria sotto il modello precedente, $l = -\sum_{j=1}^{N} (y_j - \mathbf{x}_j \boldsymbol{\beta})^2$, si ottiene il seguente stimatore di $\boldsymbol{\beta}$:

$$\hat{\boldsymbol{\beta}}_U = \left(\sum_{j=1}^{N} \mathbf{x}_j^T \mathbf{x}_j \right)^{-1} \sum_{j=1}^{N} \mathbf{x}_j^T y_j. \tag{3.33}$$

In realtà, poiché i dati disponibili sono limitati in realtà al campione s, non è possibile fare riferimento alla verosimiglianza completa, ma occorre partire dalla verosimiglianza campionaria. La log-verosimiglianza campionaria è espressa in termini di sommatorie estese al campione e quindi, seguendo la logica dello stimatore di Horvitz-Thompson, è possibile scrivere il seguente stimatore corretto rispetto al piano di campionamento per la log-verosimiglianza completa,

$$\hat{l}_\pi = -\sum_{j \in s} (y_j - \mathbf{x}_j \boldsymbol{\beta})^2 / \pi_j.$$

Massimizzando la precedente espressione rispetto a $\boldsymbol{\beta}$ si ottiene

$$\hat{\boldsymbol{\beta}}_s = \left(\sum_{j \in s} \mathbf{x}_j^T \mathbf{x}_j / \pi_j \right)^{-1} \sum_{j \in s} \mathbf{x}_j^T y_j / \pi_j, \tag{3.34}$$

le cui proprietà possono essere esaminate sia sotto il modello che sotto il piano di campionamento. In particolare, il valore atteso congiunto di $\hat{\beta}_s$ è dato da

$$E_\xi E(\hat{\beta}_\mathbf{s}) = E_\xi \left[\sum_{s \in S} p(s)\hat{\beta}_s \right] = \sum_{s \in S} p(s) \cdot E_\xi(\hat{\beta}_s) = 1 \cdot \beta = \beta$$

e quindi lo stimatore è congiuntamente corretto per β. La sua varianza congiunta, sfruttando le proprietà dei momenti condizionati, è data da

$$V_{p\xi}(\hat{\beta}_s) = V_\xi[E(\hat{\beta}_s|\mathbf{y}, \mathbf{x}_1, \ldots, \mathbf{x}_N)] + E_\xi[V(\hat{\beta}_s|\mathbf{y}, , \mathbf{x}_1, \ldots, \mathbf{x}_N)]. \quad (3.35)$$

Poiché $\hat{\beta}_s$ risulta anche approssimativamente corretto secondo il piano di campionamento, cioè $E(\hat{\beta}_s|\mathbf{y}, \mathbf{x}_1, \ldots, \mathbf{x}_N) \cong \hat{\beta}_U$, il primo termine della (3.35) può essere scritto direttamente come $V_\xi[\hat{\beta}_U|\mathbf{x}_1, \ldots, \mathbf{x}_N] = \sigma^2 (\sum_{j=1}^N \mathbf{x}_j^T \mathbf{x}_j)^{-1}$ applicando in questo caso la teoria della regressione. Il secondo termine a secondo membro della (3.35) è invece il contributo alla varianza proveniente dal fatto che si estrae il campione s e non si osserva l'intera determinazione censuaria. In caso di censimento, infatti, questo secondo termine è nullo.

In generale la (3.35) può essere usata per fare inferenza su β stimando con il campione le sue due componenti e costruendo intervalli di confidenza o test di ipotesi. In realtà la tradizionale teoria della regressione per la stima di β propone un altro stimatore seguendo l'approccio dipendente dal modello, cioè senza tenere conto del piano di campionamento. Esso è dato da

$$\hat{\beta} = \left(\sum_{j \in s} \mathbf{x}_j^T \mathbf{x}_j \right)^{-1} \sum_{j \in s} \mathbf{x}_j^T y_j$$

ed è lo stimatore BLUE (*Best Linear Unbiased Estimator*). Si può dimostrare che esso è più efficiente di $\hat{\beta}_s$ sotto il modello lineare considerato. Comunque anche $\hat{\beta}_s$ è corretto rispetto al modello, inoltre nel caso in cui il modello non sia valido per i dati analizzati, $\hat{\beta}_s$ è comunque consistente rispetto al piano di campionamento quando si vuole stimare $\hat{\beta}_U$, mentre altrettanto non si può dire di $\hat{\beta}$[3].

---

[3] In realtà il semplice modello di regressione di cui si è trattato può non essere adeguato per l'analisi di dati provenienti da campioni complessi. Ad esempio la selezione di grappoli induce delle correlazioni negli errori più adeguatamente descritte dai cosiddetti modelli lineari a componenti di varianza. La formulazione di stimatori dei parametri di questi modelli che siano validi sia sotto il modello che sotto il piano di campionamento è al centro di una vivace discussione scientifica. Si segnalano al riguardo i contributi di Pfeffermann (1993), Pfeffermann et al. (1998), Grilli e Pratesi (1994).

3.3.4 Interpretazione del concetto di superpopolazione

Il modello di superpopolazione richiamato nel precedente paragrafo è formulato talvolta per descrivere un meccanismo casuale o un processo del mondo reale secondo il quale la variabile di studio y è legata alle variabili x. Solitamente questo è lo scopo delle analisi condotte in ambito econometrico o sociometrico. In questo contesto, ovviamente, il ricercatore sarà interessato a conoscere il processo e/o il sistema di relazioni e cause che genera la variabile di studio y e che la mette in relazione con le variabili x, e l'obiettivo principale dell'inferenza sarà la stima dei parametri di superpopolazione, come è stato descritto nel paragrafo precedente.

Altre volte il concetto di superpopolazione è usato solo in modo strumentale, cioè per avere a disposizione uno strumento operativo al fine di determinare le proprietà degli stimatori laddove non si possa o non si voglia far riferimento al piano di campionamento. Tali casi sono frequenti nella pratica di indagine. Un caso tipico è costituito dai problemi di analisi dei dati in presenza di mancata osservazione per individuare sia modelli statistici per il fenomeno della non risposta, sia modelli utili ai fini della imputazione dei dati mancanti. Il profilo del rispondente può essere infatti descritto con modelli statistici che leghino la probabilità di rispondere a opportune covariate che spieghino – o cerchino di spiegare – il processo di collaborazione all'indagine tramite la specificazione delle caratteristiche individuali del rispondente. Inoltre è opportuno ipotizzare la distribuzione della variabile di studio al fine di imputare i dati mancanti e completare il *database* con le informazioni che la mancata collaborazione del rispondente non ha permesso di raccogliere.

Più semplicemente spesso si fa riferimento ai modelli di superpopolazione perché i dati a disposizione provengono da campioni non probabilistici, e non è quindi possibile studiare le proprietà degli stimatori secondo il piano di campionamento.

Esempio 3.8. *Si immagini di impostare una rilevazione di mercato. L'obiettivo è conoscere la spesa totale mensile per un certo prodotto. Non si hanno liste della popolazione target e si decide di procedere attraverso un campionamento per quote, raggruppando i soggetti da intervistare in base all'età (quote per età). Si ritiene, infatti, che il fenomeno da indagare sia strettamente legato all'età del consumatore. Si continua nelle operazioni di indagine fintanto che non si sono intervistati 100 giovani di età tra i 18 ed i 30 anni, 100 adulti dai 30 ai 50 anni e 100 anziani dai 50 ai 70 anni. Generalmente la dimensione N_h delle quote nella popolazione è nota e la scelta degli intervistati è operata direttamente dall'intervistatore, che procede a "riempire" le quote senza seguire una lista di nominativi precedentemente estratta in modo casuale dalla popolazione. Si immagini che l'indagine sia telefonica: l'intervistatore continua a fare telefonate consultando l'elenco telefonico fintanto che non ha ottenuto il campione di 300 soggetti distribuiti secondo le quote assegnate.*

Usualmente i dati raccolti per ciascuna quota sono poi combinati secondo l'espressione di stimatori che ricalcano gli stimatori del totale nel campionamento casuale stratificato. Per esempio

$$\hat{Y}_{\text{quote}} = \sum_{h=1}^{H} N_h \bar{y}_h \qquad (3.36)$$

dove $\bar{y}_h$ è la media nella quota s_h. Le proprietà dello stimatore non possono essere derivate dal piano di campionamento, non essendo questo probabilistico. Quello che si può fare è ipotizzare un modello di superpopolazione che generi lo stimatore $\hat{Y}_{\text{quote}}$ e permetta di derivarne l'errore quadratico medio.

Un modello ragionevole per giustificare lo stimatore (3.36) è quello che ipotizza costante il valore atteso e la varianza in ciascuna sottopopolazione U_h corrispondente alle quote considerate, ovvero $E_\xi[Y_j] = \mu_h$ e $V_\xi[Y_j] = \sigma_h^2$ per ogni $j \in U_h$. Sotto questo modello, lo stimatore $\hat{Y}_{\text{quote}}$ è corretto per il totale della popolazione. Inoltre, assumendo che le Y_j $(j = 1, \ldots, N)$ siano tra loro indipendenti, la varianza è data dalla seguente espressione

$$E_\xi[(\hat{Y}_{\text{quote}} - Y)^2] = \sum_{h=1}^{H} N_h^2 \frac{(1 - f_h)}{n_h} \sigma_h^2. \qquad (3.37)$$

È possibile mostrare che $\hat{Y}_{\text{quote}}$ è lo stimatore di minima varianza rispetto al modello considerato (si veda Cicchitelli et al. 1997).   □

Il modello di superpopolazione è stato lo strumento operativo per valutare l'efficienza dello stimatore del totale nell'Esempio 3.8. La derivazione dell'errore quadratico medio dipende dalle caratteristiche del modello. Ciò significa che i risultati ottenuti sono fortemente condizionati dalla validità del modello scelto e che gli intervalli di confidenza conseguenti sono da considerarsi dei veri e propri intervalli di previsione. È possibile e anche auspicabile sostituire a σ_h^2 un'opportuna stima basata sui dati del campione, magari scegliendo fra stimatori che siano anch'essi corretti sotto il modello. Tale operazione talvolta conduce a espressioni per l'errore quadratico medio simili a quelle ottenute nell'approccio basato sul disegno. Infatti, uno stimatore della varianza di sottopopolazione σ_h^2, corretto sotto il modello, è

$$\hat{\sigma}_h^2 = \frac{1}{n_h - 1} \sum_{j \in s} (y_{hj} - \bar{y}_h)^2.$$

Se si sostituiscono i $\hat{\sigma}_h^2$ nell'espressione a secondo membro della (3.37) si ottiene esattamente la stima della varianza dello stimatore del totale nel campionamento casuale stratificato. Nonostante l'eguaglianza formale, i due risultati hanno un significato sostanzialmente diverso. Nel caso del campionamento casuale dalle sottopopolazioni (strati) l'intervallo di confidenza per il totale della popolazione è valido qualunque sia il modello di superpopolazione specificato. Quando invece il campionamento nelle sottopopolazioni non è probabilistico, gli intervalli sono validi soltanto se il modello scelto è correttamente specificato. D'altra parte, l'inferenza basata sul modello, pur valida soltanto sotto il modello scelto, è fondata sul campione effettivamente estratto e non sulla distribuzione dello stimatore ottenuta ripetendo idealmente la selezione del campione secondo il piano di campionamento scelto.

3.3.5 Predittori o stimatori?

Nell'approccio basato sul modello è spesso utile esprimere lo stimatore del parametro descrittivo come combinazione lineare di due quantità, quella ottenuta dai dati campionari e quella invece relativa alle unità non campionate (cioè l'insieme $\bar{s} = U \setminus s$). L'espressione dello stimatore diventa cioè

$$\hat{Y}_\xi = \omega \sum_{j \in s} y_j + (1 - \omega) \sum_{j \in \bar{s}} \hat{y}_j,$$

dove ω è il peso da dare ai valori osservati nel campione e $(1 - \omega)$ è il peso da dare alla somma dei valori $\hat{y}_j$ previsti sotto il modello ξ per le unità non incluse nel campione. Generalmente $\omega = f$, cioè è posto uguale alla frazione di campionamento. In questa prospettiva lo stimatore $\hat{Y}_\xi$ è detto *predittore*.

Esempio 3.9. (stimatore sintetico per piccole aree) *Come introdotto nel Par. 3.2.7, in alcuni casi i dati di indagini campionarie su vasta scala sono usati anche per ottenere stime a livello locale o per domini di studio. In taluni casi la dimensione campionaria di questi domini non è sufficiente per ottenere stime stabili delle medie o dei totali di interesse. Tale problema è noto in letteratura come problema di stima per piccole aree. Ad esempio il campione nazionale dell'indagine EUSilc (Indagine europea sul reddito e sulle condizioni di vita) è usato per stimare il reddito medio familiare a livello provinciale (piccole aree). Le stime provinciali ottenute con i tradizionali stimatori di tipo Horvitz-Thompson non hanno intervalli di confidenza significativi poiché la dimensione campionaria su cui sono basati è troppo piccola ed in taluni casi addirittura nulla.*

In queste situazioni si ricorre alla stima basata sul modello. Il modello di superpopolazione ξ mette in relazione la variabile di studio con l'informazione ausiliaria x nota a livello della popolazione e ha lo scopo di rafforzare la stima ottenuta direttamente dal campione tramite gli stimatori tradizionali basati sul disegno (detti in questo caso stimatori diretti). L'informazione ausiliaria x può essere il valore assunto dal reddito familiare in passato per quelle stesse aree oppure il valore di altre variabili che siano correlate alla variabile di studio. Nel caso del reddito familiare si può far riferimento alla condizione professionale del capofamiglia, al suo genere, alle caratteristiche dell'abitazione e, in genere, a variabili che definiscano lo status sociale della famiglia.

In questo contesto, una classe di modelli di superpopolazione molto usata è quella secondo cui la relazione che c'è tra la variabile di studio e le variabili ausiliarie a livello dell'intera popolazione sia la stessa che c'è a livello di area (*synthetic models*). *Il modello* ξ *è generalmente un modello lineare del tipo*

$$Y_{dj} = \mathbf{x}_{dj}\boldsymbol{\beta} + \varepsilon_{dj}$$

dove l'indice d individua l'area di appartenenza dell'individuo j. Ottenuta una stima $\hat{\boldsymbol{\beta}}$ *di* $\boldsymbol{\beta}$, *è possibile prevedere la media di area* $\overline{Y}_d$ *di y mediante*

$$\hat{\overline{Y}}_d = \frac{1}{N_d}\Big(\sum_{j \in s_d} y_{dj} + \sum_{j \in \bar{s}_d} \hat{y}_{dj}\Big) = \frac{1}{N_d}\Big(\sum_{j \in s_d} y_{dj} + \sum_{j \in \bar{s}_d} \mathbf{x}_{dj}\hat{\boldsymbol{\beta}}\Big), \qquad (3.38)$$

dove al totale di area $\sum_{j \in s_d} y_{dj}$, *noto dal campione, si aggiunge il totale* $\sum_{j \in \bar{s}_d} \hat{y}_{dj} = \sum_{j \in \bar{s}_d} \mathbf{x}_{dj}\hat{\boldsymbol{\beta}}$ *previsto secondo il modello lineare per le unità non campionate dell'area stessa. La (3.38) assume che la* $\boldsymbol{x}$ *sia nota per tutte le unità della popolazione e che siano note anche le dimensioni delle piccole aree d, indicate con* N_d. *Questo predittore è noto come predittore (stimatore) sintetico di* $\overline{Y}_d$ *basato sul modello lineare descritto nell'Esempio 3.9 (si veda Rao 2003).* □

A conclusione di questo paragrafo, vale la pena di osservare che, come si è già notato, nell'approccio basato sul modello i parametri descrittivi della popolazione, come il totale Y, sono variabili casuali, pertanto, quando si vuole conoscerne il valore si cerca di prevederne il valore assunto nella popolazione finita indagata. Per questo motivo a rigore uno stimatore di Y dovrebbe essere chiamato *predittore*. La (3.38) rende evidente l'appropriatezza di questa terminologia.

3.4 Inferenza da modello ed errori di misura

Ora che nel Par. 3.3 è stato introdotto il concetto di modello di superpopolazione e l'inferenza da modello, questi possono essere utilizzati per studiare gli effetti degli errori di misura, a cui si è fatto accenno nel Par. 1.2.4. Si è in presenza di un tale tipo di errore quando i dati sono rilevati sulle unità statistiche ma presentano scostamenti dai rispettivi valori veri; ad esempio, la dichiarazione di un reddito non corrisponde a quello effettivo. In generale, l'identificazione e la quantificazione degli errori di misura e la correzione delle stime per evitarne gli effetti più pesanti richiedono disegni di campionamento appositamente progettati o la disponibilità di informazioni esterne all'indagine che consentano di ricostruire i valori veri; ad esempio, alcune proposte prevedono la rilevazione ripetuta degli stessi dati in un sottocampione di unità. Per questo motivo nella pratica delle indagini campionarie è prassi comune fronteggiare il problema mediante una efficace prevenzione, attraverso la progettazione attenta degli strumenti di misura e del lavoro sul campo, che è possibile se si ha conoscenza e consapevolezza delle fonti e degli effetti degli errori di misura.

Tra le fonti degli errori di misura sono da annoverare il questionario, l'intervistatore, il rispondente e coloro che sono preposti al trattamento dei dati. Per quanto riguarda gli strumenti di misura, è chiaro che misurare una lunghezza con un metro più lungo del dovuto dà luogo a misure distorte. La stessa cosa vale per lo strumento principe di una indagine statistica: il questionario. Quando le domande non sono formulate correttamente, queste possono dar luogo a risposte non corrette (per esempio a causa di difficoltà di interpretazione del quesito, oppure di interpretazione non univoca, oppure perché richiede informazioni che non sono nella disponibilità di chi risponde, ma si azzarda egualmente una risposta). Lo stesso rispondente, pur in presenza di un questionario ben fatto, può talvolta rispondere in modo non corrispondente al vero. I motivi possono essere diversi, come ad esempio il timore di fornire all'intervistatore o a chi visionerà i dati una immagine di sé non desiderata, o viceversa il desiderio di assecondare l'intervistatore, magari per accelerare i tempi dell'intervista e terminare in fretta l'incontro. Anche l'intervistatore può indurre errori di misura, quando con il suo comportamento o le sue parole condiziona in qualche modo la risposta fornita dall'intervistato. Ad esempio, l'intervistatore potrebbe far trapelare un suo gradimento nei confronti di determinate risposte, o giudizi sulla persona con cui sta interagendo. L'esperienza insegna che esiste un vero e proprio effetto dell'intervistatore che si cerca di porre sotto controllo mediante una adeguata formazione degli stessi. Infine, gli addetti al trattamento dei dati possono introdurre inavvertitamente errori di trascrizione dei dati nei passaggi dal supporto cartaceo a quello informatico o di digitazione nell'inserire i dati in memoria.

3.4.1 Gli effetti degli errori di misura

Per studiare gli effetti degli errori di misura occorre fare riferimento ad un modello che ne consenta l'analisi, ovvero al cosiddetto *modello di misura*. Ai fini della formulazione del modello si ipotizza che il risultato dell'osservazione del valore della variabile y presso una unità campionaria sia descritto da una variabile casuale Y_{mj}, con $j \in s$. A fronte di ciascun valore osservato y_{mj} si assume poi che esista un valore vero y_j per l'unità j-esima nel campione: la differenza tra il valore osservato e quello vero, cioè $d_{mj} = y_{mj} - y_j$, è chiamata *scarto di risposta*, in quanto equivalente ad un errore di misura. Pertanto, si pone

$$y_{mj} = y_j + d_{mj} \quad (j \in s). \tag{3.39}$$

Il fatto che il risultato di una misurazione sia descritto da una variabile casuale equivale ad assumere che se fosse possibile ripetere il processo di misura più volte nelle stesse condizioni, ogni misurazione darebbe luogo ad un valore generalmente diverso. Dunque, se lo scarto di risposta è variabile si ha un *errore di misura variabile*; se invece è fisso e non nullo, si è in presenza di un errore di misura *sistematico*. Ovviamente, se lo scarto di risposta fosse sempre nullo, il processo di misura sarebbe privo di errore e fornirebbe il valore vero y_j.

Imporre delle condizioni sul comportamento dello scarto di risposta equivale a specificare un modello di misura, in cui si utilizzano concetti e impostazioni introdotti nell'approccio basato sul modello. Un semplice modello di analisi è quello in cui, con riferimento alla generica unità j della popolazione inclusa nel campione, si pone

- $E_m(Y_{mj}) = \mu_j = y_j + \beta_j$, dove E_m indica il valore atteso delle misure sull'unità j e Y_{mj} è la variabile casuale di cui y_{mi} è una determinazione;
- $V_m(Y_{mj}) = V_m(D_{mj}) = \sigma_j^2$, dove V_m è la varianza delle misure sull'unità j e $D_{mj} = Y_{mj} - y_j$;
- $C_m(Y_{mj}, Y_{mj'}) = C_m(D_{mj}, D_{mj'}) = \sigma_{jj'}$, dove C_m indica l'operatore di covarianza tra le misure sulle unità j e j', quando sono insieme nel campione.

Si osservi che valori attesi, varianze e covarianze degli scarti di risposta dipendono solo dall'etichetta delle unità cui si riferiscono e non dalle caratteristiche del campione in cui le unità sono incluse. Se, da una parte, ciò semplifica l'analisi, dall'altra non sempre tale ipotesi è valida.

Per meglio comprendere il significato delle quantità introdotte si noti che se le quantità σ_j^2 e β_j fossero entrambe diverse da zero, allora è presente sia l'errore variabile che quello sistematico e il processo di misura è distorto. Se fosse $\beta_j = 0$ per ogni j, gli scarti di risposta hanno valore atteso nullo, l'errore di misura è mediamente nullo e il processo di misura è non distorto. Se fosse invece $\sigma_j^2 = 0$ lo scarto di risposta è costante e pari a β_j. In questo caso è presente solo l'errore sistematico. Se infine sia β_j che σ_j^2 fossero entrambi pari a zero per ogni j, ogni misurazione fornisce il valore vero e l'errore di misura non è presente.

3.4.2 Effetto degli errori di misura sul valore atteso degli stimatori

Utilizzando il modello di misura appena descritto è possibile analizzare gli effetti della presenza degli errori di misura. A tal fine, per comodità, si consideri lo stimatore corretto $\hat{\bar{Y}}_\pi$ della media della popolazione. Esso sarà calcolato con i valori ottenuti dalle diverse osservazioni, pertanto si avrà

$$\hat{\bar{Y}}_{\pi m} = \sum_{j \in s} \frac{y_{mj}}{N \pi_j}. \tag{3.40}$$

Per ricavarne il valore atteso e la varianza anche rispetto al modello di misura occorre utilizzare le proprietà dei momenti condizionati. Denotando con E_m e V_m il valore atteso e la varianza delle misure condizionatamente al campione estratto e con E e V gli usuali operatori al variare dei campioni generati dal piano di campionamento, si ha

$$E[E_m(\hat{\bar{Y}}_{\pi m})] = E\left[\sum_{j \in s} \frac{E_m(Y_{mj})}{N \pi_j}\right] = E\left[\sum_{j \in s} \frac{y_j + \beta_j}{N \pi_j}\right] = \bar{Y} + \bar{\beta}, \tag{3.41}$$

dove $\bar{\beta} = \sum_{j=1}^{N} \beta_j / N$ è la media nella popolazione dei valori attesi degli scarti di risposta. Dal risultato ottenuto si deduce che il valore atteso dello stimatore della media della popolazione, in presenza di errori di misurazione, è pari alla media vera del carattere più la media del valore atteso degli scarti di risposta. Ne consegue che in presenza di una componente sistematica dell'errore di misura, lo stimatore $\hat{\bar{Y}}_{\pi m}$ è distorto e la sua distorsione è pari a $\bar{\beta}$. La componente sistematica è dunque quella più insidiosa e nel caso, piuttosto frequente, in cui essa tenda ad avere uno stesso segno in ogni unità, affinché lo stimatore corretto della media rimanga tale occorre che il processo di misura sia corretto, ovvero abbia il valore atteso dello scarto di risposta nullo, cioè sia $\beta_j = 0$, per ogni j.

3.4.3 Effetti degli errori di misura sulla varianza delle stime

Per analizzare gli effetti degli errori di misura sulla varianza dello stimatore $\hat{\bar{Y}}_{\pi m}$, si consideri la varianza totale $V_{pm}(\hat{\bar{Y}}_{\pi m})$ dello stimatore corretto della media al variare dei possibili campioni e delle misure sulle unità campionarie. Ricorrendo ancora ai momenti condizionati, si ha

$$V_{pm}(\hat{\bar{Y}}_{\pi m}) = V[E_m(\hat{\bar{Y}}_{\pi m})] + E[V_m(\hat{\bar{Y}}_{\pi m})]. \tag{3.42}$$

Poiché condizionatamente ad s

$$E_m(\hat{\bar{Y}}_{\pi m}) = \sum_{j \in s} \frac{\mu_j}{N\pi_j}; \quad V_m(\hat{\bar{Y}}_{\pi m}) = \sum_{j \in s} \frac{\sigma_j^2}{N^2\pi_j^2} + \sum_{j \in s} \sum_{\substack{j' \in s \\ j' \neq j}} \frac{\sigma_{jj'}}{N^2\pi_j\pi_{j'}},$$

sostituendo tali espressioni nella (3.42) e calcolando il valore atteso e la varianza al variare dei possibili campioni si ottiene

$$V_{pm}(\hat{\bar{Y}}_{\pi m}) = V(\hat{\bar{\mu}}_\pi) + \sum_{j=1}^{N} \frac{\sigma_j^2}{N^2\pi_j} + \sum_{j=1}^{N} \sum_{\substack{j'=1 \\ j' \neq j'}}^{N} \frac{\sigma_{jj'}\pi_{j,j'}}{N^2\pi_j\pi_{j'}}. \tag{3.43}$$

Il primo termine a secondo membro è la varianza campionaria dello stimatore corretto della media delle quantità μ_j, per $j = 1, \ldots, N$. Questa varianza diminuisce all'aumentare della dimensione del campione e si annulla in presenza di una rilevazione censuaria. La somma dei due termini rimanenti a secondo membro viene chiamata *varianza di risposta*, in quanto dipende dalla variabilità degli scarti di risposta. Si tratta di una quantità che si annulla solo in assenza della componente variabile dell'errore di misura. Il primo termine della varianza di risposta viene chiamato *varianza semplice di risposta*, in quanto dipende dalla variabilità delle misure nelle diverse unità della popolazione considerate singolarmente; il secondo termine invece viene detto *componente correlata della varianza di risposta*, in quanto dipende dalla covarianza tra gli scarti di risposta. L'esperienza insegna che la covarianza è generalmente positiva, dal momento che spesso è generata da una stessa fonte, come ad esempio uno stesso intervistatore.

Esempio 3.10. *Si consideri il caso del campionamento srs e della stima della media della popolazione, per meglio esemplificare il contenuto delle tre quantità presenti nel secondo membro della* (3.43). *In questo caso* $\hat{\bar{Y}}_{\pi m}$ *coincide con la media campionaria delle osservazioni* $\bar{y}_m$. *Denotando per comodità con il medesimo simbolo questa variabile casuale o una sua determinazione, dalla* (3.43) *si ottiene*

$$V_{pm}(\bar{y}_m) = \frac{1-f}{n}S_\mu^2 + \frac{1}{n}\sum_{j=1}^{N}\frac{\sigma_j^2}{N} + \frac{n-1}{n}\sum_{j=1}^{N}\sum_{\substack{j'=1 \\ j\neq j'}}^{N}\frac{\sigma_{jj'}}{N(N-1)}.$$

Dalla formula ricavata si evince che sia la varianza campionaria che quella semplice di risposta sono inversamente proporzionali alla dimensione del campione. In particolare, la varianza semplice di risposta è pari alla media delle varianze dei singoli scarti di risposta divisa per la dimensione del campione. La componente correlata della varianza di risposta è invece pari alla covarianza media tra gli scarti di risposta moltiplicata per una quantità praticamente unitaria. Si tratta di un termine sostanzialmente indipendente dalla dimensione del campione.

Ne consegue che all'aumentare della dimensione del campione, la varianza totale di $\bar{y}_m$ *non tende a zero ma al valore della componente correlata. In realtà anche la varianza campionaria e quella semplice di risposta non diminuiscono con certezza perché, aumentando la dimensione n del campione, è verosimile che la qualità del processo di misurazione si deteriori facendo aumentare la varianza degli scarti di risposta.*

L'errore quadratico medio complessivo di $\bar{y}_m$ *assume la forma*

$$\mathrm{MSE}(\bar{y}_m) = V_{pm}(\bar{y}_m) + \{E[E_m(\bar{y}_m - \bar{\mu})]\}^2$$

$$= \frac{1-f}{n}S_\mu^2 + \frac{1}{n}\sum_{j=1}^{N}\frac{\sigma_j^2}{N} + \frac{n-1}{n}\sum_{j=1}^{N}\sum_{\substack{j'=1 \\ j\neq j'}}^{N}\frac{\sigma_{jj'}}{N(N-1)} + \bar{\beta}^2, \quad (3.44)$$

dove alla varianza si somma la distorsione al quadrato.   □

Quanto viene evidenziato nell'Esempio 3.10 nel caso del campionamento *srs* può essere esteso in buona sostanza ad un qualsiasi piano di campionamento e dunque la componente correlata della varianza di risposta e la distorsione dello stimatore dovute alla presenza degli errori di misura sono quantità sostanzialmente indipendenti dalla dimensione del campione e quindi particolarmente insidiose. Per questo motivo occorre fare di tutto per prevenirne la presenza e curare la qualità dei processi oltre a stabilire la dimensione del campione. In letteratura è stato mostrato come la fonte principale della componente correlata dell'errore di risposta sia l'intervistatore, a cui in genere si affida una molteplicità di interviste da realizzare.

Infine, anche in presenza di soli errori accidentali, intendendo con tale termine errori a media nulla e incorrelati tra loro, se da una parte lo stimatore corretto rimane tale, dall'altra la sua varianza aumenta, a causa della varianza semplice di risposta.

3.4.4 Effetti degli errori di misura sugli stimatori della varianza

Anche gli stimatori della varianza dello stimatore corretto risentono della presenza degli errori di misura. Per semplicità, si consideri un piano di campionamento di dimensione fissa n e lo stimatore della varianza di Yates-Grundy (2.41), denotato con $v(\hat{\bar{Y}}_{\pi m})$. Non è difficile mostrare che

$$
E\{E_m[v(\hat{\bar{Y}}_{\pi m}) - V_{pm}(\hat{\bar{Y}}_{\pi m})]\} = -\frac{f}{n} \sum_{j=1}^{N} \frac{\sigma_j^2}{N} - \frac{N-1}{N} \sum_{j=1}^{N} \sum_{\substack{j'=1 \\ j \neq j'}}^{N} \frac{\sigma_{jj'}}{N(N-1)}.
$$

La distorsione di $v(\hat{\bar{Y}}_{\pi m})$ è perciò somma di due componenti. La prima, preceduta dal segno meno, è costituita dalla varianza semplice di risposta moltiplicata per il tasso di sondaggio. Se dunque quest'ultimo è piccolo o trascurabile, altrettanto sarà il valore di questo primo termine. Il secondo termine, preceduto anch'esso dal segno meno, equivale essenzialmente al valore medio delle covarianze tra gli scarti di risposta. Dunque, ricordando l'affermazione secondo cui tali covarianze tendono ad essere di segno positivo, $v(\hat{\bar{Y}}_{\pi m})$ è distorto negativamente. Più in generale si può dire che gli stimatori della varianza includono tutta la varianza campionaria e quasi interamente la varianza semplice di risposta. Non includono invece la componente correlata della varianza di risposta e per tale motivo possono essere distorti negativamente in modo affatto trascurabile.

In conclusione, se gli errori di misura sono di tipo accidentale è ancora possibile fare inferenza validamente con gli stimatori corretti e i rispettivi stimatori della loro varianza. Ciò non è più vero in presenza di errori di misura correlati o con una componente sistematica non trascurabile.

Le considerazioni svolte sono riferite allo stimatore corretto della media ma si possono estendere anche al totale di popolazione. Quando si utilizzano stimatori che impiegano variabili ausiliarie, gli effetti degli errori di misura sono più complessi in quanto interagiscono con la struttura degli stimatori, come quando, ad esempio, ci si basa sulla regressione. In tal caso occorre specificare se gli errori riguardano solo la variabile di indagine o le variabili ausiliarie o entrambe. Si rimanda alla letteratura specializzata per gli opportuni approfondimenti (si veda ad esempio Biemer et al. 2004).

Esempio 3.11. *Per meglio valutare la portata di questi risultati si conside-ri un campionamento srs di dimensione n da una popolazione praticamente infinita in cui la varianza di un carattere y sia $S_y^2 = 100$. Si supponga che il processo di misura sia soggetto ad errori e che i parametri del modello di misura siano $\sigma_j^2 = 2$, per ogni j; $\sigma_{jj'} = 0,1$ per ogni $j \neq j'$; $\mu_j = y_j + 0,15$ per ogni j. La correlazione tra gli scarti di risposta è dunque $\sigma_{jj'}/\sigma_j\sigma_{j'} = 0,05$ e la varianza delle quantità μ_j è uguale a quella del carattere y, cioè 100.*

Lo stimatore corretto della media di popolazione è la media campionaria $\bar{y}_m$. Riprendendo l'espressione dell'errore quadratico medio (3.44), si ottiene l'espressione

$$\text{MSE}(\bar{y}_m) = \frac{100}{n} + \frac{2}{n} + \frac{n-1}{n}0,10 + 0,0225.$$

Nella Tabella 3.5 sono riportati i valori di questa quantità, di quella cor-rispondente in assenza di errori di misura, $\text{MSE}^*(\bar{y}_m)$, e il valore atteso del corrispondente stimatore della varianza $\text{v}(\bar{y}_m)$, al variare della dimensione del campione. Dall'esame della tabella emerge come il contributo all'erro-re quadratico medio dello stimatore della componente correlata della varian-za di risposta e della distorsione diventi via via crescente, sino a diventare preponderante nei campioni di ampiezza più elevata.

La conclusione principale che si può trarre da questo esercizio è che au-mentare la dimensione del campione senza controllare accuratamente il pro-cesso di misura può risultare, oltre che inutile, anche controproducente, perché la varianza degli scarti di risposta potrebbe addirittura aumentare. Pertanto, occorre trovare il giusto compromesso tra dimensione del campione e cura del processo di misura. Ciò significa determinare le quote di budget disponibile da destinare, da una parte, al costo di un prefissato numero di unità campionarie e, dall'altra, all'affinamento del processo di misura, al fine di ridurre il più possibile la presenza di errori.

Tabella 3.5 Valori delle quantità indicate in funzione di alcuni valori di n

n	25	50	100	250	500	2000	∞
$\text{MSE}(\bar{y}_m)$	4,198	2,160	1,141	0,530	0,326	0,173	0,122
$\text{MSE}^*(\bar{y}_m)$	4,000	2,000	1,000	0,400	0,200	0,050	0,000
$\text{E}\{\text{E}_m[\text{v}(\bar{y}_m)]\}$	4,076	2,038	1,019	0,408	0,204	0,051	0,000

□

La componente correlata della varianza di risposta è dunque quella più insidiosa dal momento che, oltre a causare un incremento della varianza degli stimatori, essa non viene conteggiata dagli usuali stimatori della varianza. A questo proposito vale la pena ricordare ancora la causa principale della com-ponente correlata, cioè l'intervistatore. Quando egli in qualche modo influenza le risposte degli intervistati introduce una concordanza tra gli scarti di rispo-sta delle unità campionarie che gli vengono assegnate. La conseguenza è una covarianza positiva tra gli errori di misura. Per evitare questo fenomeno, ad ogni intervistatore andrebbe assegnata un'unica unità, ma ciò sarebbe eccessivamente costoso. È consigliabile invece fissare un numero non elevato di unità per intervistatore e, al contempo, curare la sua preparazione professionale allo scopo di prevenire ogni forma di errore dovuto a questo fattore del processo di misura.

Come è già stato ricordato, è possibile disegnare l'indagine in modo tale da poter quantificare gli errori di misura e, in particolare, l'*effetto dell'intervistatore*. Al riguardo esistono testi specializzati che ne trattano diffusamente. Oltre a quello già menzionato, si veda anche Lessler e Kalsbeek (1992). I risultati che tali metodi producono possono poi essere utilizzati per progettare al meglio successive indagini di analogo contenuto. La miglior strategia resta comunque quella della prevenzione, anche mediante una analisi attenta dei problemi evidenziati dall'indagine pilota, apportando i correttivi opportuni.

Dimostrazioni

3.5 La procedura per la determinazione dei pesi calibrati

Per trovare una soluzione al problema di minimo vincolato (3.28) ed ottenere il vettore $\mathbf{w} = (w_1, w_2, \ldots, w_n)$ dei pesi finali, si utilizza il metodo dei moltiplicatori di Lagrange che consiste nel risolvere il seguente sistema omogeneo

$$
\begin{cases}
\dfrac{\partial L(\boldsymbol{\lambda}, \mathbf{w})}{\partial w_j} = g_j(w_j; a_j) - \mathbf{x}_j \boldsymbol{\lambda} = 0 & (j \in s) \\[3mm]
\dfrac{\partial L(\boldsymbol{\lambda}, \mathbf{w})}{\partial \lambda_p} = \sum_{j \in s} w_j x_{pj} - X_p = 0 & (p = 1, \ldots, P)
\end{cases}
\tag{3.45}
$$

dove $g_j(w_j; a_j)$ è la derivata rispetto a w_j di $G_j(w_j; a_j)$, che si è detto deve essere una funzione continua, strettamente crescente rispetto a w e tale che $G_j(a, a) = 0$, mentre $\boldsymbol{\lambda} = (\lambda_1, \lambda_2, \ldots, \lambda_P)$ è il vettore dei moltiplicatori di Lagrange e $L(\boldsymbol{\lambda}, \mathbf{w})$ indica la funzione Lagrangiana da minimizzare.

Il sistema presenta $n + P$ equazioni in $n + P$ incognite; dalle prime n incognite del sistema (3.45) si ottiene, mediante semplici passaggi, la relazione

$$
w_j = a_j F_j(\mathbf{x}_j \boldsymbol{\lambda}),
\tag{3.46}
$$

dove la funzione $F_j(\mathbf{x}_j \boldsymbol{\lambda}) = g_j^{-1}(\mathbf{x}_j \boldsymbol{\lambda})/a_j$ rappresenta il correttore del peso base ed è funzione delle variabili $u_j = \mathbf{x}_j \boldsymbol{\lambda}$, combinazioni lineari del vettore di variabili ausiliarie $\mathbf{x}_j$ e dei P valori incogniti di $\boldsymbol{\lambda}$. Per ottenere il valore del vettore $\boldsymbol{\lambda}$ si inseriscono i pesi w_j in (3.46) nelle ultime P equazioni del sistema (3.45) ottenendo, dopo semplici passaggi, il sistema di P equazioni nelle P incognite $\lambda_1, \lambda_2, \ldots, \lambda_P$

$$\kappa(\boldsymbol{\lambda}) = \sum_{j \in s} a_j \mathbf{x}_j [F_j(\mathbf{x}_j \boldsymbol{\lambda}) - 1] = \kappa(\boldsymbol{\lambda}) = \mathbf{X} - \hat{\mathbf{X}}_\pi. \qquad (3.47)$$

Nel caso in cui $F_j(\mathbf{x}_j \boldsymbol{\lambda})$ sia una funzione lineare di $\boldsymbol{\lambda}$ è possibile ottenere una soluzione analitica del sistema, altrimenti la si può ottenere per via numerica, attraverso procedure come ad esempio il metodo di Newton.

Il caso della distanza euclidea è molto particolare perché consente di trovare una soluzione analitica al problema di minimo vincolato che definisce i pesi calibrati. Infatti, sostituendo $F_j(u) = 1 + q_j u$ nella (3.47) e usando l'uguaglianza $\mathbf{X} - \hat{\mathbf{X}}_\pi = \sum_{j \in s} a_j q_j \mathbf{x}_j^T \mathbf{x}_j \boldsymbol{\lambda}$ si ottiene

$$\boldsymbol{\lambda} = \left(\sum_{j \in s} a_j q_j \mathbf{x}_j^T \mathbf{x}_j \right)^{-1} (\mathbf{X} - \hat{\mathbf{X}}_\pi)^T,$$

che inserito nella (3.47) fornisce

$$w_j = a_j [1 + (\mathbf{X} - \hat{\mathbf{X}}_\pi) \left(\sum_{j \in s} a_j q_j \mathbf{x}_j^T \mathbf{x}_j \right)^{-1} q_j \mathbf{x}_j^T].$$

La Tabella 3.6 riporta le funzioni di distanza proposte in letteratura e le corrispondenti funzioni derivata e inversa. Per quanto riguarda la funzione di distanza logaritmica troncata di cui alla (3.31), la funzione $F_j(u)$ assume la forma

$$F_j(u) = \frac{L(U - 1) + U(1 - L) \exp(A q_j u)}{(U - 1) + (1 - L) \exp(A q_j u)}.$$

Tabella 3.6 Esempi di funzioni di distanza $G_j(w_j, a_j)$ con le associate funzioni $g_j(w_j, a_j)$ e $F_j(u)$

Distanza	$q_j G_j(w_j, a_j)$	$g(w_j/a_j) = q_j g_j(w_j, a_j)$	$F_j(u) = F(q_j u)$
Euclidea	$(w_j - a_j)^2 / 2a_j$	$w_j/a_j - 1$	$1 + q_j u$
Moltiplicativa	$w_j \log(w_j/a_j) - w_j + a_j$	$\log(w_j/a_j)$	$\exp(q_j u)$
di Hellinger	$2(\sqrt{w_j} - \sqrt{a_j})^2$	$2[1 - (w_j/d_j)^{-1/2}]$	$(1 - q_j u/2)^{-2}$
Minima entropia	$-a_j \log(w_j/a_j) + w_j - a_j$	$1 - (w_j/a_j)^{-1}$	$(1 - q_j u)^{-1}$
Euclidea modificata	$(w_j - a_j)^2 / 2w_j$	$[1 - (w_j/a_j)^{-2}]/2$	$(1 - 2q_j u)^{-1/2}$

Bibliografia

Biemer, P.P., Groves, R.M., Lyberg, L.E., Mathiowetz, N.A., Sudman, S.: Measurement Errors in Surveys. J. Wiley, New York (2004)

Cicchitelli, G., Herzel, A., Montanari, G.E.: Il campionamento statistico, 2a ed. Il Mulino, Bologna (1997)

Deville, J.C.: Estimation de la variance pour les enquêtes en deux phases. Manuscript, INSEE, Paris (1993)

Deville, J.C., Särndal, C.E.: Calibration estimators in survey sampling. J. Am. Stat. Ass. **87**, 376–382 (1992)

Deville, J.C., Särndal, C.E., Sautory, O.: Generalized raking procedures in survey sampling. J. Am. Stat. Ass. **88**, 1013–1020 (1993)

Grilli, L, Pratesi, M.: Weighted estimation in multilevel ordinal and binary models in the presence of informative sampling designs. Surv. Methodol. **30**, 93–103 (1994)

Lessler, J.T., Kalsbeek, W.D.: Non sampling error in surveys. J. Wiley, New York (1992)

Montanari, G.E.: Post-sampling efficient QR-prediction in large-sample surveys. Int. Stat. Rev. **55**, 191–202 (1987)

Montanari, G.E.: On regression estimation of finite population mean. Surv. Methodol. **24**, 69–77 (1998)

Montanari, G.E.: Conditioning on auxiliary variable means in finite population inference. Aust. N. Z. J. Stat. **42**, 407–421 (2000)

Montanari, G.E., Ranalli, M.G.: Asymptotically efficient generalised regression estimators. J. Off. Stat. **18**, 577–590 (2002)

Nascimento Silva, P.L.D., Skinner, C.J.: Variable selection for regression estimation in finite populations. Surv. Methodol. **23**, 23–32 (1997)

Pfeffermann, D.: The role of sampling weights when modeling survey data. Int. Stat. Rev. **61**, 317–337 (1993)

Pfeffermann, D., Skinner, C.J., Holmes, D.J., Goldstein, H., Rasbash, J.: Weighting for unequal selection probabilities in multilevel models. J. R. Stat. Soc. **60** (Series B), 23–40 (1998)

Rao, J.N.K.: Estimating totals and distribution functions using auxiliary information at the estimation stage. J. Off. Stat. **10**, 153–165 (1994)

Rao, J.N.K.: Small Area Estimation, Wiley Series in Survey Methodology. J. Wiley, New York (2003)

Särndal, C.E.: The calibration approach in survey theory and practice. Surv. Methodol. **33**, 99–119 (2007)

Särndal, C.E., Swensson, B., Wretman, J.: Model Assisted Survey Sampling. Springer-Verlag, New York (1992)

Tillé, Y., Matei, A.: The R package sampling, a software tool for training in official statistics and survey sampling. In: Rizzi A., Vichi M. (eds.) Proceedings in Computational Statistics, COMPSTAT'06, pp. 1473–1482. Physica-Verlag/Springer, Heidelberg (2006)

4

Metodi per correggere gli errori di copertura

4.1 Introduzione

Nel corso del processo in cui si progetta e realizza un'indagine le possibilità di errore non campionario sono molte. Gli errori di copertura sono i primi in cui si può incorrere. Essi, definiti nel Par. 1.2.4, nascono dalla non corrispondenza tra le popolazioni obiettivo e frame e possono essere attribuiti a chi realizza l'indagine, perché non ha saputo trovare la giusta corrispondenza tra le due popolazioni, ma anche a cause estranee agli organizzatori della ricerca che dipendono, ad esempio, dalle particolari circostanze in cui l'indagine stessa viene a svolgersi, dalla specificità dei suoi obiettivi, dalla tipologia della popolazione oggetto di studio, dalla complessità del piano di campionamento e, non ultimo, dal metodo utilizzato per rilevare i dati. In sostanza, essi non sono imputabili direttamente all'oggetto dell'indagine e alle unità che si vogliono rilevare. Infatti, idealmente qualsiasi target o popolazione obiettivo, in presenza di risorse illimitate, potrebbe essere correttamente rappresentato dalla lista aggiornata e accurata degli elementi che lo compongono (*frame*).

In questo capitolo si analizzano le diverse tipologie di frame in corrispondenza alle diverse tipologie di target e ancora le diverse tipologie di frame in corrispondenza ai diversi metodi di rilevazione, passando dalle interviste faccia a faccia alle auto-interviste realizzate via Internet. Da questi confronti emergono le circostanze che portano agli errori e alle loro ripercussioni sulla qualità delle stime ottenute.

Vengono anche suggeriti i metodi più utilizzati per prevenire e/o correggere gli errori di copertura, ma anche per far fronte alle usuali situazioni di indagine in cui non è possibile comunque disporre di frame soddisfacenti per la copertura della popolazione.

G. Nicolini et al., *Metodi di stima in presenza di errori non campionari*,
UNITEXT – Collana di Statistica e Probabilità Applicata,
DOI 10.1007/978-88-470-2796-1_4, © Springer-Verlag Italia 2013

4.2 Copertura e modo di indagine

Nel Cap. 1 sono state definite due tipologie di popolazione: *target* (o obiettivo) e *frame* (o lista). Mentre la prima incorpora un concetto più teorico, nel senso che idealmente rappresenta la popolazione su cui si vuole condurre l'indagine, al contrario la seconda, da cui si seleziona il campione, ne rappresenta l'aspetto concreto o empirico su cui la ricerca di fatto si svolge. La popolazione frame è costruita su un vero e proprio meccanismo che la lega alla popolazione target e poiché il meccanismo non sempre è unico, la scelta dell'uno o dell'altro può avere conseguenze sulle unità coinvolte nell'indagine (Lessler e Kalsbeek 1992). In via naturale una volta definita la popolazione target, la lista deve essere costruita ad hoc; tuttavia in alcune particolari circostanze potrebbe essere la tipologia del frame che condiziona la individuazione della popolazione target. Una forma di condizionamento della lista risiede nella scelta della modalità di contatto con il rispondente (*survey mode*). Quale lista e quali modalità di contatto adottare sono decisioni spesso simultanee e dipendenti dai vincoli di costo e di tempo assunti nella pianificazione dell'indagine. Alcune modalità di contatto risultano più attraenti o semplicemente possibili date le caratteristiche della lista disponibile. Con una lista di indirizzi di posta elettronica si possono impostare facilmente indagini via Internet, nelle quali cioè il contatto avviene tramite la rete e la raccolta dei dati tramite auto-intervista. I risultati sono in genere tempestivi e i costi d'indagine contenuti, ma talvolta a scapito dell'effettiva copertura della popolazione di interesse che non sempre è rappresentata con completezza dall'elenco di indirizzi di posta elettronica.

Gli esempi di interazione tra frame e *survey mode* sono molti. Di seguito si passano in rassegna le principali modalità di contatto con il rispondente insieme alle liste che più facilmente sono usate per rappresentare la popolazione oggetto di indagine.

4.2.1 Interviste faccia a faccia e liste di grappoli di unità della popolazione oggetto d'indagine

Nelle indagini condotte con modalità CAPI o PAPI è necessario il contatto personale diretto con l'intervistato. Tale modalità – caratteristica dell'intervista faccia a faccia e molto costosa – impone spesso un piano di campionamento che preveda la selezione di grappoli (*cluster*) di individui. La costruzione della lista di grappoli (si veda il Par. 1.2.1) è solitamente meno costosa della costruzione di una lista di unità individuali e i risparmi ottenuti nella costruzione del frame compensano il costo delle interviste[1].

---

[1] Quasi tutte le indagini che usano liste di grappoli prevedono, almeno inizialmente, delle interviste faccia a faccia, ma niente vieta che in successive occasioni di indagine, nell'ipotesi che si preveda di contattare più volte la stessa unità, come per esempio nelle indagini longitudinali, si passi a modi meno dispendiosi di intervista.

I grappoli, come è noto, coincidono con insiemi di individui definiti in base a relazioni di parentela (ad esempio le famiglie), a relazioni di lavoro o studio (per esempio le imprese, le scuole) oppure semplicemente in base alle zone geografiche (aree) nelle quali gli individui risiedono, vivono o sono temporaneamente localizzati.

In genere la copertura della popolazione è molto alta poiché la lista dei grappoli copre completamente la popolazione oggetto d'indagine e quindi non ci sono individui esclusi dalla possibilità di essere selezionati ed intervistati. Ad esempio, nel caso di un'indagine sugli studenti si può idealmente raggruppare gli studenti per scuola frequentata, costruire la lista delle scuole (lista di grappoli) e da questa selezionare il campione di grappoli e quindi procedere all'intervista degli studenti che frequentano le scuole estratte. Frequentemente i grappoli coincidono con aree geografiche come le circoscrizioni amministrative (ad esempio i Comuni e le Province) ma possono coincidere anche con altre suddivisioni del territorio studiato, come le sezioni di censimento o le aree corrispondenti ai Codici di Avviamento Postale (CAP). In questo caso si parla di lista di aree o frame areale e la lista delle unità statistiche nei grappoli estratti viene reperita in modo più agevole che nel tradizionale campionamento da lista. Infatti, essa può essere costruita tramite la consultazione di liste che già esistono ma limitandosi ai soli grappoli estratti (le anagrafi dei soli comuni estratti, gli elenchi di studenti delle classi estratte ecc.), oppure tramite la visita delle aree da parte dei rilevatori. A ciascun rilevatore è assegnato un percorso durante il quale sono individuate le abitazioni, le famiglie e conseguentemente gli individui da intervistare. In sostanza si esegue una sorta di micro-censimento delle aree selezionate e si costruisce la lista delle unità.

4.2.2 Interviste telefoniche ed elenchi di numeri di telefono

Se si prevede di intervistare per telefono un campione di individui, il frame più utile da cui selezionarlo è un elenco di numeri di telefono per poi effettuare l'indagine in modalità CATI. È ovvio poi che frame telefonici siano usati soltanto o quasi esclusivamente per interviste telefoniche o IVR (*Interactive Voice Response*)[2].

Le liste di numeri di telefono possono essere costruite tramite la generazione casuale dei numeri stessi con una tecnica nota come *Random Digit Dialling* (RDD) oppure possono essere basate su elenchi di numeri già esistenti ed attivi quali risultano dagli elenchi di abbonati al telefono, le cosiddette *directories* (ad esempio le Pagine bianche e gialle SEAT).

La tecnica RDD tiene ovviamente conto della struttura dei numeri telefonici che normalmente sono composti da un prefisso telefonico (*area code*) e dal numero identificativo dell'abbonato. Per generare la lista di tutti i numeri tele-

---

[2] Per IVR si intende un sistema capace di recitare informazioni ad un chiamante interagendo tramite tastiera telefonica.

fonici esistenti in un'area di interesse, è necessario conoscere l'insieme di tutti i prefissi possibili ed è anche molto utile sapere quali sono i numeri attivi in ciascuna zona e la tipologia di utente ad essi assegnato. Infatti, al momento della generazione non è noto se il numero è già assegnato ad un abbonato (numero attivo) oppure, qualora sia attivo, esso sia assegnato ad una famiglia o ad un'azienda. In altre parole, nel momento in cui si usa il frame non si hanno informazioni precise sulla copertura della popolazione obiettivo e si dovrà contare proprio sull'esito del primo contatto telefonico per individuare la popolazione e determinare l'eleggibilità delle unità contattate per l'indagine. Il metodo presenta molte varianti al fine di migliorare la copertura della popolazione obiettivo e di ridurre i tempi di ricerca dei numeri telefonici corrispondenti ad unità eleggibili per l'indagine (Brick e Tucker 2007; Chiaro 1996; Waksberg 1978).

Le indagini telefoniche possono essere basate anche su elenchi di numeri già esistenti ed attivi, quali quelli che si trovano negli elenchi di abbonati (Pagine bianche e gialle SEAT). Le proprietà di copertura degli elenchi di numeri di telefono sono diverse da quelle delle liste RDD. Sicuramente, come nel caso delle liste RDD, mancano le famiglie e le aziende non abbonate al telefono fisso. In più mancano le famiglie e le aziende che, seppur abbonate, hanno deciso di non comparire in elenco. In Italia tali situazioni corrispondevano in passato a percentuali non alte della popolazione telefonica ma il panorama è in continua evoluzione e segue, soprattutto per la popolazione di famiglie, l'andamento degli abbonamenti alla telefonia mobile. A questo proposito è utile ricordare che la copertura telefonica della popolazione di famiglie italiane (definita come la proporzione di famiglie con telefono) è stata superiore al 90% negli ultimi vent'anni. Ma tale dato aggregato nasconde comportamenti differenti quando si specifica la tipologia di telefono a cui ci si riferisce. La percentuale di famiglie solo con telefono fisso è nel 2002 il 20,7% (Istat 2003). La quota di famiglie che si avvalgono sia del telefono fisso sia di quello mobile è in crescita. Agli inizi del 2000 si era stabilizzata sulla quota del 62–63% ma la tendenza sembra essere verso l'abbandono del telefono fisso a favore dell'uso del telefono mobile. Nel 2002 le famiglie con solo il telefono mobile rappresentavano il 13,1% del totale. Al tempo stesso la percentuale di famiglie senza telefono è rimasta attorno al 4%, pur costituendo una quota non trascurabile dell'intero collettivo. Nel 2006 rispetto al 2000 è aumentato l'utilizzo del cellulare (dal 57,9% al 79,9%) (Istat 2008).

Ai precedenti risultati si deve aggiungere che le famiglie che hanno il telefono fisso differiscono da quelle che non lo hanno (o hanno solo telefono mobile) per una serie di caratteristiche socioeconomiche quali l'area geografica di residenza, lo status sociale, il numero di componenti della famiglia, ecc. (Callegaro e Poggio 2004). Ciò rende preferibile impostare certe tipologie di indagine escludendo il riferimento a frame telefonici. Si pensi alle indagini sulla criminalità, l'uso di droghe, la disoccupazione, il ricorso ai servizi sociali. In questi casi è opportuno ricorrere a frame alternativi.

I frame telefonici tradizionali sono quindi da integrare con altre liste che si riferiscono ai segmenti di popolazione non coperti. A questo proposito è da segnalare che seguendo il cambiamento della tipologia di abbonati al telefono e l'evoluzione dei mezzi di comunicazione, negli ultimi anni gli elenchi telefonici hanno cambiato natura. Gli abbonati, oltre al diritto di scegliere liberamente se e come comparire nell'elenco, possono decidere se ricevere o no informazioni commerciali. Nei nuovi elenchi verranno inseriti anche i numeri di cellulari, ma solo con l'espresso consenso dell'abbonato o degli acquirenti di carte pre-pagate. Negli elenchi potranno comunque essere inseriti, sempre su libera scelta dell'abbonato, altri dati riguardanti la professione, il titolo di studio, l'indirizzo e-mail, ecc. Queste novità in attuazione di direttive europee del 2004 apriranno sicuramente la strada all'impostazione di indagini con frame multiplo (si veda il Par. 4.5.2).

4.2.3 Indagini postali, elenchi anagrafici ed elenchi elettorali

L'anagrafe ed il registro elettorale possono essere utilizzati nel caso d'indagini postali o di interviste faccia a faccia quando si desideri raggiungere l'intera popolazione di individui oppure la popolazione di individui maggiorenni con diritto di voto. L'anagrafe della popolazione fornisce infatti l'elenco degli indirizzi di tutti i residenti sul territorio nazionale, il registro elettorale l'elenco dei maggiorenni residenti iscritti per le operazioni di voto.

L'anagrafe è articolata per Comune e permette di costruire ed aggiornare il registro elettorale. Purtroppo non in tutti i Comuni italiani essa riesce a tenere traccia tempestivamente dei trasferimenti di residenza. Di fatto in occasione del Censimento decennale della popolazione il controllo incrociato tra anagrafe e famiglie censite solitamente rivela discrepanze di cifre. Infatti sia nelle anagrafi, sia nei dati di censimento si riscontrano errori di sovra-copertura e di sotto-copertura (si veda il Par. 4.3.2). Per esempio, da analisi effettuate per il Comune di Roma è emerso che gli aggregati che compongono gli errori di copertura che si riscontrano nelle due fonti di dati sono, da un lato, gli iscritti in anagrafe, effettivamente residenti, ma di fatto sfuggiti al censimento; dall'altro gli iscritti in anagrafe non censiti perché effettivamente non più residenti nel Comune. L'esatta quantificazione di tali categorie di persone, i cosiddetti "sfuggiti al censimento" e gli "irreperibili al censimento", risulta spesso non agevole anche per le difficoltà che si incontrano nel circoscrivere in modo rigoroso questi due sub-universi (Gallo et al. 2010).

I Comuni mantengono vari tipi di liste elettorali: le liste generali che comprendono tutto il corpo elettorale, le liste sezionali che comprendono solo gli elettori assegnati a ciascuna sezione in cui è ripartito il territorio del Comune (sezione elettorale); ci sono poi liste aggiunte per il Trentino Alto Adige, la Valle d'Aosta, il Parlamento Europeo, e l'Unione Europea. L'iscrizione o la cancellazione dalle liste avviene d'ufficio al verificarsi delle condizioni previste dalla normativa, cioè il compimento del 18-esimo anno di età, l'emigrazione o immigrazione da altro Comune, la perdita o riacquisto della capacità elettorale, ecc.

La copertura della popolazione maggiorenne con diritto di voto è generalmente molto buona poiché le liste elettorali sono costantemente aggiornate con un processo di revisione ordinario a scadenza determinata e con procedure identiche in tutti i Comuni italiani. Ogni semestre si elencano i minori di età per includere coloro che saranno maggiorenni nel semestre successivo, e si escludono coloro che sono stati cancellati dall'anagrafe della popolazione residente. A giugno e a luglio di ciascun anno si provvede alle cancellazioni per decesso, trasferimento di residenza in altro Comune, perdita della cittadinanza italiana, perdita della capacità elettorale e alle iscrizioni per immigrazione, per riacquisto della capacità elettorale e per motivi diversi dal compimento del 18-esimo anno di età. Inoltre, in occasione delle consultazioni elettorali si procede alla revisione straordinaria delle liste. La possibilità di accesso alle liste elettorali da parte dei privati è regolata dal Ministero dell'Interno e dal Garante per la Protezione dei dati personali. La visione delle liste elettorali come il diritto di copia delle medesime non sono consentiti quando le finalità sono di carattere meramente commerciale, pubblicitario o di marketing, anche per mantenere un'armonia con la disciplina dell'anagrafe della popolazione e dei registri dello stato civile e per evitare un aggravio per gli uffici elettorali (Garante per la Protezione dei Dati Personali, Bollettino del n. 4/marzo 1998, p. 13).

4.2.4 Indagini Web, liste di indirizzi di posta elettronica e di utenti Internet

Le indagini via Internet o Web permettono di impostare nuovi tipi di indagine con auto-intervista: l'auto-intervista tramite posta elettronica e l'auto-intervista tramite compilazione di un questionario Web (CAWI). Negli ultimi anni la proporzione di famiglie con accesso ad Internet è moto cresciuta. Secondo Eurostat in base ai dati dell'indagine comunitaria sull'uso delle tecnologie dell'informazione e della comunicazione da parte delle famiglie e degli individui (*Community survey on ICT usage in households and by individuals*, Eurostat 2010) gli utenti di Internet sono in Italia pari al 51% delle famiglie. Il 48% di queste si dichiara utente internet regolare, con frequenza di utilizzo quotidiana (46%), settimanale (2%) o meno che settimanale (4%)[3]. Nella definizione di Eurostat gli utenti sono gli individui che hanno usato Internet almeno una volta nei tre mesi precedenti l'indagine. Sono utenti regolari coloro che hanno usato Internet in media almeno una volta a settimana. In base a questi dati l'Italia è al 26° posto nella graduatoria dei 30 stati europei oggetto di indagine.

Comunque, anche se più della metà delle famiglie ha accesso ad Internet, questo non significa che esse siano contattabili attraverso Internet. Infatti, mentre essere abbonati al telefono significa essere abilitati e disponibili a ricevere telefonate e avere un recapito postale è garanzia di volere recapitata la

---

[3] Le percentuali non sommano esattamente a 51% a causa del sistema di ponderazione dei dati campionari, come si legge in Eurostat (2010).

posta, non altrettanto si può dire dell'accesso ad Internet. Il soggetto, oltre
ad aver accesso alla tecnologia, deve avere manifestato la volontà di essere
raggiungibile – via posta elettronica – tramite la tecnologia stessa. Gli elenchi di indirizzi di posta elettronica sono cioè la base per impostare l'indagine
e di fatto la maggior parte delle indagini via Internet parte da una lista di
indirizzi di posta elettronica. Al momento attuale però non esiste un frame
adeguato che elenchi gli indirizzi di posta elettronica dei soggetti, corredandoli
di altre informazioni ausiliarie come il recapito telefonico e postale ordinario.
Tale frame non esiste in Italia, né in altri paesi (Couper 2000). Indirizzari
e-mail riferiti a target particolari (consumatori, utenti di certi servizi) sono al
momento in uso ed ovviamente in continua evoluzione. Essi sono costruiti su
base volontaria. Il soggetto dichiara il proprio indirizzo di posta elettronica
su richiesta effettuata magari al momento della fornitura del servizio. Spesso
si dichiara il recapito privato, non in uso per l'attività professionale. Va da
sé che la qualità di tali liste è compromessa da errori (indirizzi errati) e dal-
l'alta nati-mortalità degli indirizzi e-mail privati. In pratica è frequente che si
attivi più di un indirizzo e-mail privato che poi non si consulta giornalmente (indirizzi dormienti). In aggiunta all'alto tasso di mancata copertura degli
individui e delle famiglie, è da sottolineare che le differenze tra famiglie con
accesso ad Internet e famiglie senza accesso sono spesso rilevanti per diverse
caratteristiche socio-economiche. Evidenze sull'estensione e l'importanza del
cosiddetto *digital divide* (divario digitale) delle famiglie per Regione e nell'intero paese sono desumibili dai risultati dell'indagine Multiscopo sulle famiglie
(Nicolini e Lo Presti 2002; Istat 2009; Bethlehem e Biffignandi 2011).

4.3 Errori nella popolazione frame

Nella pratica di indagine il frame in genere non è perfetto, cioè non identifica
totalmente la popolazione target; tuttavia, i suggerimenti e gli interventi, che
vengono nel seguito proposti, hanno lo scopo di ridurre il più possibile tale
imperfezione in quanto sia il piano di campionamento sia le procedure di stima sono vincolate dalla qualità del frame e dal suo livello di complessità. È
per questo che la costruzione del frame rappresenta un aspetto molto importante della ricerca dal quale dipende l'attendibilità della stessa. Il frame deve
essere "efficiente" per la ricerca nel senso che deve rappresentare al meglio la
popolazione target, ma deve anche offrire un insieme di variabili ausiliarie, il
più possibile coerenti con le finalità della ricerca. Infatti, la presenza di tali variabili condiziona il piano di campionamento, la selezione delle unità e
la scelta degli stimatori. Tuttavia, poiché la costruzione del frame efficiente
potrebbe non essere realizzabile, oppure potrebbe richiedere molto impegno
in termini di tempo e di costi, è il ricercatore che deve valutare, attraverso
un attento esame tra costi/benefici, la tipologia di frame da impiegare nella
ricerca; questo implica che è il ricercatore che individua la strategia giusta per
la ricerca.

4.3.1 Tipologie di frame

Quando si parla di "costruzione del frame" si intende una serie di operazioni o di scelte che portano a definire un elenco di unità a cui si applica una procedura di selezione del campione. Ad esempio in un'indagine sugli studenti iscritti alle scuole secondarie di un comune, si può pensare di costruire il frame delle scuole, partendo dall'elenco fornito dal Provveditorato agli Studi, ovvero di costruire il frame dall'anagrafe del comune prendendo tutti i residenti in età compresa tra i 13 e i 18 anni. Le due opzioni portano a frame diversi, con diversa attendibilità, per i quali si configurano differenti piani di campionamento e un differente insieme di variabili ausiliarie. Ad esempio, se si opta per l'elenco delle scuole secondarie del comune, questa scelta presuppone il campionamento a grappoli oppure a due o più stadi. Nel primo stadio le scuole possono essere stratificate per tipologia (liceo classico, scientifico, ecc.) o per collocazione territoriale (zone, quartieri, ecc); selezionate le scuole negli strati si analizzano tutti gli studenti iscritti in tali scuole. Se invece il piano di campionamento è a due stadi, occorre costruire il frame di secondo stadio che, in questo caso, potrebbe essere l'elenco degli studenti iscritti nella scuola selezionata nel primo stadio oppure l'elenco delle classi di cui tale scuola è composta. Nel secondo stadio si scelgono gli studenti, che potrebbero essere stratificati, ad esempio per età o per classe frequentante, ovvero le classi, di cui si può pensare ad una stratificazione, scelta la classe vengono analizzati tutti gli studenti che vi appartengono. Se invece il piano di campionamento è a tre stadi, nel secondo stadio devono essere necessariamente scelte le classi, per ciascuna di esse occorre definire il frame di terzo stadio, ovvero l'elenco degli studenti che vi appartengono e da questo elenco si procede alla selezione di un certo numero di studenti. Pertanto, in un campionamento a più stadi bisogna essere in grado di costruire il frame per ogni stadio. Se invece si considera come frame l'elenco dei residenti del comune in età compresa tra i 13 e i 18 anni il piano di campionamento è a uno stadio e può essere semplice o stratificato a seconda delle variabili ausiliarie disponibili nel frame.

Nella costruzione del frame occorre tener presente alcuni concetti fondamentali:

a) la popolazione target è costituita da un numero finito di unità statistiche identificabili;

b) la popolazione frame è un insieme di unità di rilevazione, non necessariamente coincidenti con la unità statistiche della popolazione target, sulle quali vengono applicate le regole dello schema campionamento;

c) le regole di associazione che collegano le unità di rilevazione con le unità statistiche, cioè le unità del frame con quelle della popolazione target, devono essere note;

d) il frame deve includere informazioni ausiliarie che possono essere utilizzate per il piano di campionamento, per la selezione delle unità e per la costruzione delle stime.

Relativamente al punto c) si possono distinguere le quattro tipologie di frame di seguito elencate:

i. *One-to-one*. Ad ogni unità del frame corrisponde un'unità della popolazione target e viceversa, in questo caso le unità di rilevazione coincidono con le unità statistiche, come nel caso in cui si ricorre all'elenco dei residenti in età compresa tra i 13 e i 18 anni per l'indagine sugli studenti delle scuole secondarie.

ii. *One-to-many*. Ad ogni unità del frame corrispondono più unità della popolazione target, mentre ad ogni unità della target corrisponde una sola unità del frame; con riferimento all'indagine sulle scuole secondarie l'elenco delle scuole è un frame di questo tipo. Quando le unità di rilevazione sono grappoli e le unità statistiche, che formano la target, sono contenute nei grappoli, il frame è *one-to-many*.

iii. *Many-to-one*. Ad ogni unità del frame corrisponde un'unica unità della target, mentre ogni unità della target può essere associata a più unità del frame. Un esempio di questo tipo si ha quando la popolazione target è formata dalle famiglie residenti in un comune e il frame è costituito dagli individui residenti in quel comune enumerati dalle liste elettorali. Ad ogni individuo corrisponde una sola famiglia, mentre ad una famiglia sono associati più individui, ad eccezione della famiglia con un solo componente.

iv. *Many-to-many*. Ad ogni unità del frame possono corrispondere più unità della target e ad ogni unità della target possono corrispondere più unità del frame. Ad esempio, si supponga che le unità del frame siano i supermercati alimentari presenti in una certa area e che le unità della target siano coloro che possiedono almeno una *fidelity card* rilasciata dai supermercati di quell'area. In una rilevazione nel supermercato A si troveranno in larga misura clienti che hanno la fidelity card di A, ma anche clienti che hanno fidelity card di altri supermercati o che non hanno alcuna fidelity card. Analogamente nella target sono presenti unità che possiedono una sola fidelity card, ma anche unità che possiedono più fidelity card.

Per i primi due casi le probabilità di inclusione della j-esima unità della popolazione target sono note; infatti, nel caso i. tale probabilità equivale alla probabilità di inclusione della medesima unità del frame, per il caso ii. tale probabilità equivale alla probabilità di selezionare l'unità di rilevazione i cui l'unità statistica j appartiene. Mentre per i casi iii. e iv. per definire la probabilità di inclusione di una unità della popolazione target occorre conoscere il numero di collegamenti – chiamati *molteplicità* – tra le unità delle due popolazioni. Ad esempio nel caso iii. la molteplicità è data dal numero dei componenti il nucleo familiare, mentre per il caso iv. la molteplicità è data dal numero delle fidelity card possedute da ciascun cliente dei supermercati dell'area considerata.

4.3.2 Tipologia di errori nel frame

Quando il frame non rappresenta interamente la target si dice che è imperfetto; l'imperfezione implica la presenza degli errori di copertura. Una classificazione di tali errori è la seguente (Lessler e Kalsbeek 1992):

1. *Unità statistiche mancanti.* Se nel frame non sono presenti unità della target si ha l'errore di sotto-copertura chiamato anche di non-copertura o copertura incompleta. Le unità della target non presenti nel frame non potranno mai essere selezionate per l'indagine. La presenza di questo errore dipende dal tipo di frame che viene impiegato. Ad esempio, nella ricerca sugli studenti iscritti alle scuole secondarie di un comune, se si utilizza come frame l'elenco dei residenti nel comune di età compresa tra i 13 e 18 anni, saranno senz'altro esclusi dall'indagine gli studenti che risiedono in altro comune e tutti quelli con una età superiore ai 18 anni che sono comunque iscritti. Meno esclusioni si avranno se le unità della popolazione target sono raggiunte impiegando il frame delle scuole. Come è stato detto nel Par. 4.2. il metodo di rilevazione può incidere su questo errore. Una ricerca effettuata in Italia nel 2006 con il metodo CATI (Fabbris e Gorelli 2009) ha messo in evidenza l'entità dei tassi di copertura della popolazione delle famiglie italiane quando, come metodo di raccolta dei dati, si utilizzano delle strutture tecnologiche come i telefoni cellulari (87%) o Internet (50%). Questi tassi sono abbastanza elevati nel primo caso, decisamente bassi nel secondo, con la conseguenza che la popolazione frame non coincide più con la popolazione delle famiglie italiane, ma ne rappresenta solo una parte con caratteristiche peculiari; in altre parole, il frame non supporta la target. È questo il caso in cui la target deve essere ridefinita in funzione del frame. In genere nelle indagini via web, la copertura è sempre molto limitata ed il campione è rappresentativo solo di una parte "eccellente" della popolazione di riferimento (Biffignandi 2009), a meno che la web-survey non si basi su una mailing list. In questo caso è la lista di indirizzi di posta elettronica a dover essere valutata al fine di giudicarne il livello di copertura della popolazione target di interesse. La sotto-copertura rappresenta un errore frequente nelle indagini ed è difficile da quantificare.

2. *Unità statistiche estranee alla popolazione target.* Se nel frame sono presenti unità che non appartengono alla popolazione target si ha l'errore di sovra-copertura. Si ha un simile errore quando, ad esempio, in un'indagine sui residenti del comune A, sono inseriti nel frame anche coloro che hanno il domicilio o coloro che hanno trasferito la residenza al comune B ma non sono stati ancora cancellati da liste anagrafiche di A, o anche quando nel frame, pur non essendo del tipo *many-to-one*, la stessa unità compare, per errore, più di una volta. In genere questo errore è meno grave del precedente perché può essere identificato in fase di rilevazione e quindi l'unità estranea viene eliminata. Ad esempio, nell'indagine sulle scuole secondarie, se si utilizza il frame delle scuole e si estraggono le scuole, le classi

e gli studenti, tra questi si possono trovare dei non residenti che, se non interessano all'indagine, vengono esclusi dalla rilevazione. La conseguenza dell'esclusione è la riduzione della numerosità campionaria e, quindi, l'incremento dell'errore campionario.

3. *La molteplicità.* Una caratteristica peculiare dei *frame many-to-one* o *many-to-many* è che ogni unità della target è collegata a più unità del frame. Se le regole di associazione sono note, è possibile individuare i legami (cioè le molteplicità) tra le due popolazioni, tali legami vengono poi tenuti in considerazione nei metodi di stima, ad esempio mediante la corretta individuazione delle probabilità di inclusione delle unità statistiche. Al contrario si è in presenza di errore se tali regole non sono chiare.

Alcuni errori, in particolare quelli di copertura (sovra e sotto), potrebbero essere eliminati o almeno notevolmente ridotti se i frame fossero sottoposti a periodici controlli o aggiornamenti. Questo è possibile se è il ricercatore che costruisce il frame e quindi può effettuare gli adeguati controlli o attivare azioni per evitare gli errori. Inoltre, l'aggiornamento del frame può coinvolgere anche le variabili ausiliarie, usualmente contenute in esso (si veda il Par. 1.3). Infatti, un buon frame costruito ad hoc riflette anche la capacità del ricercatore di saper scegliere, tra le possibili variabili ausiliarie, quelle più adatte per gli obiettivi della ricerca. Se così non è, non si parla propriamente di errore, tuttavia i vantaggi, che di solito si ottengono dall'uso di tali variabili, potrebbero essere notevolmente ridotti. Se, invece, il frame proviene da fonti amministrative, l'aggiornamento non dipende dal ricercatore, ma dalla struttura che lo mette a disposizione; tuttavia questi frame anche se controllati presentano inevitabilmente un errore causato dallo sfasamento temporale tra l'aggiornamento del frame e l'esecuzione della ricerca[4].

Anche se il frame è corretto alcuni errori si verificano per scarse conoscenze di chi effettua la rilevazione o di chi effettua l'elaborazione. Si supponga che la singola persona sia l'unità statistica di interesse, di selezionare un campione di famiglie e da ciascuna famiglia selezionare un adulto per l'intervista. Se il ricercatore attribuisce all'intervistato la stessa probabilità di inclusione della famiglia, commette un errore perché non tiene conto delle probabilità di selezione di secondo stadio, cioè la probabilità di scegliere l'intervistato in relazione alla dimensione della famiglia. In questo modo viene confusa l'unità di secondo stadio con quella di primo stadio e si commette un errore anche se il frame è corretto.

---

[4] Ad esempio, l'Istituto Nazionale di Statistica svolge annualmente una indagine sulla struttura delle imprese. Per le piccole e medie imprese l'indagine è campionaria e si basa sia per la selezione sia per la scelta delle variabili ausiliarie sul frame fornito dall'Archivio Statistico delle Imprese Attive (noto con l'acronimo ASIA, vedi anche Par. 4.4.2). L'indagine viene eseguita al tempo t ma le imprese sono selezionate dal frame aggiornato al tempo t-1 e, data l'elevata nati-mortalità di queste imprese, l'errore di copertura è inevitabile.

4.3.3 Conseguenza degli errori nel frame

Gli errori nel frame producono distorsioni nei valori delle stime. Per individuare tali distorsioni si consideri la seguente simbologia:

- N, numero delle unità statistiche della popolazione target;
- N_F, numero delle unità statistiche della popolazione target contenute nel frame;
- N_{F*}, numero delle unità statistiche non appartenenti alla target ma presenti nel frame;
- N_M, numero delle unità statistiche della popolazione target mancanti nel frame.

Analogamente, per il totale Y e per il valore medio $\overline{Y}$ della variabile y nella popolazione target, valgono gli stessi deponenti.

4.3.3.1 Frame senza molteplicità

Vengono di seguito analizzate le distorsioni associate agli errori di sotto-copertura e di sovra-copertura per i frame *one-to-one* o *one-to-many*.

A. Distorsione in caso di unità statistiche mancanti

La dimensione della popolazione target è data da $N = N_F + N_M$, cioè è pari alla somma delle unità statistiche incluse nelle unità di rilevazione del frame e delle unità mancanti, pertanto il rapporto $W_M = N_M/N$ rappresenta il tasso di sotto-copertura. Analogamente il totale della variabile $Y = Y_F + Y_M$ è pari al totale delle unità contenute dal frame cui si aggiunge il totale delle unità mancanti; in entrambi i casi si ipotizza $N_{F*} = 0$. Pertanto, uno stimatore corretto $\hat{Y}_F$ basato sulle unità estratte dal frame, è tale per Y_F, ma non per Y, in quanto le unità mancanti hanno probabilità di inclusione pari a zero. Il suo errore quadratico medio è pari a $\mathrm{MSE}(\hat{Y}_F) = \mathrm{V}(\hat{Y}_F) + (Y_F - Y)^2$, dove il secondo addendo rappresenta proprio l'errore di sotto-copertura. Si parla quindi di distorsione assoluta (AB) ma anche di distorsione relativa (RB) della stima dovuta all'errore di sotto-copertura, che risultano rispettivamente pari a

$$\mathrm{AB}(\hat{Y}_F) = Y_F - Y = -Y_M \quad \mathrm{RB}(\hat{Y}_F) = \frac{-Y_M}{Y}.$$

Considerato il rapporto tra il valore medio della variabile y nelle unità mancanti e quello delle unità presenti nel frame, $r = \overline{Y}_M/\overline{Y}_F$, e il tasso di sotto-copertura, la distorsione relativa, con semplici passaggi algebrici, può assumere la seguente forma

$$RB(\hat{Y}_F) = \frac{-W_M r}{W_M r + (1 - W_M)}. \tag{4.1}$$

I valori della distorsione relativa calcolati con la (4.1) per differenti valori di r e di W_M, riportati nella Tabella 4.1, suggeriscono le seguenti osservazioni:

Tabella 4.1 Valori della distorsione relativa per la stima del totale al variare dei rapporti r e W_M

r \ W_M	0,05	0,10	0,20	0,30	0,50
0,2	−0,010	−0,022	−0,048	−0,079	−0,167
0,5	−0,026	−0,053	−0,111	−0,176	−0,333
1,0	−0,050	−0,100	−0,200	−0,300	−0,500
1,5	−0,073	−0,143	−0,273	−0,391	−0,600
3,0	−0,136	−0,250	−0,429	−0,563	−0,750

- quando $\overline{Y}_M = \overline{Y}_F$, vale a dire quando il valore medio della variabile per le unità mancanti è uguale al valore medio delle unità osservate, il rapporto è $r=1$ e la distorsione relativa è uguale alla proporzione della sotto-copertura con il segno negativo;
- se la variabile non assume valori negativi la distorsione è sempre negativa – questo implica sempre una sottostima del parametro oggetto di studio – e cresce al crescere di r;
- se alle unità mancanti sono associati valori piccoli della variabile la distorsione relativa è inferiore rispetto a quella che si sarebbe osservato se alle unità mancanti fossero associati valori elevati della variabile.

Nel caso in cui il parametro di interesse sia il valore medio $\overline{Y}$, le distorsioni assoluta e relativa sono rispettivamente pari a

$$AB(\hat{\overline{Y}}_F) = \overline{Y}_F - \overline{Y} = W_M(\overline{Y}_F - \overline{Y}_M) \quad e \; RB(\hat{\overline{Y}}_F) = \frac{W_M(\overline{Y}_F - \overline{Y}_M)}{\overline{Y}},$$

o, anche

$$RB(\hat{\overline{Y}}_F) = \frac{W_M(1 - r)}{W_M r + (1 - W_M)}. \tag{4.2}$$

I valori della distorsione relativa calcolati con la (4.2) e riportati nella Tabella 4.2 per diversi valori di r e di W_M, portano alle seguenti osservazioni:

- quando $\overline{Y}_M = \overline{Y}_F$, quindi $r = 1$, non si verifica distorsione nella stima della media; se $r > 1$ la distorsione è negativa, se $r < 1$ la distorsione è positiva;
- se la variabile non assume valori negativi la distorsione può essere positiva o negativa ed è strettamente crescente al crescere di r;
- la distorsione della stima della media non è influenzata dai piccoli valori della variabile nelle unità mancanti della variabile, come invece lo è per la stima del totale.

Tuttavia, nella pratica è difficile conoscere l'impatto dell'errore di sotto-copertura sulla stima, perché in genere risultano ignoti i valori di r e W_M.

Tabella 4.2 Valori della distorsione relativa per la stima della media al variare dei rapporti r e W_M

r \ W_M	0,05	0,10	0,20	0,30	0,50
0,2	0,042	0,087	0,190	0,316	0,667
0,5	0,026	0,053	0,111	0,176	0,333
1,0	0,000	0,000	0,000	0,000	0,000
1,5	−0,024	−0,048	−0,091	−0,130	−0,200
3,0	−0,091	−0,167	−0,286	−0,375	−0,500

B. Distorsione in caso di unità statistiche estranee alla popolazione target

Una situazione del tutto differente si ha nel caso di unità estranee alla popolazione target o obiettivo, quando l'individuazione e quindi l'eliminazione di tali unità non è possibile in fase di rilevazione dei dati. In questo caso la dimensione del frame si riferisce alle unità statistiche ed è $N_F = N + N_{F*}$. Questo vuol dire che se le unità di rilevazione sono grappoli, si considerano tutte le unità statistiche in esso contenute. Il tasso di sovra-copertura è dato da $W_{F*} = N_{F*}/N$, e il valore del totale della variabile di interesse è pari a $Y_F = Y + Y_{F*}$. Le distorsioni, assoluta e relativa, della stima del totale, nell'ipotesi che nel frame non vi siano unità mancanti, risultano rispettivamente

$$\text{AB}(\hat{Y}_F) = Y_F - Y = Y_{F*} \quad \text{e} \quad \text{RB}(\hat{Y}_F) = Y_{F*}/Y.$$

Analogamente a quanto esposto per l'errore di sotto-copertura, la distorsione relativa della sovra-copertura può essere espressa in termini di W_{F*} e del rapporto tra il valore atteso delle unità non appartenenti alla popolazione target e quello delle unità appartenenti alla popolazione target: $\nu = \overline{Y}_{F*}/\overline{Y}$, ottenendo

$$\text{RB}(\hat{Y}_F) = \frac{\nu W_{F*}}{1 - W_{F*}}.$$

La distorsione relativa è presente anche per $\nu = 1$ e aumenta all'aumentare di ν. Per lo stimatore della media la distorsione assoluta e relativa risultano

$$\text{AB}(\hat{\overline{Y}}_F) = W_{F*}(\overline{Y}_{F*} - \overline{Y}) \quad \text{e} \ \text{RB}(\hat{\overline{Y}}_F) = W_{F*}(\overline{Y}_{F*} - \overline{Y})/\overline{Y},$$

o anche

$$\text{RB}(\hat{\overline{Y}}_F) = W_{F*}(\nu - 1).$$

Come per la sotto-copertura, per $\nu = 1$ la distorsione relativa della stima della media è nulla, mentre è negativa per $\nu < 1$ ed è positiva per $\nu > 1$.

4.3.3.2 Frame con molteplicità

I frame *many-to-one* o *many-to-many* sono caratterizzati da più di una associazione con le unità della target che, a differenza del frame *one-to-many*,
modificano le probabilità di inclusione delle unità (si veda il Par. 4.5.1).
In genere si ricorre a questi frame quando non è possibile costruirne uno
per la popolazione su cui interessa indagare, come avviene quando si vuole conoscere l'evoluzione di un qualsiasi fenomeno "sommerso" in una popolazione come, ad esempio, la presenza di una malattia rara, di immigrati
clandestini, di consumatori di alcool o sostanze stupefacenti. Così, se non
è possibile costruire l'elenco di coloro affetti da una malattia rara, è possibile disporre dell'elenco degli ospedali situati in una certa area ed è anche possibile avere da ciascun ospedale l'elenco dei ricoverati nel periodo di
riferimento per quella malattia. Tuttavia se un soggetto è stato ricoverato
in due o più ospedali, per esempio tre, egli avrà una probabilità più elevata di essere selezionato per il campione; infatti egli ha un numero di associazioni o molteplicità pari a tre, che va a modificare la sua probabilità di
inclusione. Un altro esempio: se si è interessati ad una indagine sugli ado-
lescenti, di cui non si possiede il frame, si può ricorrere al frame noto dei
loro genitori. Questo implica che l'indagine viene eseguita su una popolazione diversa da quella voluta che, tuttavia, ha con la prima dei legami e
le stime che ne deriveranno dovranno necessariamente tener conto dei sud-
detti legami. Infine, se si vuole stimare il numero degli immigrati clandestini su un territorio si considera un elenco di "centri di aggregazione" (siti
in cui gli immigrati – clandestini e non – usualmente si incontrano), ogni
immigrato presenta delle molteplicità in quanto può frequentare uno o più
centri. La presenza delle molteplicità conduce a forme di campionamento
particolari, noti in letteratura con vari nomi come, rispettivamente per gli
esempi fatti, campionamento *per network* (Thompson 1992), campionamento *indiretto* (Lavallé 2007) e campionamento *per centri* (Blangiardo 1996;
Mecatti 2002; Migliorati e Terzera 2002; Marasini e Nicolini 2003; Nicolini
2003).

Vengono ora messe in evidenza le conseguenze delle associazioni multiple
sulle stime del totale e del valore medio della variabile di interesse. A questo
scopo alla simbologia già introdotta occorre aggiungere la seguente, dove ϕ
indica il numero delle unità della popolazione frame che portano alla selezione di una medesima unità j della target (molteplicità) e Φ è il suo valore
massimo:

- N_ϕ numero di unità della target che hanno una molteplicità pari a ϕ;
- Y_ϕ totale della variabile y sulle unità che hanno una molteplicità pari a ϕ.

Secondo la simbologia proposta, nell'ipotesi che $N_M = 0$ e $N_{F*} = 0$ (cioè nel
caso di assenza di sotto-copertura e di sovra-copertura), la dimensione della
popolazione target risulta $N = \sum_\phi^\Phi N_\phi$, mentre la dimensione della popola-

zione frame è pari a $N_F = \sum_\phi^\Phi \phi N_\phi{}^5$; quindi a causa delle molteplicità si
verifica $N_F > N$. Allo stesso modo il totale della variabile di interesse nella
popolazione frame è pari a $Y_F = \sum_\phi^\Phi \phi Y_\phi$, mentre il totale nella popolazione
target è $Y = \sum_\phi^\Phi Y_\phi$. Dato un piano di campionamento autoponderante per
la selezione di campioni di dimensione n_F – quindi con una frazione di sondaggio pari a $f_F = n_F/N_F$ – e indicato con $\hat{Y}_F$ la stima corretta del totale
Y_F, la distorsione assoluta della stima, se non si considerano correzioni per le
molteplicità, risulta

$$\text{AB}(\hat{Y}_F) = Y_F - Y = \sum_\phi^\Phi (\phi - 1)Y_\phi. \qquad (4.3)$$

Nel caso si consideri la stima $\hat{\bar{Y}}_F$ del valor medio $\bar{Y}_F$, la distorsione assoluta
è:

$$\text{AB}(\hat{\bar{Y}}_F) = \bar{Y}_F - \bar{Y} = \sum_\phi^\Phi \left(\frac{\phi}{N_F} - \frac{1}{N}\right)Y_\phi. \qquad (4.4)$$

Si fa notare che quando $\Phi = 1$, quindi non ci sono molteplicità, si ha $N_F = N$
e la distorsione, rappresentata dalle formule (4.3) e (4.4), si annulla.

Esempio 4.1. *Si consideri una popolazione target di 4 imprese e un frame
formato dalle unità locali di ogni impresa e si supponga di indagare sulla variabile y "investimenti (in miliardi di euro) effettuati nell'ultimo anno" dal-
l'impresa. Il frame many-to-one viene riportato nella Tabella 4.3, mentre nella Tabella 4.4 sono riportati i valori delle quantità necessarie per calcolare*
$\text{AB}(\hat{Y}_F)$ *e* $\text{AB}(\hat{\bar{Y}}_F)$.

Tabella 4.3 Relazioni tra le imprese nella target e le unità locali nel frame

	Imprese nella popolazione target				
Unità locali nel frame	1	2	3	4	y_j
1	X				20
2	X				20
3		X			10
4	X				20
5			X		15
6			X		15
7			X		15
8			X		15
9				X	5
ϕ	3	1	4	1	

---

[5] Escludendo in questo caso l'eventualità che la popolazione frame sia costituita
dall'elenco delle unità di rilevazione, come ad esempio un elenco di grappoli, in
quanto è stato definito come numero delle unità della popolazione target contenute
nel frame.

Tabella 4.4 Distribuzione di frequenza ed intensità della molteplicità e calcolo di $AB(\hat{Y}_F)$ e $AB(\hat{\bar{Y}}_F)$

ϕ	N_ϕ	ϕN_ϕ	Y_ϕ	ϕY_ϕ		
1	2	2	15	15	0	$-2{,}083$
3	1	3	20	60	40	$1{,}667$
4	1	4	15	60	45	$2{,}917$
Totali	$4 = N$	$9 = N_F$	$50 = Y$	$135 = Y_F$	$AB(\hat{Y}_F) = 85$	$AB(\hat{\bar{Y}}_F) = 2{,}500$

Come si può notare, a causa delle molteplicità $N_F > N$ ed il totale della variabile in esame, che è $Y = 50$, sempre a causa delle molteplicità viene quantificato $Y_F = 135$, con una distorsione assoluta pari a 85, data dalla (4.3). Analogamente per il valor medio si osserva $\bar{Y} = 50/4 = 12,5$, mentre $\bar{Y}_F = 135/9 = 15$, con una distorsione assoluta in base alla (4.4) pari a 2,5. □

4.4 Metodi per contenere gli errori di copertura

Si è parlato dell'errore di sotto-copertura come il più difficile da identificare e correggere; pertanto è a questo errore che nel seguito si farà riferimento. Individuare e correggere tale errore richiede procedure diverse a seconda della tipologia del frame, dello scopo per cui è stato costruito e da chi è stato costruito. I frame possono provenire da fonti amministrative ovvero possono essere costruiti ad hoc per una singola indagine o per la stessa indagine ripetuta nel tempo, ma possono anche essere migliorati nel corso dell'indagine stessa. Nel seguito si considerano le implicazioni della costruzione del frame sull'errore di sotto-copertura.

4.4.1 Frame ad hoc

Se i frame sono costruiti da chi svolge l'indagine e se l'indagine ha un budget appropriato il frame sarà accurato. Ad esempio, un istituto bancario che opera a livello nazionale e che svolge indagini di *Customer Satisfaction* sui propri clienti disporrà di frame aggiornati e senza errori. Infatti sarà facile per l'istituto aggiornare le liste con l'inserimento di nuovi o la cancellazione di vecchi clienti. È giocoforza che il frame sia costruito ad hoc nel caso di indagini che utilizzano piani di campionamento complessi, come i piani di campionamento stratificati e a più stadi. In questi casi si ha bisogno di più frame, uno per ogni stadio di selezione. Di solito i frame costruiti ad hoc, soprattutto negli ultimi stadi, sono affidabili, perché in genere costruiti con più attenzione e con maggiori controlli. Ad esempio, in un'indagine sulle pari opportunità nelle aziende tessili attive in una certa regione, organizzata dalle istituzioni sindacali con un piano di campionamento a due stadi (primo stadio: estrazione delle aziende; secondo stadio: estrazioni delle lavoratrici dalle aziende estratte nel primo stadio), il frame di primo stadio può essere costruito facendo riferimento a elenchi amministrativi, quello di secondo stadio, invece, facendo riferimento agli elenchi messi a disposizione dagli uffici del personale delle aziende. Va da sé che la probabilità di riscontrare errori di copertura nel primo frame è senza dubbio superiore alla probabilità di riscontrare lo stesso errore nei frame di secondo stadio.

4.4.2 Frame da fonti amministrative

Nel caso invece di frame provenienti da fonti amministrative, giuridiche, fiscali, ecc., in genere sono presenti errori di sotto-copertura. Per tali fonti questo tipo di errore è quasi inevitabile, anche quando l'informazione che forniscono ha cadenza annuale. Infatti, salvo rari casi, non c'è contemporaneità tra erogazione dell'informazione, riferimento temporale dell'informazione e utilizzo della stessa. L'informazione che viene messa a disposizione dall'ente che gestisce l'archivio al tempo t riguarda infatti rilevazioni effettuate in precedenza, per esempio in t-1, il cui uso avverrà in t+1; questo vuol dire che c'è uno sfasamento di due unità temporali, ma può capitare che intercorrano anche più di due anni tra il riferimento temporale del dato e il suo impiego. Questo sfasamento è appunto la causa degli errori di copertura. Ciò non toglie che il ricorso a tali fonti sia inevitabile per alcune indagini, soprattutto se riferite all'intero territorio nazionale.

Va tuttavia sottolineato che le informazioni gestite da tali organizzazioni non hanno valenza statistica. Ogni amministrazione ha una sua logica nel rilevare e nell'archiviare il dato. Questo vuol dire che una certa popolazione può essere vista sotto un aspetto giuridico o amministrativo o altro che è diverso da quello statistico, che è alla base della costruzione di un frame. Il problema è allora di trovare una corrispondenza tra concetti statistici e concetti che rappresentano le diverse realtà con cui viene osservata la popolazione di riferimento; occorre cioè individuare i concetti, le definizioni e le classificazioni attraverso le quali sia possibile trasformare delle informazioni amministrative in informazioni statistiche. Un esempio di impiego di archivi amministrativi per fini statistici, associato anche alla loro fusione per costruire un frame attendibile, si ha con l'Archivio Statistico delle Imprese Attive. L'Archivio Statistico delle Imprese Attive (ASIA), aggiornato con cadenza annuale dall'Istat, è il primo esperimento italiano di utilizzo generalizzato e integrato di dati amministrativi a fini statistici. Nasce nel 1996 come risposta ai regolamenti comunitari e alle linee guida emanate a livello europeo in materia di registri di impresa ed è destinato a sostituire il Censimento Generale dell'Industria e dei Servizi, che forniva dati solo ogni dieci anni. (ASIA – Istat working paper 5/2011).

4.4.3 Scelta tra più frame

Nella letteratura sono presenti alcuni metodi per contenere l'errore di copertura che richiedono l'utilizzo di due frame. Alcuni di questi metodi si basano sul confronto della dimensione del frame su cui si sta lavorando con altro frame riferito alla stessa popolazione target ma costruito con altro data set. Ad esempio l'elenco delle imprese artigiane di un certo settore merceologico può essere definito ricorrendo alla Camera di Commercio della provincia in cui tali imprese operano ovvero, in modo molto più veloce, ricorrendo alle Pagine Gialle della Telecom. Un confronto tra le dimensioni dei due frame potrebbe rivelare una quasi uguaglianza o una significativa differenza. Nel primo caso l'errore di sotto-copertura si può definire irrilevante nel secondo, invece, rilevante. Tuttavia ci si chiede quale dei due frame sia più attendibile. A questo proposito si può notare che molte imprese artigiane non dispongono di un telefono fisso, in quanto utilizzano prevalentemente il cellulare o un altro operatore, e quindi non sono contenute nell'elenco Telecom; pertanto il riferimento a tale elenco comporta l'errore di copertura. Tuttavia anche il primo frame può essere affetto da errore di copertura per il già menzionato sfasamento temporale delle fonti amministrative. È possibile definire una stima di questo errore confrontando la dimensione del frame Telecom, indicata con N_1, con quella del frame della Camera di Commercio, indicata con N_2. Assumendo che la probabilità di appartenere ad un frame sia indipendente dalla probabilità di appartenere all'altro e, indicato con $N_{1,2}$ il numero di imprese artigiane presenti in entrambi i frame, sotto certe condizioni che riguardano la composizioni dei due frame, il numero delle imprese artigiane viene stimato con la quantità $\hat{N} = N_1 N_2 / N_{1,2}$ che è una stima di massima verosimiglianza ottenuta con il metodo cattura-ricattura (Nicolini e Lo Presti 1999; 2000).

4.4.4 Frame costruiti durante l'indagine

La procedura approntata da Toreaungeau et al. (1997) e da Martin (1999) è un metodo per costruire liste attendibili ed aggiornate per indagini sulle famiglie. La definizione di famiglia è materia molto importante nelle indagini socio-economiche e nel censimento. Generalmente il protocollo di indagine definisce cosa si intende per famiglia nell'economia dell'indagine stessa e le istruzioni passate ai rilevatori ricalcano la definizione scelta. Comunque, la definizione di famiglia di diritto è spesso molto lontana dalla realtà della famiglia che di fatto vive in un'abitazione e costituisce unità economica. Generalmente il rilevatore è istruito ad elencare i componenti della famiglia che vivono nell'abitazione seguendo criteri di parentela e/o coabitazione, ma non si sa con esattezza quanti dei componenti di fatto sono trascurati e non elencati e quanti invece sono fatti rientrare a forza nella definizione legale di famiglia. I ricercatori prima menzionati hanno verificato (per la realtà americana) quale sia l'effetto di domande che permettano una definizione più larga di famiglia. La domanda tipica per la definizione di famiglia è "chi vive qui?".

Quesiti aggiuntivi includono chi ha dormito o mangiato nell'abitazione il giorno prima, chi ha una stanza nell'abitazione, chi ne ha la chiave, chi riceve posta a quell'indirizzo, chi di solito vive nell'abitazione ed è temporaneamente assente. Le domande sembrano allargare progressivamente il numero degli individui che gravitano attorno all'abitazione. Il passo successivo è verificare quanti di questi soggetti rientrano nella definizione di famiglia proposta dal protocollo di indagine. A posteriori da questa verifica viene costruito l'elenco attendibile dei membri della famiglia, cancellando tutti quelli che appartengono a famiglie diverse pur gravitando attorno a quella rilevata. In sostanza la procedura prima estende il frame includendo anche unità che appartengono solo potenzialmente alla popolazione obiettivo e poi lo ripulisce dalle unità che sono risultate non eleggibili. Il sistema, anche se efficace, è sicuramente dispendioso e carica la famiglia selezionata di domande aggiuntive che possono anche scoraggiare la collaborazione alla parte sostanziale dell'intervista.

Il metodo precedente mostra come frame che non soffrono di gravi problemi di aggiornamento oppure che hanno in genere buone proprietà di copertura ma che non raggiungono particolari segmenti di popolazione possano essere aggiornati proprio durante le operazioni sul campo. Inoltre, se la lista segue un ordine logico, è possibile correggere il frame cercando le unità mancanti tra due unità presenti nella lista, come si propone *nel metodo dell'intervallo mezzo aperto*.

Si consideri un elenco di indirizzi corrispondenti ad abitazioni usato per indagini sulle famiglie. Un esempio per tutti è l'itinerario di sezione di censimento che serve al rilevatore come guida per la distribuzione dei questionari di censimento. Queste liste possono facilmente diventare obsolete, specialmente quando si riferiscono a nuovi insediamenti abitativi o a zone della città dove nuove abitazioni nascono per ristrutturazione o nuova costruzione. L'aggiornamento di tutti gli itinerari di sezione è un'operazione lunga e costosa. Quando però il frame areale è usato come base di campionamento per campioni su più stadi e la sezione di censimento è unità di ultimo stadio è possibile aggiornare solo gli itinerari delle sezioni estratte. Talvolta si selezionano addirittura alcune delle abitazioni nella sezione, l'abitazione è cioè l'unità di ultimo stadio.

Il rilevatore ha il compito di percorrere anche un intorno dell'indirizzo selezionato, che ha confini determinati alla luce delle caratteristiche della mappa, egli parte dall'abitazione selezionata, si estende verso aree che appaiono disabitate e termina non appena incontra una abitazione già segnalata nella mappa. Tutte le nuove abitazioni incontrate nell'intorno devono essere listate e rilevate. Il metodo è noto come metodo dell'intervallo mezzo aperto. In zone ad alto sviluppo urbano le nuove abitazioni individuate possono essere anche decine. In questo caso si può prevedere anche un ulteriore campionamento dalla lista dei nuovi ingressi. Tutte le abitazioni trovate nell'intervallo mezzo aperto hanno la stessa probabilità di inclusione dell'abitazione selezionata originariamente. L'introduzione dell'ulteriore selezione modifica questa probabilità e rende necessaria una procedura di riponderazione del campione (Kish e Hess 1959). L'ulteriore campionamento permette di controllare il carico di lavoro del rilevatore e ha anche un effetto sulle stime. L'effetto è quello di mitigare l'eventuale omogeneità del gruppo dei nuovi ingressi (effetto *clustering*).

Il sistema può essere usato ogni qualvolta si stabilisca una relazione che aiuti a definire l'intervallo mezzo aperto. Il criterio di prossimità geografica è stato usato per definire l'intorno dell'abitazione e la relazione di appartenenza all'intorno. Nel caso di liste di individui, l'intorno può essere definito come la famiglia di appartenenza. Ad esempio la visita ad un bimbo in età scolare presso la sua abitazione può rivelare l'esistenza di nuovi nati o di nuovi componenti della famiglia che saranno aggiunti all'elenco originario se la loro età rientrerà nel target dell'indagine.

4.5 Metodi di indagini con frame imperfetti

Quasi ogni tipo di frame o modo di effettuare l'indagine può, in linea teorica, presentare la possibilità di ottenere piena copertura della popolazione obiettivo o target. Il passaggio dalla teoria alla pratica comporta però il sostenimento di costi aggiuntivi che gravano sul budget e spesso corrispondono a lunghe operazioni d'aggiornamento e completamento del frame. Tali operazioni non sempre sono convenienti ed opportune nei limiti dei tempi e delle risorse da destinare all'indagine. Per tali ragioni diventano appetibili altre soluzioni che si concretizzano nella costruzione del frame durante le operazioni di campionamento oppure nel riferimento a più di un frame per le operazioni di selezione e stima. I metodi più in uso sono: i) il campionamento con molteplicità o campionamento di network; ii) l'uso congiunto di più frame (*multiple frame surveys*).

4.5.1 Campionamenti con molteplicità

Procedure simili a quelle di aggiornamento del frame durante l'indagine possono essere usate per costruire il frame addirittura in fase di campionamento dalla popolazione. Esse fanno capo a metodi di campionamento noti come campionamento *di network* o campionamento *con molteplicità*. Si seleziona un campione di unità, si definisce per ciascuna di esse un insieme di unità ad essa collegate, detto network, e si include nel campione l'insieme delle unità originarie e l'insieme dei network ad esse collegate.

Si immagini di estrarre un campione di individui e di chiedere a ciascuno di indicare i propri fratelli adulti viventi. La lista dei fratelli definisce un network di unità da intervistare in aggiunta a quelle selezionate originariamente. Per esempio, se un adulto segnala l'esistenza di due fratelli, la dimensione del network è tre. Ovviamente i membri del network hanno più possibilità di entrare a far parte del campione finale, poiché possono essere contenuti nella lista di partenza e inclusi poi anche nel network. L'aumento della possibilità di selezione dipende dal numero delle unità di uno stesso network che figurano nella lista iniziale.

Recentemente accanto a network come quelli basati su legami di parentela si è aperta la possibilità di costituire network sociali tramite Internet. Ciò permette la mappatura di relazioni di amicizia, lavoro e studio che coinvolgono un numero crescente di soggetti, ampliando la rete dei contatti anche oltre le consuete barriere geografiche.

Esempio 4.2. *La popolazione d'individui collegati in rete tramite un servizio di social network individua popolazioni target che sono di particolare interesse in molte indagini di mercato e/o sondaggi di opinione, ad esempio le Community di utenti di un particolare servizio, i consumatori abituali di particolari beni e via dicendo.*

Quando le relazioni di appartenenza alla Community si stabiliscono tramite Internet, esse possono avvalersi di strutture informatiche per la gestione delle reti sociali e di siti web. Tali strutture tengono traccia digitale dei collegamenti tra gli iscritti (gruppi di amici), fornendo spesso anche il loro profilo con indirizzo di posta elettronica. Alcuni di questi servizi hanno molti iscritti e negli ultimi anni in qualche caso i contatti sono cresciuti in modo tale da costituire un vero e proprio fenomeno di costume, come nel caso di Facebook[6].

Dalle informazioni raccolte dai servizi di rete sociale è possibile ottenere una popolazione frame, intesa come la lista degli appartenenti al network. Infatti, la gestione dei contatti tra gli iscritti rende disponibile una mappatura digitale dei rapporti sociali. Infatti, la rete delle relazioni sociali si "materializza" e si organizza in una "mappa" consultabile, continuamente arricchita di nuovi contatti. □

La costruzione del frame durante la fase di campionamento della popolazione e quindi il campionamento con molteplicità sono applicati tradizionalmente nello studio di popolazioni rare, per le quali è difficile costruire un frame completo prima della selezione del campione. Per esempio nel caso in cui si vogliano studiare popolazioni affette da malattie (Sirken 1970) tale procedura di campionamento permette, a partire da un esiguo campione iniziale di esposti al rischio, di allargare lo screening ad altri membri della popolazione obiettivo basandosi sulle dichiarazioni degli individui appartenenti al campione iniziale.

Il metodo soffre di alcune limitazioni legate al rispetto della privacy dei soggetti (non sempre si è disposti a svelare l'appartenenza al network di nuovi individui) e agli eventuali errori di dichiarazione degli individui originariamente inclusi nel campione. Tutto ciò comporta la definizione di network inadeguati o perché non contengono tutti gli elementi o perché contengono

---

[6] Fondato nel 2004 da Mark Zuckerberg per collegare studenti di vari college, al 2010 Facebook contava 500.000.000 iscritti in 207 Paesi. In Italia il boom di iscrizioni è stato nel 2008 con un tasso di incremento del 135% e ad oggi si contano circa 17.000.000 utenti. Facebook gestisce un social network molto informale, dove non ci sono rapporti gerarchici, ma solo relazioni alla pari. In Facebook ogni iscritto ha un profilo personale in cui condividere informazioni pubbliche e una casella di posta privata. I rapporti sociali si tessono tramite "gruppi di amici" cui si accede tramite specifica richiesta.

individui estranei alla popolazione obiettivo. La copertura della popolazione rischia cioè di essere ulteriormente compromessa, così come la qualità delle stime che derivano dal campione finale.

Tra i disegni di campionamento che si avvalgono della definizione di network si segnalano il campionamento *a palla di neve* (*snowball sampling*), il *campionamento adattivo* (o adattativo) o il *campionamento per centri* (Birnbaum e Sirken 1965; Thompson e Seber 1996; Blangiardo 1996; Blangiardo et al. 2004; Mecatti 2004; Pratesi e Rocco 2002; 2005). In ognuno di questi piani di campionamento le probabilità di inclusione dell'individuo j è infatti pari alla probabilità di inclusione del network k a cui l'individuo appartiene. Ad esempio nel caso di campionamento casuale semplice dalla popolazione target la probabilità d'inclusione della j-esima unità risulta

$$\pi_j = \pi_k = 1 - \frac{\binom{N_F - \phi_k}{n}}{\binom{N_F}{n}}, \tag{4.5}$$

dove i simboli hanno il significato dichiarato nel Par. 4.3.3.2, e ϕ_k è la molteplicità dell'unità j cioè la dimensione del network k, presupponendo che tutte le unità di un network siano incluse nel frame iniziale. Come si vede, la (4.5) rappresenta il complemento ad uno della probabilità che l'intero campione sia scelto tra le unità estranee alla molteplicità dell'unità j-esima, cioè che non sono legate al network k-esimo.

Se ϕ_{kl} è il numero di unità che appartengono sia al network k che al network l la probabilità che entrambi i network siano inclusi nel campione è

$$\pi_{kl} = \pi_k + \pi_l - 1 + \frac{\binom{N_F - \phi_k - \phi_l + \phi_{kl}}{n}}{\binom{N_F}{n}}. \tag{4.6}$$

Le probabilità espresse in (4.5) e in (4.6) possono essere usate per costruire stimatori di tipo Horvitz-Thompson del totale e per calcolare la loro varianza (vedi Cap. 2).

Esempio 4.3. *Dalla popolazione riportata in Tabella 4.3, dove ogni impresa definisce un network di unità locali che le appartengono, si supponga di estrarre un campione srs di $n = 4$ unità locali dal frame. Ogni unità locale selezionata porta dentro il campione l'impresa di appartenenza e ciò permette di conoscere il valore globale degli investimenti dell'impresa inclusa. Nell'esempio si applica la formula (4.5) per correggere le probabilità di inclusione con un frame many to one.*

Nell'ipotesi che il campione estratto sia formato dalle unità locali 2, 4, 7, 8, si vuole stimare il totale degli investimenti effettuato nell'ultimo anno dalle imprese. Se non si volesse tener conto delle molteplicità le probabilità di

inclusione del primo ordine sarebbero $\pi_j = n/N$, *formula* (2.15), *e la stima,
con riferimento alla* (2.31), *tenendo conto che in questo contesto* $N = N_F$,
risulterebbe

$$\hat{Y} = \frac{N_F}{n} \sum_{i \in s} y_i = \frac{9}{4}(20 + 20 + 15 + 15) = 157,5$$

con un valore molto superiore al valore reale ($Y = 50$). *Se invece si tiene conto
delle molteplicità, le probabilità di inclusione del primo ordine devono essere
modificate secondo la* (4.5) *e risultano pari a*

$$\pi_2 = \pi_4 = 1 - \frac{\binom{9-3}{4}}{\binom{9}{4}} = 0,88; \quad \pi_7 = \pi_8 = 1 - \frac{\binom{9-4}{4}}{\binom{9}{4}} = 0,96.$$

Dalla formula (2.29) *si ha la stima corretta del totale*

$$\hat{Y}_\pi = \frac{20}{0,88} + \frac{20}{0,88} + \frac{15}{0,96} + \frac{15}{0,96} = 76,7$$

con un valore molto più vicino a quello reale. □

Il campionamento con molteplicità è applicato anche in sondaggi di opinione e ricerche di mercato che abbiano come target *Community* virtuali
identificate tramite web.

Nella variante del campionamento di network, nota come *Respondent-
Driven Sampling* – RDS (Salganik e Heckathorn 2004) – il calcolo delle probabilità d'inclusione secondo la (4.5) è basato sulla molteplicità dell'individuo
nella Community. Essa coincide con il numero dei suoi contatti con altri individui ed è detta grado; ovviamente il grado è rilevabile solo se la catena dei
contatti individuali è ricostruibile; inoltre, il numero degli anelli della catena
deve essere tale che tutti gli individui appartenenti al target di interesse siano
raggiungibili. Di seguito si riporta un esempio di costruzione di frame tramite
social network che permette l'applicazione del campionamento RDS.

Esempio 4.4. (segue Esempio 4.2) *Al fine di esemplificare la tecnica di costruzione di un frame tramite i servizi di rete sociale si descrive l'implementazione di un sondaggio sugli studenti universitari pisani iscritti a Facebook
con età compresa tra i 19 ed i 26 anni. Lo scopo dell'indagine è conoscere
le relazioni che si formano fra i consumatori e le loro marche preferite per
la categoria di prodotto prescelta. L'invito iniziale è rivolto ad un gruppo di
15 soggetti che abbiano un profilo Facebook e tali soggetti sono detti teste di
serie e contattati tramite e-mail. Ad essi si propone il questionario web e si
chiede di diffonderlo a 5 loro contatti (primo anello della catena). Ai soggetti
reclutati nella prima ondata viene chiesto di proseguire la catena invitando
ancora 5 amici (secondo anello della catena). L'obiettivo è reclutare in tutto
465 studenti e altrettanti questionari compilati.*

Ad ogni recluta (comprese le teste di serie) viene chiesto anche di dichiarare il proprio "grado", ovvero il numero di amici di Facebook, e la "data e ora" a cui si è ricevuto l'invito, in modo da analizzare i tempi di circolazione delle mail e di raccolta dei dati.

La somma dei gradi delle reclute (95.601 in questo caso) è un'indicazione sulla dimensione totale del frame. È probabile che la stessa recluta sia presente in uno o più gruppi di amici di altre reclute e quindi conteggiata anche in altri "gradi". Teoricamente è possibile scontare queste presenze dalla dimensione del frame, ma nella pratica il procedimento è complesso. Il frame ottenuto è quindi imperfetto ma nell'indagine si è curato che le risposte ottenute provenissero tutte da rispondenti diversi imponendo che il questionario venisse compilato una sola volta[7].

Ricapitolando il frame ottenuto è l'insieme di tutti i contatti che fanno parte della rete dei reclutati rispondenti. La copertura della popolazione frame ottenuta è legata all'appropriatezza delle teste di serie, alla loro popolarità e anche all'inevitabile inerzia di alcuni rispondenti/reclutatori nel far girare il messaggio di invito. Inoltre la decisione di fermare la catena dopo due ondate ha inevitabilmente troncato l'ulteriore individuazione di individui appartenenti al target. Comunque il frame è stato costruito in tempi rapidi: in media in due settimane dal messaggio di invito le teste di serie hanno completato i due anelli della catena.

Infine per le unità reclutate è possibile calcolare le rispettive probabilità di inclusione in funzione del loro grado e delle dimensioni delle successive ondate di reclutamento, al fine di ottenere stimatori di medie e totali e delle loro rispettive varianze tramite l'applicazione del Respondent-Driven sampling. □

---

[7] Nel messaggio e-mail di reclutamento ad ogni rispondente è chiesto di inserire nella prima parte del questionario alcuni semplici codici identificativi in parte letti nell'e-mail e in parte generati dalla recluta. Ad esempio se il rispondente trova 001 nel testo del messaggio, significa che la catena è partita dalla testa di serie 001 e che egli è una recluta del primo stadio. Dovrà cambiare 001 con 011 per segnalare la testa di serie di provenienza ed il suo stadio di reclutamento. Inserirà poi il "codice identificativo della persona da cui si è ricevuto l'invito", che consiste in un codice alfabetico formato dalle prime tre lettere del nome e del cognome del reclutante; in questo modo si distingue da quale specifica recluta del livello precedente derivi il rispondente in questione garantendo comunque il suo anonimato. Il terzo è il suo "proprio codice identificativo" formato di nuovo dalle prime tre lettere del proprio nome e cognome. Ciò sarà utile a identificare i singoli collegamenti tra il secondo e terzo stadio. Inoltre ogni rispondente è distinto dall'altro da un codice identificativo numerico univoco assegnato automaticamente in base all'ordine di risposta. In questo modo, concluso il reclutamento e la compilazione dei questionari, i codici assegnati permetteranno di indentificare i network di rispondenti, le molteplicità e le ondate di risposta.

4.5.2 Uso congiunto di più frame

Talvolta è possibile ridurre l'errore di copertura usando congiuntamente più di un frame. Si parte da un frame principale, che garantisca una buona copertura della popolazione, e da questo si seleziona un campione. Da un altro frame, caratterizzato da una copertura migliore o addirittura esclusiva di quelle unità che mancano del tutto o in parte nel frame principale, si estrae un ulteriore campione. Infine, in fase di stima, si integrano i risultati del secondo campione con quelli del primo. Ovviamente i frame ed i campioni possono essere più di due e per questo la tecnica è nota anche come selezione da frame multipli. Lo scopo è ridurre i costi mantenendo le procedure di stima efficienti al pari di quelle usate in indagini che si avvalgono di un unico frame. Questo modo di procedere è frequente nel caso di popolazioni difficili da campionare perché rare o elusive, come le popolazioni di malati e di immigrati.

Le indagini da frame multiplo sono in modo naturale esempi di *mixed-mode survey*, vale a dire sono indagini realizzate usando simultaneamente diversi modi di raccogliere i dati e di effettuare l'intervista. Infatti, in base alle informazioni utili per il contatto riportate in ciascuno dei frame usati, il piano di rilevazione può prevedere sia interviste telefoniche, sia interviste faccia a faccia o autointerviste Web. Ogni *survey mode* però ha conseguenze diverse in termini di non risposta e ha un diverso impatto sui costi d'indagine. Inoltre, in molte applicazioni l'evidenza empirica ha mostrato che per una stessa variabile di studio modi alternativi d'intervista non conducono necessariamente a risultati simili. In altre parole, il cosiddetto *mode effect* sulle risposte degli intervistati può non essere del tutto trascurabile (Brick et al. 2008; Istat 2009; Couper 2000, 2008). Comunque, a parità di non risposta e *mode effect*, la logica di tali piani d'indagine è trarre il massimo vantaggio da ogni tipo di frame e di intervista usati, cercando di neutralizzare o comunque ridurre i suoi svantaggi attraverso la combinazione con gli altri mode.

Quando i frame di riferimento sono due, la situazione può essere schematizzata come segue. Indicati i due frame rispettivamente con A e B, si immagini che la loro unione garantisca la copertura di tutti gli elementi della popolazione. Essa è composta da diverse sezioni che non si sovrappongono: $a = A \cap \overline{B}$, l'insieme di elementi che sono presenti solo in A; $b = \overline{A} \cap B$, l'insieme di elementi che sono presenti solo in B; infine, $ab = A \cap B$, l'insieme degli elementi che sono presenti in entrambi i frame. Gli insiemi hanno dimensione indicata rispettivamente con:

- N_a, numero di elementi del frame A ma non del frame B;
- N_b, numero di elementi nel Frame B, ma non nel Frame A;
- N_{ab}, numero di elementi nel Frame A e del Frame B;
- N_A, numero di elementi nel Frame A, $N_A = N_a + N_{ab}$;
- N_B, numero di elementi nel Frame B, $N_B = N_b + N_{ab}$.

L'esempio seguente chiarirà meglio il significato della notazione usata.

Esempio 4.5. *Si immagini di impostare la generazione di una lista di numeri di telefono fisso dell'intera popolazione d'abbonati con un certo prefisso (Frame A in Fig. 4.1). La tecnica RDD genera elenchi di tutti i numeri di telefono fisso possibili, non distingue il numero di telefono generato in base alla tipologia di abbonati (famiglie o imprese) e ovviamente non permette di raggiungere le famiglie che non hanno telefono fisso. Tali famiglie non sono una quota irrilevante del totale. Infatti, comprendono le famiglie che non hanno il fisso né alcun altro telefono e quelle che hanno solo il telefono cellulare e non hanno allacciamento alla rete telefonica fissa (Istat 2009).*

In sostanza la lista RDD lascia scoperta una parte di popolazione che deve essere raggiunta con un frame diverso. Nel seguito si farà riferimento alla parte esclusa come all'insieme delle famiglie senza telefono, sottintendendo senza allacciamento alla rete telefonica fissa. Al fine di raggiungere la parte esclusa si decide di costruire anche un frame areale costituito dall'elenco delle sezioni di censimento dei comuni del distretto telefonico individuato dal prefisso (Frame B in Fig. 4.1).

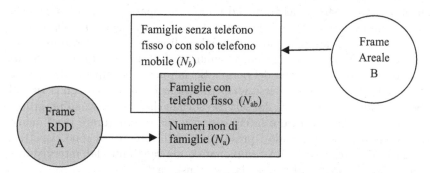

Fig. 4.1 Copertura della popolazione di famiglie nel distretto telefonico

La Fig. 4.1 rappresenta la copertura della popolazione di famiglie raggiungibile con la tecnica RDD e con il frame areale. L'insieme costituito dall'unione dei due frame: $U = A \cup B = a \cup ab \cup b$ è composto dall'insieme dei numeri generati con RDD ma corrispondenti ad altre tipologie di abbonato (a); dall'insieme dei numeri di telefono fisso generati con RDD e corrispondenti a famiglie individuate anche dal frame areale (ab); infine dall'insieme di famiglie senza telefono individuate dal frame areale (b). Queste, infatti, sono le famiglie senza alcun collegamento telefonico e le famiglie che si avvalgono solo della telefonia mobile. □

Quando ci sono delle sovrapposizioni tra i frame, come nell'esempio precedente, l'integrazione tra i risultati dei campioni selezionati deve ricorrere ad opportune tecniche di stima. Infatti, è evidente come alcune unità della popolazione abbiano probabilità di selezione maggiore poiché presenti in entrambi i frame.

È ovvio che il modo più semplice per affrontare il problema delle sovrapposizioni è eliminarle da uno dei due frame. Se ci sono risorse sufficienti, si può procedere all'integrazione dei due frame prima della selezione dei campioni con l'obiettivo di ottenere un unico frame con una copertura migliore dei due frame originari e senza sovrapposizioni. Da quest'ultimo saranno poi selezionate le unità da intervistare. La soluzione precedente non conduce ad un'indagine da frame duale ed è in genere molto costosa. In pratica, piuttosto che risolvere il problema sugli interi frame originari, l'eliminazione delle duplicazioni talvolta avviene al momento della rilevazione sul campo. Si scartano quelle unità che, selezionate tramite il Frame A, al momento dell'intervista dichiarano di appartenere anche al Frame B e viceversa, anche se nel campione la stessa unità con provenienza dal Frame B non è stata osservata. In questo modo le unità che si presenterebbero più volte non sono osservate e la sovrapposizione è eliminata sul campione. È evidente come la procedura sia una via breve per risolvere il problema basata su presupposti non sempre accettabili. Infatti, la sua applicazione si basa sull'ipotesi che l'appartenenza congiunta ai due frame sia frutto di errori di classificazione casuali, cioè che non sia la natura stessa dei frame ad imporre l'appartenenza all'intersezione di alcune unità. Ad esempio si supponga di voler raggiungere una popolazione di studenti iscritti ad una Scuola comunale e di avere sia un elenco di iscritti della Scuola (Frame A) che l'elenco comunale degli iscritti a tutte le Scuole che si avvalgono del sostegno dei Servizi Sociali per il pagamento della quota di iscrizione (Frame B). L'intersezione tra i frame è costituita dagli iscritti alla Scuola comunale sostenuti dal servizio sociale che costituiscono un gruppo di studenti da non scartare e la cui osservazione è importante per l'indagine. Comunque, anche quando i presupposti della procedura sono rispettati, essa impone di scartare unità campionate e già raggiunte dall'intervistatore provocando uno spreco di risorse da non consigliare.

Invece che eliminare le sovrapposizioni può essere più conveniente usarle calcolando la probabilità di selezione di ogni unità. Si consideri la seguente notazione:

- s_A, campione estratto dal frame A con dimensione n_A;
- s_B, campione estratto dal frame B con dimensione n_B;
- π_j^A, probabilità di inclusione dell'elemento j del frame A: $j \in s_A$;
- π_j^B, probabilità di inclusione dell'elemento j del frame B: $j \in s_B$.

Ipotizzando che il campione dal frame A sia ottenuto in modo indipendente da quello estratto dal frame B, la probabilità di inclusione degli elementi che appartengono all'intersezione tra i due frame, $ab = A \cap B$, è uguale alla seguente espressione: $\pi_j^A + \pi_j^B - \pi_j^A \pi_j^B$. Da questa si può calcolare un peso di riporto all'universo che compensi la diversa probabilità delle unità; pertanto $1/(\pi_j^A + \pi_j^B - \pi_j^A \cdot \pi_j^B)$ è il peso delle unità dell'intersezione, indipendentemente da quale sia il frame di provenienza.

In questa linea di lavoro si colloca il metodo proposto da Hartley (1962, 1974) e completato poi anche da altri (per una rassegna si veda Lohr 2009).

L'idea è di usare la sovrapposizione tra le liste per ottenere stimatori più efficienti basati sulle probabilità di inclusione di ogni unità provenienti dalle diverse sezioni del frame duale. I risultati che provengono da ciascuna sezione vengono combinati per ottenere una stima del parametro di interesse riferita all'intera popolazione obiettivo. Estraendo un campione casuale da ciascun frame, si può stimare il totale del carattere Y con la seguente espressione, nota come *stimatore di Hartley*, facendo riferimento ad un disegno di campionamento qualsiasi e agli stimatori corretti del totale

$$\hat{Y}_{Ha} = \hat{Y}_a^A + p \cdot \hat{Y}_{ab}^A + (1 - p) \cdot \hat{Y}_{ab}^B + \hat{Y}_b^B, \tag{4.7}$$

dove $\hat{Y}_a^A$ e $\hat{Y}_b^B$ sono gli stimatori del totale rispettivamente del frame A e del frame B, che utilizzano solamente il campione del frame corrispondente; mentre $\hat{Y}_{ab}^A$ e $\hat{Y}_{ab}^B$ sono gli stimatori del totale di Y calcolati però sulle unità estratte dal dominio $ab = A \cap B$ e p è un opportuno peso. La varianza dello stimatore $\hat{Y}_{Ha}$ è

$$V(\hat{Y}_{Ha}) = V(\hat{Y}_a^A) + p^2 \cdot V(\hat{Y}_{ab}^A) + (1 - p)^2 \cdot V(\hat{Y}_{ab}^B)$$
$$+ V(\hat{Y}_b^B) + 2 \cdot p \cdot C(\hat{Y}_a^A, \hat{Y}_{ab}^A) + 2 \cdot (1 - p) \cdot C(\hat{Y}_b^B, \hat{Y}_{ab}^B) \tag{4.8}$$

e viene minimizzata ponendo p pari a

$$p = \frac{V(\hat{Y}_{ab}^B) + C(\hat{Y}_b^B, \hat{Y}_{ab}^B) - C(\hat{Y}_a^A, \hat{Y}_{ab}^A)}{V(\hat{Y}_{ab}^A) + V(\hat{Y}_{ab}^B)}. \tag{4.9}$$

Esempio 4.6. *Si supponga che due campioni provenienti da due frame siano disponibili relativamente alle famiglie che vivono in una data provincia italiana. Il frame A è un elenco di numeri di telefono fisso mentre il frame B è un elenco di numeri di cellulare. L'obiettivo che si vuole perseguire è utilizzare tali dati per stimare il numero totale di ore giornaliere di utilizzo del televisore da parte di tutte le famiglie che vivono in quella provincia.*

Il numero di famiglie che risiedono nella provincia è 167.486. È noto che di queste famiglie l'86%, pari a 144.038 famiglie (N_A), possiede il telefono fisso mentre il 74%, pari a 123.940 famiglie (N_B), appartiene al frame B. È noto inoltre che il 60% delle famiglie, 100.492 (N_{ab}), possiede sia il telefono fisso sia il telefono cellulare.

Da entrambi i frame viene estratto un campione casuale semplice. Il campione proveniente dal frame A è composto da 1.440 famiglie, di cui 575 affermano di possedere solamente un numero di telefono fisso. Il campione dal frame B è invece composto da 620 famiglie, di cui 371 dichiarano di possedere anche il telefono fisso.

Dai dati campionari risulta

$$\sum_{j \in s_a} y_j = 1.389, \quad \sum_{j \in s_b} y_j = 384, \quad \sum_{j \in s_{Aab}} y_j = 1.732, \quad \sum_{j \in s_{Bab}} y_j = 711,$$

dove s_a rappresenta la parte del campione s_A che appartiene solo al frame A, s_b rappresenta la parte del campione s_B che appartiene solo al frame B,

s_{Aab} *rappresenta la parte del campione* s_A *che appartiene sia al frame* A *che al frame* B, s_{Bab} *rappresenta la parte del campione* s_B *che appartiene sia al frame* A *che al frame* B. *In questo caso* s_a *risulta composto da* $n_a = 575$ *famiglie,* s_b *da* $n_b = 620 - 371 = 249$ *famiglie,* s_{Aab} *da* $n_{Aab} = 1.440 - 575 = 865$ *famiglie mentre* s_{Bab} *risulta essere composto da* $n_{Bab} = 371$ *famiglie.*

Utilizzando i dati campionari è possibile calcolare le seguenti varianze campionarie della variabile di interesse:

$$s_a^2 = 2,21, \quad s_b^2 = 2,19, \quad s_{Aab}^2 = 1,90, \quad s_{Bab}^2 = 2,04$$

che si riferiscono rispettivamente ai sub-campioni già indicati s_a, s_b, s_{Aab} *e* s_{Bab}. *Per stimare la quantità di interesse si utilizza la* (4.7):

$$\hat{Y}_a^A = \sum_{j \in s_a} y_j/\pi^A = N_A \sum_{j \in s_a} y_j/n_A = 138.936,7$$

$$\hat{Y}_b^B = \sum_{j \in s_b} y_j/\pi^B = N_B \sum_{j \in s_b} y_j/n_B = 76.762,8$$

$$\hat{Y}_{ab}^A = \sum_{j \in s_{Aab}} y_j/\pi^A = N_A \sum_{j \in s_{Aab}} y_j/n_A = 173.245,7$$

$$\hat{Y}_{ab}^B = \sum_{j \in s_{Bab}} y_j/\pi^B = N_B \sum_{j \in s_{Bab}} y_j/n_B = 142.131,2$$

dove le probabilità di inclusione sono quelle del campionamento srs, $\pi^A = n_A/N_A$, $\pi^B = n_B/N_B$.

Sempre per la (4.7) *è necessario calcolare il p ottimo espresso dalla formula* (4.9), *sostituendo alle varianze e covarianze le loro stime campionarie*

$$v(\hat{Y}_{ab}^A) = N_{Aab}^2 \left(\frac{1 - n_{Aab} N_{Aab}^{-1}}{n_{Aab}} \right) s_{Aab}^2 = 10.730.526$$

$$v(\hat{Y}_{ab}^B) = N_{Bab}^2 \left(\frac{1 - n_{Bab} N_{Bab}^{-1}}{n_{Bab}} \right) s_{Bab}^2 = 4.941.461$$

dove $\hat{N}_{Aab} = N_{ab}(n_{Aab}/n_{ab})$ *e* $\hat{N}_{Bab} = N_{ab}(n_{Bab}/n_{ab})$ *con* $n_{ab} = n_{Aab} + n_{Bab} = 1.236$. *Inoltre, utilizzando le probabilità di inclusione del secondo ordine nel caso di campionamento srs, si calcolano le seguenti covarianze campionarie*

$$c(\hat{Y}_a^A, \hat{Y}_{ab}^A) = \left(1 - \frac{n_A(N_A - 1)}{N_A(n_A - 1)} \right) \sum_{j \in s_a} \sum_{j' \in s_{Aab}} (y_j/\pi^A)(y_{j'}/\pi^A) = -16.559.792$$

$$c(\hat{Y}_b^B, \hat{Y}_{ab}^B) = \left(1 - \frac{n_B(N_B - 1)}{N_B(n_B - 1)} \right) \sum_{j \in s_b} \sum_{j' \in s_{Bab}} (y_j/\pi^B)(y_{j'}/\pi^B) = -17.537.666,$$

ottenute usando i seguenti totali campionari

$$\sum_{j \in s_a} \sum_{j \in s_{Aab}} y_j y_{j'} = 2.405.748, \qquad \sum_{j \in s_b} \sum_{j' \in s_{Bab}} y_j y_{j'} = 273.024.$$

Pertanto p viene stimato con $\hat{p} = 0,25$ e, conseguentemente, la stima di interesse risulta pari a

$$\hat{Y} = 138.936,7 + 0,25 \cdot 173.245,7 + 0,75 \cdot 142.131,2 + 76.762,8 = 365.609,3$$

che indica un ammontare di ore totali superiore a 360.000 con un valor medio giornaliero per famiglia di poco superiore a 2 ore. □

Un caso sempre più frequente è quello in cui uno dei due frame è una lista di utenti Internet. Tali liste, costituite in genere da elenchi di indirizzi di posta elettronica, sono parziali per definizione poiché escludono sistematicamente gli individui senza accesso ad Internet. Tale fatto avrebbe effetti trascurabili solo nel caso in cui gli individui senza accesso ad Internet non differissero nel comportamento e nelle caratteristiche da coloro che invece ad Internet accedono. Come l'evidenza empirica ha dimostrato spesso (Bethelem 2010; Eurostat 2010), gli utenti Internet hanno un profilo socio demografico diverso dagli altri. Ciò si traduce in un'inevitabile distorsione dei risultati nelle indagini Web. Nel caso di indagini rivolte all'intera popolazione l'estensione e la rilevanza della distorsione dipendono dall'estensione e dalla rilevanza dell'errore di sotto copertura.

I dati riportati ad esempio da Eurostat (2010) mostrano una chiara tendenza verso una sempre maggior diffusione di Internet tra le famiglie ma mettono anche in chiara evidenza come le indagini via Web, specialmente in Italia soffrano ancora di problemi di copertura.

Infine, tali liste possono essere afflitte da duplicazioni e omissioni che compromettono anche la copertura della popolazione di utenti Internet. Si consideri il seguente esempio riferito ad una situazione sempre più frequente nell'impostazione di indagini Web.

Esempio 4.7. *Si supponga di avere a disposizione una lista di indirizzi e-mail acquisiti da un'azienda commerciale[8]. Tale lista rappresenta un supporto molto utile per selezionare campioni casuali, alle cui unità poi spedire l'invito a partecipare all'indagine; la spedizione è veloce e soprattutto poco costosa. Ricevuto l'invito via e-mail, il destinatario può procedere all'auto-compilazione del questionario allegato o scaricabile da un'apposita pagina Web, il cui indirizzo è stato inserito nel messaggio e-mail stesso. I costi di raccolta ed invio dei dati, seppur contenuti, sono a carico del destinatario stesso.*

---

[8] Infatti l'attuale normativa italiana sulla privacy permette, con il consenso di chi rilascia l'informazione, di commercializzare elenchi di indirizzi ottenuti per esempio da gestori di browsers di rete, oppure da aziende erogatrici di servizi o che operano nella distribuzione di prodotti. Un'altra fonte, che spesso comprende il recapito e-mail, è costituita dai registri anagrafici dei clienti di molte insegne commerciali per la grande distribuzione.

Il problema di questa indagine risiede nella lista di e-mail che soffre di molti difetti di copertura; primo fra tutti quello legato alla popolazione obiettivo che dovrebbe essere l'intera popolazione mentre di fatto riguarda solo gli utenti Internet. Inoltre anche nel caso in cui la popolazione obiettivo dell'indagine sia limitata soltanto agli utenti Internet essa può essere affetta da errori ed omissioni dovuti alla presenza di indirizzi non più usati – cosiddetti dormienti – e di indirizzi che non corrispondono più ad unità della popolazione obiettivo. Al fine di garantire una copertura migliore della popolazione obiettivo occorre quindi considerare un altro frame. Come frame supplementare spesso si usa il frame telefonico ed in particolare la lista di numeri telefonici ottenibili tramite la tecnica RDD. Dopo l'estrazione di un campione casuale da ciascun frame, si intervistano i soggetti selezionati e si applica lo stimatore di Hartley (4.7). A tal fine è necessario inserire nel questionario opportuni quesiti per individuare i soggetti presenti solo in uno dei frame oppure in entrambi. □

In letteratura sono molte le soluzioni proposte al fine di combinare campioni da frame multipli. Una loro rassegna si può trovare nei lavori di Lohr e Rao (2006) e Singh e Mecatti (2011). Tutte prevedono di aggiustare i pesi campionari delle unità in modo tale da evitare che nessuna unità selezionata dalle sovrapposizioni tra i frame sia contata più di una volta. Qui si segnala che, di fatto, l'applicazione di tali tecniche presuppone che sia virtualmente e praticamente possibile dividere i frame usati in insiemi disgiunti, costituiti cioè da unità appartenenti ad uno ed un solo frame. Si deve lavorare assumendo che non siano presenti errori di classificazione nell'attribuzione di un'unità al frame e/o ai frame nei quali è segnalata. Ciò richiede di avere precise notizie sulla presenza dell'unità nei frame usati al momento della pianificazione dell'indagine. L'esempio seguente chiarisce come talvolta nelle applicazioni pratiche tali condizioni possano essere raggiunte con difficoltà.

Esempio 4.8. *Si immagini di voler effettuare un'indagine sulle imprese di una certa Provincia e di avere a disposizione un frame areale (l'elenco delle sezioni di censimento Istat), un archivio certificativo (ad esempio l'archivio delle imprese gestito dalla Camera di Commercio) e l'archivio – cosiddetto DM10 – dell'Istituto Nazionale della Previdenza Sociale nel quale hanno una posizione solo le imprese con lavoratori dipendenti.*

Ciascun frame per sua definizione e/o per tempi di aggiornamento soffrirà di incompletezze e/o di duplicazioni, ma l'unione dei tre frame è virtualmente completa. Infatti, non tutte le imprese attive sul territorio provinciale hanno lavoratori dipendenti e ciò rende parziale l'elenco INPS. D'altra parte il Registro della Camera di Commercio pur aprendo posizioni anche ad imprese senza dipendenti (si pensi alle piccole imprese con addetti non dipendenti) non può contare sul fatto che tutti i piccoli imprenditori si avvalgano della possibilità di registrarsi[9]. Infine, il frame areale dà accesso a tutte le imprese

---

[9] Le imprese possono essere distinte in base all'obbligo o meno di iscrizione nel Registro imprese delle Camere di Commercio: per cui esse possono essere distinte in

con sede legale nel territorio provinciale con o senza dipendenti. Infatti esso suddivide l'intero territorio in aree (per esempio le sezioni di censimento) e da queste tramite il censimento delle aree estratte possono virtualmente essere riconosciute tutte le imprese attive sul territorio esaminato.

È opportuno precisare che il frame areale è completo e potrebbe essere considerato come l'unica base da cui effettuare la selezione, semplicemente scartando le altre due liste. In pratica questa soluzione ha costi di realizzazione molto elevati e paragonabili a quelli di costruzione di domini disgiunti nei tre frame. In ultima analisi poiché il costo per la selezione di un campione varia tra i frame in ragione anche delle diverse possibili informazioni anagrafiche disponibili e inoltre tipicamente la suddivisione dei frame in domini disgiunti è molto costosa e lunga da realizzare, si preferisce selezionare il campione separatamente dai tre frame ed impostare apposite procedure di stima. □

In casi come quello dell'Esempio 4.8 può convenire selezionare il campione separatamente da ciascuno dei frame disponibili ed impostare la procedura di stima in base alle probabilità di inclusione ed al numero di frame in cui l'unità è presente e da cui avrebbe potuto essere selezionata (molteplicità). Tale approccio richiede di conoscere solo il numero di frame a cui ciascuna unità (impresa, nell'esempio) appartiene e non a quali frame o loro partizioni essa appartiene. Il metodo basato sul concetto di molteplicità dell'unità campionata, definito come il numero di frame a cui l'unità appartiene, è insensibile agli errori di classificazione delle unità una volta conosciuta senza errore la loro molteplicità (Mecatti 2007). Il metodo può essere applicato semplicemente chiedendo alle unità campionate di dichiarare a quanti frame esse appartengono, piuttosto che chiedendo loro di specificare ogni loro singola appartenenza ai frame. In questo caso è possibile stimare correttamente il totale di una variabile y con

$$\hat{Y}_M = \sum_{q=1}^{Q} \sum_{j \in s_q} w_j^q \, y_j \phi_j^{-1}, \tag{4.10}$$

dove ϕ_j è la molteplicità dell'unità j, Q è il numero totale dei frame multipli e w_j^q è il peso campionario derivante dalla selezione casuale del campione s_q dal frame q. Nel caso di campionamento *srs*, con frazione di campionamento

---

imprese registrate e non registrate. L'obbligo di registrazione riguarda tutte le imprese sia individuali che collettive che svolgono un'attività industriale, mercantile, di trasporto, bancaria e assicurativa o ancora un'attività ausiliaria rispetto alle precedenti. L'obbligo di registrazione sussiste anche per gli enti pubblici che hanno per oggetto esclusivo o principale l'esercizio di attività commerciali (art.2201 codice civile) e per le cooperative anche se non esercitano un'attività commerciale (art.2200 codice civile). Non hanno l'obbligo di iscriversi nel registro imprese i piccoli imprenditori (art.2202 codice civile).

f_q da ogni frame, la varianza dello stimatore (4.10) viene stimata con

$$v(\hat{Y}_M) = \sum_{q=1}^{Q} \frac{N_q(N_q - n_q)}{n_q^2(N_q - 1)} \left[N_q \sum_{j \in s_q} y_j^2 \phi_j^{-2} - f_q^{-1} \left(\sum_{j \in s_q} y_j \phi_j^{-1} \right)^2 \right], \quad (4.11)$$

per il cui calcolo è necessario conoscere la dimensione dei frame N_q e dei campioni estratti n_q.

Esempio 4.8. (continua) *Si supponga di voler stimare il totale di addetti delle imprese di una data Provincia nel caso dell'Esempio 4.8. I dati sono simulati con riferimento ad una pseudo popolazione di aziende con dimensione in termini di addetti in linea con la dimensione media nazionale (circa 4 addetti per azienda). Il numero totale delle imprese nella provincia è pari $N = 40.000$. Si ipotizza che il frame areale (A) comprenda tutte le imprese, ovvero $N_A = N$. Inoltre, è noto che attraverso la Camera di Commercio (frame B) è possibile raggiungere $N_B = 30.000$ imprese. Un terzo frame rappresentato dall'archivio DM10 dell'INPS (frame C) copre anche esso $N_C = 30.000$ imprese. Attraverso il campionamento casuale semplice viene estratto un campione da ciascun frame con le seguenti numerosità campionarie: $n_A = 200$, $n_B = 300$, $n_C = 1500$. Di ogni impresa campionata vengono rilevati il numero di addetti e la molteplicità rispetto ai tre frame. Dai dati campionari risulta che*

$$\sum_{j \in s_A} y_j \phi_j^{-1} = 234,67 \qquad \sum_{j \in s_B} y_j \phi_j^{-1} = 545,50 \qquad \sum_{j \in s_C} y_j \phi_j^{-1} = 2.427,17$$

$$\sum_{j \in s_A} y_j^2 \phi_j^{-2} = 461,22 \qquad \sum_{j \in s_B} y_j^2 \phi_j^{-2} = 34.185,92 \qquad \sum_{j \in s_C} y_j^2 \phi_j^{-2} = 113.448,60.$$

Applicando la (4.10) si ottiene la stima

$$\hat{Y}_M = \sum_{j \in s_A} (N_A/n_A) y_j \varphi_j^{-1} + \sum_{j \in s_B} (N_B/n_B) y_j \varphi_j^{-1} + \sum_{J \in s_C} (N_C/n_C) y_j \varphi_j^{-1}$$

$$= 150.026,70.$$

Per stimare la varianza si applica invece la (4.11)

$$v(\hat{Y}_M) = \frac{N_A(N_A - n_A)}{n_A^2(N_A - 1)} \left[N_A \sum_{j \in s_A} y_j^2 \phi_j^{-2} - \left(\frac{n_A}{N_A} \right)^{-1} \left(\sum_{j \in s_A} y_j \phi_j^{-1} \right)^2 \right]$$

$$+ \frac{N_B(N_B - n_B)}{n_B^2(N_B - 1)} \left[N_B \sum_{j \in s_B} y_j^2 \phi_j^{-2} - \left(\frac{n_B}{N_B} \right)^{-1} \left(\sum_{j \in s_B} y_j \phi_j^{-1} \right)^2 \right]$$

$$+ \frac{N_C(N_C - n_C)}{n_C^2(N_C - 1)} \left[N_C \sum_{j \in s_C} y_j^2 \phi_j^{-2} - \left(\frac{n_C}{N_C} \right)^{-1} \left(\sum_{j \in s_C} y_j \phi_j^{-1} \right)^2 \right]$$

da cui risulta $\sqrt{v(\hat{Y}_M)} = 19.433,20$. $\qquad\qquad\qquad\qquad\qquad\qquad\qquad\square$

Bibliografia

Balestrino, R., Gaucci, A.: Tecniche di cattura dati nei processi di produzione statistica. Documenti Istat, n.2 (2009)

Bangiardo, G.: Il campionamento per centri nelle indagini sulla presenza straniera. Atti in onore di G. Landenna (1996)

Bethlehem, J.: Selection Bias in Web Surveys. Int. Stat. Rev. **78**(2), 161–188. doi:10.1111/j.1751-5823.2010.00112.x (2010)

Bethlehem, J., Biffignandi, S.: Handbook of Web Surveys. J. Wiley, New York (2011)

Biffignandi, S.: Imperfect frames and new data collection techniques. Presentato a First Italian Conference on Survey Methodology, Siena, 10–12 Giugno 2009

Birnbaum, A., Sirken, M.G.: Design of sample surveys to estimate the prevalence of rare diseases: three un-biased estimates. Nat. C. Health Stat. Ser. **2**(11) (1965)

Blangiardo, G.C., Migliorati, S., Terzeria, L.: Centre sampling: from applicative issues to methodological aspects. Atti della XLII Riunione Scientifica della SIS, volume delle Sessioni plenarie e Sessioni Specializzate, pp. 377–388 (2004)

Brick, J.M., Lepkowski, J.M.: Multiple Mode and Frame Telephone Surveys. In: Lepkowski, J.M., Tucker, C., Brick, J.M., de Leeuw, E.D., Japec, L., Lavrakas, P.J., Link, M.W., Sangster R.L. (a cura di) Advances in Telephone, Survey Methodology, pp. 149–169. J. Wiley, New York (2008)

Brick, J.M., Tucker, C.: Mitofsky–Waksberg Learning From The Past. Public Opin. Q. **71**(5), 703–716 (2007)

Callegaro, M., Poggio, T.: Espansione della telefonia mobile ed errore di copertura nelle inchieste telefoniche. Polis, Ricerche e studi su società e politica in Italia **3** (2004)

Chiaro, M.: I sondaggi telefonici, CISU (1996)

Couper, M.P.: Web surveys: A review of issues and approaches. Public Opin. Q. **64**, 464–494 (2000)

Couper, M.P.: Designing Effective Web Surveys. Cambridge University Press, Cambridge (2008)

Eurostat: Internet usage in 2010 – Households and Individuals, Eurostat Data in focus 50/2010, Luxembourg (2010)

Fabbris, L., Gorelli, S.: Coverage rates of mobile telephones and the internet in Italy. Presentato a First Italian Conference on Survey Methodology, Siena, 10–12 Giugno 2009

Gallo, G., Paluzzi, E., Silvestrini, A., Cortese, P.F.: Il confronto tra anagrafe e censimento 2001 nel Comune di Roma. Documenti Istat n.6 (2010)

Garante per la Protezione dei Dati Personali, Bollettino del n. 4/marzo 1998, p. 13 (1998)

Hartley, H.O.: Multiple Frame Surveys. Proc. of the Social Statistics Sections, Am. Stat. Assoc., 203–206 (1962)

Hartley, H.O.: Multiple Frame Methodology and Selected Applications. Sānkhya, C, **36**, 99–118 (1974)

Istat: L'uso dei media e del cellulare in Italia, Indagine multiscopo sulle famiglie, "I cittadini e il tempo libero" Anno 2006 (2008)

Istat: Documento di sintesi sullo stato delle indagini CATI presso le famiglie e sull'analisi delle criticità legate alla copertura delle indagini basate su liste di telefoni fissi, Technical Report (2009)

Istat: ASIA Metodologia per l'attribuzione del codice Ateco 2007 – Registro Asia – Istat working paper 5/2011 (2011)

Kish, L., Hess, I.: Some sampling techniques for continuing survey operations. Proc. of the Social Statistics Section, Am. Stat. Assoc., pp. 139–143 (1959)

Lavallée, P.: Indirect Sampling. Springer, New York (2007)

Lessler, J., Kalsbeek, W.: Non-sampling Error in Surveys. J. Wiley, New York (1992)

Lohr, S.: Multiple frame surveys. In: Pfeffermann, D., Rao, C.R. (a cura di) Handbook of Statistics, Vol. 29A, Sample Surveys: Design, Methods and Applications, pp. 71–88. North Holland, Amsterdam (2009)

Lohr, S., Rao, J.N.K.: Multiple frame surveys: Point estimation and inference. J. Am. Stat. Assoc. **101**, 1019–1030 (2006)

Marasini, D., Nicolini, G.: Campionamento per popolazioni rare ed elusive: la matrice dei profili. Stat. Appl. **1**(1), 5–18 (2003)

Martin, E.: Who knows who lives here? Within-household disagreements as a source of survey coverage error. Public Opin. Q. **63**, 220–236 (1999)

Mecatti, F.: La stima della media nel campionamento per centri. Statistica **LXII**(2), 285–297 (2002)

Mecatti, F.: Center sampling: A strategy for surveying difficult to sample populations. Proceedings of the Statistics Canada Symposium (2004)

Mecatti F.: A single frame multiplicity estimator for multiple frame surveys. Survey Methodology **33**, 151–158 (2007)

Migliorati, S., Terzera, L.: Una proposta di stima della numerosità nel campionamento per centri. Stat. **LXII**(4), 737–753 (2002)

Nicolini, G.: Una classe di stimatori basati sulla detectability: applicazioni alla misura dell'immigrazione clandestina. Stat. **LXIII**(1), 161–169 (2003)

Nicolini, G., Lo Presti, A.: Sulla stima della numerosità di una popolazione proveniente da più archivi. Atti del Convegno della Società Italiana di Statistica "Verso i censimenti del 2000", Udine 7–9 giugno, 183–193 (1999)

Nicolini, G., Lo Presti, A.: L'impiego del campionamento areale per la stima della dimensione di una popolazione di imprese. In: C. Filippucci (a cura di) Tecnologie informatiche e fonti amministrative nella produzione di dati. F. Angeli, Milano (2000)

Nicolini, G., Lo Presti, A.: Combined Estimators for complex sampling. Atti de The International Conference on Improving Surveys, Copenhagen 25–28 Agosto 2002

Pratesi, M., Rocco, E.: Centre sampling for estimating elusive population Size. Stat. **LXII**(4), 723–735 (2002)

Pratesi, M., Rocco, E.: Two-step centre sampling for estimating the size, total and mean of elusive population. Stat. Methodol. Appl. **14**(3), 357–374 (2005)

Salganik, M.J., Heckathorn, D.D.: Sampling and estimation in hidden population using respondent-driven sampling. Sociol. Methodol. **34**(1) (2004)

Singh, A.C., Mecatti, F.: A Generalized Multiplicity Adjusted Horvitz-Thompson Class of Multiple Frame Estimators. J. Off. Stat. **27**(4), 1–19 (2011)

Sirken, M.G.: Household surveys with multiplicity. JASA **65**, 257–266 (1970)

Thompson, S.K.: Sampling. J. Wiley, New York (1992)

Thompson, S.K., Seber, G.A.F.: Adaptive Sampling. J. Wiley, New York (1996)

Tourangeau, R., Shapiro, G., Kearney, A., Ernst, L.: Who lives here? Survey undercoverage and household roster questions. J. Off. Stat. **13**, 1–18 (1997)

Volz, E., Heackathorn, D.D.: Probability based estimation theory for respondent driven sampling. J. Off. Stat **24**(1) (2008)

Waksberg, J.: Sample Methods for Random Digit Dialling. J. Am. Stat. Assoc. **73**(361), 40–46 (1978)

Wejnert, C.: An empirical test of respondent driven sampling: point estimates, variance, degree measures, and out of equilibrium data. Sociol. Methodol. **39**(1) (2009)

5

Metodi inferenziali in presenza di mancate risposte totali

5.1 Introduzione

Uno dei presupposti ideali per lo svolgimento di un'indagine campionaria è quello di poter osservare le modalità delle variabili oggetto d'indagine in tutte le unità selezionate per fare parte del campione. In realtà questa condizione difficilmente risulta soddisfatta e si verifica molto spesso che una parte delle unità campionarie non collaborino all'indagine o non forniscano le informazioni richieste dando origine ad una *mancata risposta*. La mancata risposta si dice *globale* o *totale* quando l'unità campionaria non risponde a nessun quesito, oppure *parziale* quando risponde ad alcuni quesiti ma non ad altri. Questo capitolo si occuperà dell'analisi e del trattamento della mancata risposta totale, mentre quella parziale sarà oggetto del capitolo successivo.

Una mancata risposta totale si verifica, dunque, quando un'unità campione si sottrae all'osservazione. I motivi possono essere diversi. Nel caso degli individui, ad esempio, questi possono risultare non rintracciabili, perché temporaneamente fuori casa, o all'estero, o perché trasferitisi altrove; un'altra causa di mancata risposta è l'incapacità a fornire le informazioni richieste, perché malati oppure perché non informati sui temi oggetto dei quesiti. In molti casi si è di fronte ad un vero e proprio rifiuto a collaborare e a concedere l'intervista. Questa situazione è diventata particolarmente frequente negli ultimi anni, a causa della cosiddetta "molestia statistica" a cui persone, famiglie e imprese sono sottoposte da parte di istituzioni pubbliche e private al fine di rilevare informazioni non solo per scopi di pubblica utilità o di *policy making* ma anche commerciali. A questo proposito è da notare che la legge sulla tutela della *privacy* assicura una sorta di diritto alla non risposta, in particolare quando l'indagine non è condotta da istituzioni pubbliche.

Le conseguenze della mancata risposta totale sono sostanzialmente due. La prima viene talvolta qualificata con il termine di *caduta campionaria*, per sottolineare il fatto che la dimensione del campione effettivo diventa tanto più piccola del valore programmato dal piano dell'indagine quanto maggiore è il

G. Nicolini et al., *Metodi di stima in presenza di errori non campionari*,
UNITEXT – Collana di Statistica e Probabilità Applicata,
DOI 10.1007/978-88-470-2796-1_5, © Springer-Verlag Italia 2013

numero delle unità non rispondenti. Ne consegue che gli errori standard delle stime saranno più elevati di quanto si fosse previsto. La seconda conseguenza consiste nella possibilità che gli stimatori utilizzati siano distorti. Per capire la ragione di questo fatto si immagini, schematicamente, che la popolazione sia suddivisa in due sottopopolazioni: quella costituita dalle unità che una volta campionate forniscono le informazioni richieste (sottopopolazione R) e quella costituita dalle unità che, se campionate, non rispondono all'indagine (sottopopolazione NR). Questa situazione è raffigurata nella Fig. 5.1. Si intuisce facilmente che, con le informazioni raccolte presso le sole unità rispondenti, è possibile stimare in modo non distorto il totale della corrispondente sottopopolazione, ma l'obiettivo resta quello di stimare il totale dell'intera popolazione.

Per spiegare e quantificare la distorsione causata dalla mancata risposta, si osservi che si può scrivere

$$Y = N_R \overline{Y}_R + N_{NR} \overline{Y}_{NR},$$

dove N_R e N_{NR} indicano le dimensioni delle sottopopolazioni R e NR, rispettivamente, e $\overline{Y}_R$ e $\overline{Y}_{NR}$ le rispettive medie della variabile y. Se si denota con r il sottoinsieme dei rispondenti nel campione s, lo stimatore corretto calcolato con i soli rispondenti

$$\hat{Y}_{\pi R} = \sum_{j \in r} a_j y_j,$$

dove $a_j = 1/\pi_j$, è tale per il totale della y nella sottopopolazione dei rispondenti ma è ovviamente distorto per Y perché, ricordando quanto è stato detto per i domini di studio (si veda il Par. 3.2.7), ha come valore atteso il totale di y nella sottopopolazione dei rispondenti R. Uno stimatore alternativo è quello di *Hajek*, dal nome dello studioso che lo ha introdotto.

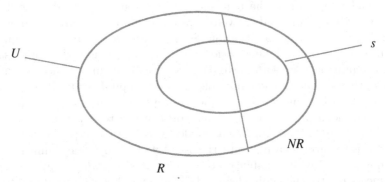

Fig. 5.1 Suddivisione della popolazione U (e del campione s) nelle due sottopopolazioni (sottocampioni) dei rispondenti R e dei non-rispondenti NR

Esso è del tipo per quoziente,

$$\hat{Y}_H = N \sum_{j \in r} a_j y_j / \sum_{j \in r} a_j, \qquad (5.1)$$

e ha come valore atteso (seppur approssimato) il prodotto $N\bar{Y}_R$, anche quando N venisse sostituito con la sua stima corretta $\hat{N} = \sum_{j \in s} a_j$. Ne consegue che se $\hat{Y}_H$ viene utilizzato come stimatore del totale dell'intera popolazione, esso avrà una distorsione pari a

$$B(\hat{Y}_H) = E(\hat{Y}_H) - Y \cong N\bar{Y}_R - Y = N\bar{Y}_R - N_R\bar{Y}_R - N_{NR}\bar{Y}_{NR}$$
$$= N_{NR}(\bar{Y}_R - \bar{Y}_{NR}),$$

dove l'ultima espressione discende dal fatto che $N - N_R = N_{NR}$. Dunque, la distorsione dello stimatore è pari al prodotto tra la dimensione della sottopopolazione non rispondente, N_{NR}, e la differenza tra le medie delle due sottopopolazioni e viene chiamata *distorsione da mancata risposta*.

Sulla base della schematizzazione operata, è semplice individuare le due condizioni perché tale distorsione si annulli. In primo luogo, se tutte le unità della popolazione rispondessero, qualora campionate, si avrebbe $N_{NR} = 0$ e, banalmente, non vi sarebbe distorsione. Secondo, non vi sarebbe altresì distorsione se fosse $\bar{Y}_R = \bar{Y}_{NR}$ e, quindi, se la media della variabile d'interesse fosse la stessa nella sottopopolazione dei rispondenti ed in quella dei non rispondenti. In questo secondo caso, la distorsione sarebbe nulla in quanto il campione dei rispondenti sarebbe rappresentativo, in media, anche dei non rispondenti. A questo riguardo, tuttavia, l'esperienza insegna che le unità non rispondenti sono per qualche motivo diverse da quelle che rispondono e difficilmente le medie delle due sottopopolazioni potranno risultare uguali, almeno non per tutte le variabili indagate. Dunque, se si vuole evitare la distorsione da mancata risposta occorre operare affinché il fenomeno non sia troppo frequente e che il tasso dei non rispondenti sia il più basso possibile.

Lo schema appena descritto per quantificare la distorsione introdotta dalle mancate risposte è in realtà semplicistico, in quanto l'essere rispondente o meno non è una caratteristica fissa, ma può dipendere da fattori contingenti, a volte anche dal caso. Più correttamente, quindi, si parlerà di *propensione a rispondere* e di *probabilità di risposta* come misura di tale propensione. Nel seguito, con il termine *tasso di risposta* in un campione o in una sua parte si intenderà il rapporto tra il numero dei rispondenti e il numero delle unità selezionate; di conseguenza, il suo complemento ad uno sarà chiamato *tasso di non risposta*.

Nel prosieguo del capitolo verranno indicate dapprima alcune strategie che si possono adottare durante la fase di raccolta dei dati al fine di ridurre la quota dei non rispondenti nel campione, ovvero il tasso di non risposta. Poi, in successivi paragrafi, saranno illustrate le tecniche per il trattamento della mancata risposta totale utilizzabili al momento della stima, al fine di ridurre e possibilmente azzerare la distorsione da mancata risposta degli stimatori.

5.2 Interventi preventivi a livello del disegno dell'indagine

Nella fase di raccolta dei dati presso le unità campionarie, diversi possono essere gli accorgimenti, molti anche semplici e dettati dal buon senso, per ridurre l'ampiezza del fenomeno della mancata risposta totale. Una rassegna dettagliata ed esaustiva di questi strumenti può essere rintracciata in Groves et al. (2001). La prima opzione è quella dei *tentativi ripetuti di intervista*. Se una persona non viene rintracciata al primo tentativo, l'intervistatore deve tentare il contatto o l'intervista in un altro momento che si ritiene possa dare un risultato migliore. Se necessario, il tentativo deve essere reiterato ancora, ma dopo un prefissato numero massimo di tentativi, generalmente basso, l'intervistatore è autorizzato a rinunciare all'intervista, anche per evitare che il costo della stessa lieviti eccessivamente a causa del lavoro aggiuntivo necessario.

Nelle indagini postali, caratterizzate da alti tassi di mancate risposte totali, per aumentare il numero delle unità rispondenti vengono inviati uno o più *solleciti* a compilare il questionario. Anche in questo caso, il numero dei solleciti inviati alle unità non rispondenti è di solito molto basso in quanto a fronte di costi crescenti la quota di nuovi rispondenti acquisita è sempre più piccola. Si noti, inoltre, che diversi studi hanno documentato una correlazione negativa fra il numero dei tentativi necessari per ottenere l'intervista e la qualità del dato rilevato, documentando come le unità che sono state "convinte" in più riprese a prendere parte all'indagine danno luogo ad errori di misura più ampi rispetto a coloro che accettano di partecipare al primo tentativo.

Un altro metodo per fare fronte alle mancate risposte è quello delle *sostituzioni*: se una unità campionaria viene dichiarata non rispondente, la si sostituisce con un'altra presa da un elenco di unità di riserva. In pratica, al momento della selezione del campione viene estratto un numero maggiore di unità della popolazione ed una parte di esse viene posta nell'elenco delle unità di riserva, da cui si attingerà per le eventuali sostituzioni che si rendessero necessarie. Ad esempio, se si vuole costituire una riserva pari al 25% del campione programmato, mentre vengono estratte le unità dalla lista di campionamento una ogni 5 (in modo sistematico) viene collocata nell'elenco delle riserve. Con il metodo delle sostituzioni si elimina il problema della caduta campionaria, nel senso che la dimensione del campione dei rispondenti sarà quella programmata e gli errori standard degli stimatori si attesteranno sui livelli preventivati. Rimane, tuttavia, il problema della distorsione da mancata risposta, dal momento che chi risponde, anche facendo parte dell'elenco di riserva, appartiene comunque alla sottopopolazione dei rispondenti. Per ovviare a questo fatto, si dovrebbe cercare di sostituire l'unità non rispondente con un'altra dell'elenco di riserva che abbia caratteristiche analoghe. Ad esempio, se le unità statistiche sono famiglie, si può cercare di sostituire una famiglia non rispondente con una dell'elenco di riserva residente nella stessa zona e con uno stesso numero di componenti. Si noti, tuttavia, che tale procedimento risulterà efficace nel controllare la distorsione da mancata risposta se e nella misura in cui i criteri utilizzati per definire *simili* due unità sono sufficienti a individuare unità con una medesima propensione a rispondere, in modo che esse siano in qualche senso "intercambiabili" rispetto alle variabili di interesse.

Vale la pena di osservare che nel campionamento per quote, essendo le unità da rilevare selezionate dagli intervistatori fino a chiusura delle quote assegnate, si ricorre di fatto al metodo delle sostituzioni ogniqualvolta si ha difficoltà a rilevare una unità che si era pensato di coinvolgere. Questa procedura, se non si adottano procedure appropriate, può comportare distorsioni non trascurabili poiché con molta facilità si rischia di rilevare solo unità con alta propensione alla risposta.

Una soluzione alternativa per gestire la mancata risposta, particolarmente efficace anche se dispendiosa, è quella del *subcampionamento* dei non rispondenti. Dopo aver selezionato il campione e svolto il lavoro sul campo, dalla lista delle unità che sono risultate non rispondenti si estrae un sottocampione di unità che saranno poi contattate da personale maggiormente qualificato ed esperto. In questo modo si raccolgono dati relativi ad unità appartenenti alla sottopopolazione dei non rispondenti ed è possibile apportare dei correttivi alle stime in grado di ridurre la distorsione da mancata risposta. Per esemplificare, si consideri un campione *srs* di dimensione n e si supponga che $n_r < n$ unità abbiano risposto. Dalla lista di quelle che non hanno risposto si estrae un sottocampione casuale di unità di dimensione m e si cercano di ottenere da esse le risposte mediante l'utilizzo di personale più esperto. Il totale della popolazione potrà essere stimato mediante uno stimatore del tipo post-stratificato, come ad esempio

$$\hat{Y}_{ps} = N\left\{\frac{n_r}{n}\bar{y}_R + \frac{n - n_r}{n}\bar{y}_{NR}\right\}, \tag{5.2}$$

dove $\bar{y}_R$ e $\bar{y}_{NR}$ sono, rispettivamente, le medie campionarie delle unità che hanno risposto inizialmente e delle m unità sottocampionate per l'intervista con personale esperto. Si può dimostrare che se tutte le unità del sottocampione di non rispondenti iniziali forniscono le risposte richieste, lo stimatore (5.2) è approssimativamente corretto per il totale dell'intera popolazione. In pratica, la dimensione del subcampione m è ottenuta come frazione $1/k$ dei non rispondenti iniziali ed il valore di $k > 1$ sarà scelto tanto più alto quanto maggiore è il costo del personale più esperto rispetto a quello utilizzato inizialmente. Il metodo è stato proposto in origine per le indagini postali: al campione iniziale si invia un questionario postale, di per sé molto economico. Dalla lista delle unità che non ritornano il questionario, si estrae poi un sottocampione i cui dati verranno rilevati mediante intervistatori che, ovviamente, hanno un costo molto maggiore.

5.3 Tecniche di correzione della distorsione da mancata risposta in fase di stima

Mentre i metodi a cui si è accennato nel paragrafo precedente intervengono nella fase di raccolta dei dati, altri approcci al trattamento della distorsione da mancata risposta operano nella fase di analisi ed elaborazione dei dati. Lo stimatore (5.1) del totale della popolazione è un primo esempio di aggiustamento dello stimatore corretto. Quest'ultimo, come si è già detto, calcolato come sommatoria dei rapporti y_j/π_j sui soli rispondenti, sarebbe irrimediabilmente e pesantemente distorto negativamente, anche quando $\overline{Y}_R = \overline{Y}_{NR}$. Lo stimatore (5.1) stima la media del carattere nel dominio dei rispondenti e ne moltiplica il valore per la dimensione della popolazione. Benché sia ovviamente da preferire rispetto a quello di Hovitz-Thompson, esso è distorto nella misura in cui la media della sottopopolazione dei rispondenti è diversa da quella dei non rispondenti. Ne consegue che al fine di poter ridurre e possibilmente azzerare la distorsione da mancata risposta è necessario disporre di ulteriori informazioni ausiliarie, concernenti i non rispondenti, provenienti o dall'indagine stessa o da fonti esterne. Il livello di dettaglio di tali informazioni che, generalmente, sono costituite dai valori di una o più variabili ausiliarie, può essere diverso da caso a caso ma sono due quelli di particolare rilievo:

1. l'informazione è disponibile a livello di popolazione, ovvero si conoscono i valori delle variabili ausiliarie di cui si tratta per tutte le unità della popolazione o se ne conoscono almeno il totale o la media di popolazione da fonti amministrative o altre indagini;
2. l'informazione è disponibile a livello del campione originariamente selezionato, ovvero i valori delle variabili ausiliarie sono noti per le unità selezionate, siano esse rispondenti o meno, cosicché i totali di popolazione delle variabili ausiliarie possono essere stimati correttamente con lo stimatore di Horvitz-Thompson.

Esempio 5.1. *Nelle indagini sulle famiglie è comune osservare che la propensione a rispondere dipende dal numero dei componenti, per motivi diversi. Di solito la propensione a rispondere diminuisce con il numero dei componenti (ad esempio è più difficile trovare a casa le persone sole, specie se giovani). Se però si conosce la distribuzione del numero dei componenti la famiglia nella popolazione è possibile ricorrere ad una sorta di post-stratificazione per numero dei componenti la famiglia per tenere conto della diversa propensione a rispondere, come si vedrà nel Par. 5.3.1. In modo analogo è possibile procedere quando è nota la distribuzione del numero dei componenti la famiglia nell'intero campione selezionato (rispondenti e non rispondenti).* □

Si è già visto nel Cap. 3 quale sia il ruolo dell'informazione ausiliaria al momento della stima, quello cioè di consentire la costruzione di stimatori più efficienti, caratterizzati da una minore variabilità. Ora, all'informazione ausiliaria viene assegnato l'ulteriore compito di contrastare la distorsione da mancata risposta degli stimatori utilizzati e, quindi, i rispettivi errori quadratici medi. Si noti già da ora che l'informazione disponibile a livello di popolazione consente in genere la riduzione sia della distorsione sia della varianza degli stimatori, mentre quella disponibile a livello di campione selezionato può risultare particolarmente efficace per l'abbattimento della distorsione.

5.3.1 Classi di aggiustamento per mancate risposte

Un primo metodo, tra i più semplici, di contenimento della distorsione da mancate risposte consiste nella suddivisione del campione dei rispondenti r in classi, dette "classi di aggiustamento per mancate risposte". Il presupposto per la sua applicazione è che siano note le dimensioni delle classi nella popolazione (informazione ausiliaria a livello di popolazione), oppure sia nota la classe di appartenenza di ciascuna unità non rispondente (informazione a livello del campione estratto s). La motivazione della procedura sta nel fatto che se si fosse in grado di costruire classi caratterizzate da un diverso tasso di risposta ma tali che all'interno di esse la media del carattere tra i rispondenti fosse uguale a quella dei non rispondenti, la distorsione da mancata risposta potrebbe essere anche annullata con un'opportuna riponderazione dei dati, cioè con una modifica dei pesi di riporto all'universo attribuiti ai valori osservati sui soli rispondenti.

Sia l indice di classe, L il numero delle classi ed r_l l'insieme delle unità rispondenti all'interno della classe l-esima, di numerosità n_{r_l}. Sia poi

$$\hat{\bar{Y}}_{Hl} = \sum_{j \in r_l} a_j y_j / \sum_{j \in r_l} a_j$$

lo stimatore di Hajek della media dei rispondenti nella classe $l = 1, \dots L$. Il totale dell'intera popolazione è stimabile mediante lo stimatore

$$\hat{Y}_{PS} = \sum_{l=1}^{L} N_l \hat{\bar{Y}}_{Hl}, \tag{5.3}$$

dove N_l è la dimensione nota della classe l nella popolazione. È facile mostrare che, assumendo lo schema semplificato di cui al Par. 5.1, la distorsione da mancata risposta è ora data dall'espressione

$$E(\hat{Y}_{PS} - Y) = \sum_{l=1}^{N} N_{NRl}(\bar{Y}_{Rl} - \bar{Y}_{NRl}),$$

dove N_{NRl} indica la dimensione della sottopopolazione dei non rispondenti nella classe l e $\bar{Y}_{Rl}$ e $\bar{Y}_{NRl}$ sono le medie del carattere y nelle due sottopopolazioni, rispettivamente, dei rispondenti e dei non rispondenti della classe l. Dunque, se la media dei rispondenti fosse uguale a quella dei non rispondenti in ciascuna classe, $\hat{Y}_{PS}$ sarebbe corretto per il totale dell'intera popolazione. Si noti come tale stimatore abbia la struttura di uno stimatore post-stratificato in cui ciascuna media di classe contribuisce alla stima del totale generale attraverso il peso della rispettiva classe nella popolazione.

È interessante osservare che è possibile riscrivere $\hat{Y}_{PS}$ mettendo in evidenza il peso attribuito alle osservazioni y_j dopo l'operazione di riponderazione, ovvero

$$\hat{Y}_{PS} = \sum_{j \in r} a_j \frac{N_{l(j)}}{\hat{N}_{Rl(j)}} y_j, \tag{5.4}$$

dove $l(j)$ denota la classe di appartenenza dell'unità rispondente j-esima e $N_{l(j)}$ e $\hat{N}_{Rl(j)} = \sum_{k \in r_{l(j)}} a_k$ sono, rispettivamente, il numero delle unità appartenenti alla classe $l(j)$ e la stima del numero dei rispondenti nella medesima classe. Il peso base a_j, che si ricorda è dato dal reciproco della probabilità di inclusione, viene dunque corretto con il fattore $N_{l(j)}/\hat{N}_{Rl(j)}$ che sarà tanto più alto quanto più è bassa la propensione a rispondere nella classe e viceversa. Si noti che in assenza di mancate risposte, $\hat{Y}_{PS}$ si riduce allo stimatore post-stratificato introdotto nel Par. 3.2.2.

Vale la pena di esaminare il caso del campionamento srs dove la forma di $\hat{Y}_{PS}$ è particolarmente semplice ed espressiva. Infatti la (5.3) diviene

$$\hat{Y}_{PS} = \sum_{l=1}^{L} N_l \bar{y}_{r_l},$$

ovvero la somma dei prodotti tra la dimensione nota della classe e la media aritmetica dei rispondenti nella medesima classe.

Come si è già detto, il presupposto per l'applicazione del metodo così come è stato descritto sin qui è la conoscenza della dimensione N_l delle classi nella popolazione. Quando queste non sono note si può ancora utilizzare il metodo delle classi purché si sia in grado di stabilire a quale classe appartiene ciascuna unità non rispondente: è il caso dell'informazione ausiliaria a livello di campione selezionato s. In questo caso, il valore incognito di N_l è stimabile correttamente con $\hat{N}_l = \sum_{j \in s_l} a_j$, dove s_l è l'insieme delle unità selezionate (rispondenti e non rispondenti) appartenenti alla classe l-esima. Sostituendo tali stime nello stimatore (5.3) si ottiene

$$\hat{Y}_{PSS} = \sum_{l=1}^{L} \hat{N}_l \hat{\bar{Y}}_{Hl}.$$

È possibile mostrare che anche lo stimatore $\hat{Y}_{PSS}$ è approssimativamente corretto per il totale dell'intera popolazione se all'interno di ciascuna classe la media dei rispondenti è uguale a quella dei non rispondenti. Sotto questa condizione, $\hat{Y}_{PSS}$ è in grado di eliminare la distorsione da mancata risposta al pari di $\hat{Y}_{PS}$. Si noti, tuttavia, che $\hat{Y}_{PSS}$ non può essere efficiente come $\hat{Y}_{PS}$ a causa della componente di variabilità introdotta dalle stime $\hat{N}_l$. È facile rendersene conto tenendo presente che in assenza di mancate risposte, $\hat{Y}_{PS}$ si riduce allo stimatore post-stratificato che utilizza le classi come post-strati, mentre $\hat{Y}_{PSS}$

si riduce allo stimatore corretto (cioè quello di Horvitz-Thompson) del totale di popolazione.

Per stimare la varianza degli stimatori $\hat{Y}_{PS}$ e $\hat{Y}_{PSS}$ si può fare ricorso alle espressioni generali

$$v(\hat{Y}_{PS}) = \sum_{j\in r}(a_j - 1)a_j b_j \hat{e}_j^2 + \sum_{j\in r}\sum_{\substack{j'\in r \\ j'\neq j}}(a_j a_{j'} - a_{j,j'})(b_j \hat{e}_j)(b_{j'}\hat{e}_{j'})$$

$$+ \sum_{j\in r}(b_j - 1)b_j a_j^2 \hat{e}_j^2, \tag{5.5}$$

$$v(\hat{Y}_{PSS}) = \sum_{j\in r}(a_j - 1)a_j b_j y_j^2 + \sum_{j\in r}\sum_{\substack{j'\in r \\ j'\neq j}}(a_j a_{j'} - a_{j,j'})(b_j y_j)(b_{j'}y_{j'})$$

$$+ \sum_{j\in r}(b_j - 1)b_j a_j^2 \hat{e}_j^2, \tag{5.6}$$

dove $a_{j,j'} = 1/\pi_{j,j'}$ e vengono utilizzati i residui stimati $\hat{e}_j = y_j - \hat{\bar{Y}}_{Hl(j)}$ e i correttivi del peso base $b_j = N_{l(j)}/\hat{N}_{Rl(j)}$ nella (5.5) e $b_j = \hat{N}_{l(j)}/\hat{N}_{Rl(j)}$ nella (5.6). La giustificazione delle formule verrà data più avanti nel Par. 5.3.4.

Esempio 5.2. *In un Comune avente in anagrafe $N = 8.435$ famiglie, al fine di rilevare la soddisfazione su una nuova politica di raccolta differenziata dei rifiuti, mediante un campionamento srs, vengono selezionate $n = 700$ famiglie che vengono contattate da un gruppo di intervistatori per la somministrazione di un apposito questionario. Nonostante i tentativi ripetuti di intervista, alla fine della rilevazione risultano compilati $n = 458$ questionari. Dalle liste dell'anagrafe è possibile ottenere la distribuzione di tutte le famiglie per numero di componenti ed è quindi possibile impiegare tale informazione per la costruzione di uno stimatore post-stratificato. La Tabella 5.1 riporta le quantità necessarie per il calcolo dello stimatore della media della variabile indicatrice indagata, la quale vale 1 se la famiglia ha dichiarato di essere molto soddisfatta e zero altrimenti. In particolare, si noti come senza aggiustamento lo stimatore della media assumerebbe un valore pari all'11,0% (ultima riga della tabella), mentre lo stimatore post-stratificato assume un valore pari a $866,01/8.435 = 10,3\%$.* □

Il successo del metodo delle classi di aggiustamento nel contenere la distorsione da mancata risposta dipende dalla validità, seppur approssimata, delle ipotesi su cui si basa e, quindi, dalla capacità delle variabili utilizzate di definire classi per le quali la media dei rispondenti è uguale a quella dei non rispondenti. A questo riguardo, occorre osservare che le variabili ausiliarie di cui sia nota la distribuzione nella popolazione o nel campione selezionato sono poche e non è detto che siano quelle più idonee a realizzare questa condizione. Ad esempio, considerate le informazioni comunemente disponibili da altre fonti per le indagini sulle famiglie o sugli individui, è relativamente semplice

Tabella 5.1 Quadro riassuntivo per il calcolo dello stimatore post-stratificato

Post-strato l	Componenti la famiglia	n_{r_l}	$\hat{N}_{Rl}$	N_l	$N_l/\hat{N}_{Rl}$	$\bar{y}_{r_l}$	$N_l\bar{y}_{r_l}$
1	1	72	867,6	2063	2,378	0,069	143,26
2	2	149	1795,4	2683	1,494	0,027	72,03
3	3	106	1277,3	1697	1,329	0,142	240,14
4	4	111	1337,5	1484	1,109	0,180	267,39
5	5	14	168,7	388	2,300	0,286	110,86
6	6	3	36,1	97	2,683	0,333	32,33
7	7	3	36,1	15	0,415	0,000	0,00
8	8	0	0,0	8	–	0,000	0,00
		$n_r = 458$	$\hat{N}_R = 5.518,9$	$N = 8435$		$\bar{y}_r = 0,110$	$\hat{Y}_{PS} = 866,01$

definire e utilizzare classi sulla base del sesso e dell'età delle persone, dell'area amministrativa di residenza, del titolo di studio, da sole o incrociate tra loro, ma non è detto che siano le variabili che consentono di definire classi di aggiustamento che soddisfino l'ipotesi di uguaglianza tra la media dei rispondenti e quella dei non rispondenti. Potrebbe accadere che all'interno di una classe di persone dello stesso sesso ed età quelle con una occupazione lavorativa abbiano una propensione a rispondere minore e insieme un valore del carattere y mediamente più alto.

Come è stato già accennato, in assenza di mancate risposte $\hat{Y}_{PS}$ si riduce allo stimatore post-stratificato e quanto più i post-strati (in questo caso le classi) sono omogenei al loro interno tanto più, in presenza di mancate risposte, ci si avvicina alla condizione di uguaglianza delle medie tra rispondenti e non rispondenti all'interno dei post-strati stessi. In definitiva, una scelta oculata delle variabili con cui definire le classi di aggiustamento può consentire una minore variabilità dello stimatore e insieme una minore distorsione da mancata risposta, al punto che, se la varianza del carattere all'interno dei post-strati che fungono anche da classe di aggiustamento per mancate risposte fosse nulla, l'errore quadratico medio di $\hat{Y}_{PS}$ sarebbe nullo. Diverso è il discorso per $\hat{Y}_{PSS}$. In assenza di mancate risposte questo stimatore si riduce allo stimatore corretto; ne consegue che esso è in grado di ridurre la distorsione da mancata risposta, anche sino ad annullarla, ma non ne incrementa l'efficienza.

Occorre infine osservare che la definizione delle classi deve essere tale da garantire la presenza in ciascuna di esse di un adeguato numero di rispondenti allo scopo di evitare, da una parte, un numero eccessivo di classi e, dall'altra, che lo stimatore per quoziente della media di classe possa essere distorto in modo non trascurabile. Inoltre, più le classi sono piccole, più i pesi finali delle osservazioni, evidenziati nella (5.4), sono variabili e quando lo sono in modo eccessivo possono provocare un incremento anche rilevante della varianza dello stimatore. Per comprendere questo fatto si consideri che, in molti casi, ragioni di efficienza portano all'impiego di un piano di campionamento autoponderante (si veda Par. 2.3). Ebbene, la riponderazione effettuata con il metodo delle classi di aggiustamento determina un allontanamento dall'autoponderazione tanto maggiore quanto più sono piccole le classi.

Da ultimo, vale la pena notare che il metodo delle classi di aggiustamento per mancate risposte può anche costituire un metodo per la correzione dell'errore di sotto-copertura della lista di campionamento, nella misura in cui sono note a livello di popolazione obiettivo le dimensioni delle classi di aggiustamento e vale l'ipotesi che la media delle unità listate in ciascuna classe è uguale a quella delle unità non listate.

5.3.2 Approccio in due fasi

Nell'introdurre il metodo delle classi di aggiustamento per mancate risposte si è fatto ricorso all'ipotesi che la popolazione sia suddivisa in due sottopopolazioni di cui una formata da soli rispondenti e l'altra solo da non rispondenti. Si è quindi assunto tacitamente che tutti gli elementi appartenenti alla prima rispondano con certezza, mentre tutti quelli che appartengono alla seconda non rispondano. In realtà, come si è già detto, il fenomeno è molto più complesso di quanto rappresentato con questo quadro semplicistico: l'essere rispondente o meno è spesso frutto anche di fattori casuali, come l'ora o il momento dell'intervista e la mera suddivisione della popolazione tra rispondenti e non rispondenti appare artificiosa.

Negli anni ottanta del secolo scorso è stato sviluppato un approccio più realistico al problema del trattamento della mancata risposta, caratterizzato da una maggiore flessibilità e aderenza alla realtà (Oh e Scheuren 1983). In esso si considera l'insieme dei rispondenti r come il risultato di una selezione casuale in due fasi: dapprima viene selezionato dalla popolazione U il campione s mediante il piano di campionamento prescelto $p(s)$; poi l'insieme dei rispondenti r viene considerato come il risultato di un sottocampionamento, $q(r|s)$, di unità dal campione s (si veda la Fig. 5.2).

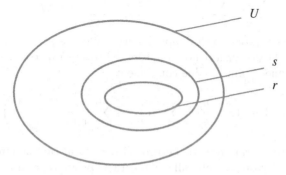

Fig. 5.2 Schematizzazione della procedura di selezione in due fasi del campione dei rispondenti r

Nell'approccio in due fasi si ipotizza che ciascuna unità della popolazione abbia, oltre alla probabilità di inclusione π_j per il campione di prima fase, anche una sua probabilità di rispondere nella seconda fase, che sarà indicata con ϑ_j. Tuttavia, a differenza di π_j, tale probabilità, che è una misura della propensione a rispondere, è generalmente sconosciuta. Quello che invece si osserva è l'*outcome* di un esperimento bernoulliano in cui la probabilità del successo (essere rispondente) è pari a ϑ_j per $j \in s$. Ne consegue che se si indica con R_j la variabile binaria che assume valore 1 se l'unità j del campione risponde e 0 in caso contrario, il suo valore atteso condizionato al fatto di essere stata inclusa nel campione s, denotato con $E_q(R_j|s)$, è proprio ϑ_j. Questo processo, come detto in precedenza, non è noto ed è pertanto necessario formulare delle ipotesi su di esso al fine di poter condurre una procedura inferenziale. Si può considerare, ad esempio, che le unità rispondano indipendentemente le une dalle altre, oppure impiegando delle informazioni ausiliarie, che due o più unità simili secondo alcune caratteristiche osservabili abbiano probabilità eguali di rispondere. Ne consegue che l'affidabilità delle conclusioni inferenziali dipende da tali assunzioni, che purtroppo, di solito, non possono essere verificate, se non con ulteriori studi condotti a tale scopo.

Da un punto di vista formale il contesto appena descritto può essere assimilato a quello di un campionamento a due fasi a cui si è accennato nel Par. 1.3.1: nella prima fase, la selezione delle unità dalla popolazione viene realizzata con il piano di campionamento caratterizzato dalle probabilità di inclusione π_j e $\pi_{j,j'}$ $(j, j' = 1, \ldots, N)$; nella seconda fase, il sottoinsieme dei rispondenti r è assimilabile al risultato di un campionamento di Poisson, introdotto nel Par. 2.5.3, con probabilità di inclusione ϑ_j, per $j \in s$. Ne consegue che la probabilità marginale che un'unità della popolazione ha di far parte del campione dei rispondenti è pari a $\pi_{2j} = P(j \in r) = P(j \in s)P(j \in r|s) = \pi_j \vartheta_j$, in cui si assume, implicitamente, come quasi sempre si fa, che ϑ_j dipenda da j ma non dal campione s estratto. Lo stimatore corretto del totale di y assume la forma

$$\hat{Y}_{2f} = \sum_{j \in r} \frac{y_j}{\pi_{2j}} = \sum_{j \in r} \frac{y_j}{\pi_j \vartheta_j} = \sum_{j \in r} a_j \vartheta_j^{-1} y_j, \qquad (5.7)$$

in cui è evidente il processo di doppio riporto all'universo.

Per scrivere la varianza dello stimatore del totale $\hat{Y}_{2f}$, conviene riscrivere quest'ultimo come somma di due componenti,

$$\hat{Y}_{2f} - Y = \left(\sum_{j \in s} \frac{y_j}{\pi_j} - \sum_{j=1}^{N} y_j \right) + \left(\sum_{j \in r} \frac{y_j}{\pi_j \vartheta_j} - \sum_{j \in s} \frac{y_j}{\pi_j} \right), \qquad (5.8)$$

delle quali la prima rappresenta l'errore di dovuto al campionamento, mentre la seconda l'errore dovuto alla mancata risposta (per ulteriori dettagli si veda Särndal et. al. 1992, Cap. 9). Nel caso, piuttosto frequente, in cui si assume che l'essere rispondente o meno sia un evento indipendente da unità ad unità, e cioè che $P(j, j' \in r) = \vartheta_{j,j'} = \vartheta_j \vartheta_{j'}$, la varianza congiunta rispetto al piano di campionamento ed al processo di risposta, desumibile da quella del campionamento in due fasi, può essere scritta come segue[1]

$$V_{pq}(\hat{Y}_{2f}) = V[E_q(\hat{Y}_{2f}|s)] + E[V_q(\hat{Y}_{2f}|s)]$$

$$= V\left[\sum_{j \in s} \frac{y_j}{\pi_j}\right] + E\left[\sum_{j \in s} \frac{1 - \vartheta_j}{\vartheta_j} \frac{y_j^2}{\pi_j^2}\right]$$

$$= \sum_{j=1}^{N} \pi_j(1 - \pi_j)\frac{y_j^2}{\pi_j^2} + \sum_{j=1}^{N} \sum_{\substack{j'=1 \\ j \neq j'}}^{N} (\pi_{j,j'} - \pi_j \pi_{j'})\frac{y_j}{\pi_j}\frac{y_{j'}}{\pi_{j'}}$$

$$+ \sum_{j=1}^{N} (1 - \vartheta_j)\frac{y_j^2}{\pi_{2j}}. \tag{5.9}$$

Nella (5.9), la somma dei primi due termini è uguale a $V_1 = V(\sum_{j \in s} y_j/\pi_j)$, cioè la varianza dello stimatore corretto del totale qualora fosse osservato l'intero campione iniziale s, e quindi della prima componente a secondo membro della (5.8) (si ricorda che gli operatori di valore atteso e varianza senza deponente si riferiscono alla distribuzione della quantità entro parentesi al variare del campione s); $V_2 = E[V_q(\sum_{j \in r} y_j/\pi_{2j}|s)]$, corrispondente al terzo termine della (5.9), è la componente di variabilità addizionale che proviene dalla seconda fase di campionamento – cioè dal secondo termine a destra del segno di uguaglianza nella (5.8) – in cui la varianza entro parentesi quadra è quella del campionamento di Poisson (l'operatore q, come ricordato in precedenza, denota che la varianza è calcolata rispetto al processo di risposta condizionatamente al campione estratto, cioè al variare di r fermo restando s). Si noti come questa seconda componente di varianza sia pari a zero qualora le probabilità di risposta siano tutte unitarie (assenza di mancate riposte).

Una stima corretta di $V_{pq}(\hat{Y}_{2f})$, facendo uso della (2.40), è data da

$$v(\hat{Y}_{2f}) = \sum_{j \in r} \frac{\pi_j(1 - \pi_j)}{\pi_{2j}} \frac{y_j^2}{\pi_j^2} + \sum_{j \in r} \sum_{\substack{j' \in r \\ j' \neq j}} \frac{\pi_{j,j'} - \pi_j \pi_{j'}}{\pi_{2j,j'}} \frac{y_j}{\pi_j}\frac{y_{j'}}{\pi_{j'}}$$

$$+ \sum_{j \in r} (1 - \vartheta_j)\frac{y_j^2}{\pi_{2j}^2}, \tag{5.10}$$

dove $\pi_{2j,j'} = P(j, j' \in r) = P(j, j' \in s)P(j, j' \in r|s) = \pi_{j,j'}\vartheta_j\vartheta_{j'}$. I primi due termini a secondo membro stimano la varianza campionaria V_1, mentre

---

[1] Si tenga presente la relazione che lega la varianza totale di una variabile casuale Y ai momenti condizionati ad un evento $A : V(Y) = V[E(Y|A)] + E[V(Y|A)]$. In questo contesto, A è il campione s e Y lo stimatore calcolato su r.

il terzo la varianza dovuta alla mancata risposta V_2. Nel seguito si assume sempre che si possa porre $\vartheta_{j,j'} = \vartheta_j\vartheta_{j'}$.

Purtroppo, a differenza del campionamento in due fasi classico, nel caso qui esaminato la seconda fase è in generale un processo non conosciuto e, quindi, le probabilità di risposta ϑ_j non sono note. Ne consegue che gli stimatori (5.7) e (5.10) non sono calcolabili. La propensione a rispondere, tuttavia, può essere stimata, in modo esplicito o implicito, quando si disponga di informazioni ausiliarie appropriate a livello di campione s o di popolazione U. Lo stimatore di Hajek nella (5.1), ad esempio, attribuisce implicitamente a ϑ_j il valore N_R/N, stimato attraverso $\hat{N}_R/N$ o, nel caso anche N venga stimato, con $\hat{N}_R/\hat{N}$ (si ricordi che $\hat{N}_R = \sum_{j\in r} a_j$). In pratica si assume che la probabilità di risposta sia costante per tutte le unità campionate e a cui si attribuisce, come valore, la proporzione stimata dei rispondenti. Dunque sarà corretto, o approssimativamente tale, se la probabilità di risposta è effettivamente costante per tutte le unità del campione s. Si osservi che nel caso del campionamento srs, poiché $a_j = N/n$, si ha che $\hat{N}_R/N = \hat{N}_R/\hat{N} = n_r/n$, dove n_r è il numero dei rispondenti: in sintesi la probabilità di risposta, comune a tutte le unità, è stimata con il tasso di risposta.

Vale la pena esaminare ulteriormente la distorsione dello stimatore di Hajek nel caso in cui la probabilità di risposta non sia costante. Facendo ricorso all'approssimazione lineare dello stimatore, si può scrivere

$$B(\hat{Y}_H) = E[E_q(\hat{Y}_H|s)] - Y \cong N\frac{\sum_{j=1}^N \vartheta_j y_j}{\sum_{j=1}^N \vartheta_j} - Y$$

$$= (N-1)\frac{S_{y\vartheta}}{\bar{\vartheta}_U} = (N-1)\rho_{y\vartheta}C_\vartheta S_y, \qquad (5.11)$$

dove $\rho_{y\vartheta}$ è il coefficiente di correlazione lineare nella popolazione fra y e ϑ; C_ϑ è il coefficiente di variazione delle ϑ_j, aventi nella popolazione media $\bar{\vartheta}_U$; S_y è lo scarto quadratico medio di y nella popolazione. Ne consegue che la distorsione dello stimatore di Hajek dipende dalla correlazione esistente tra la variabile di interesse e la propensione a rispondere, oltre che dalle rispettive variabilità, relativa nel caso di ϑ, assoluta nel caso di y. All'interno di una stessa indagine, quindi, le stime concernenti variabili di interesse i cui valori sono incorrelati con le rispettive probabilità di risposta saranno pressoché immuni dagli effetti distorsivi della non risposta, mentre altre, nella stessa indagine, potrebbero essere affette da distorsioni tanto più elevate quanto maggiore è la correlazione tra y e ϑ.

È interessante notare che se si divide la $B(\hat{Y}_H)$ per Y, cioè si calcola la distorsione relativa, dalla (5.11) si ottiene $B(\hat{Y}_H)/Y \cong \rho_{y\vartheta}C_\vartheta C_y$, dove C_y è il coefficiente di variazione della y nella popolazione. Ne consegue che piccole correlazioni tra y e ϑ possono dare luogo ad una distorsione relativa affatto trascurabile. Ad esempio, se fosse $C_\vartheta = 0{,}3$ e $C_y = 1{,}0$, una correlazione $\rho_{y\vartheta} = 0{,}2$ darebbe luogo ad una distorsione relativa del 6%.

Anche lo stimatore $\hat{Y}_{PS}$, implicitamente, attribuisce un valore alla propensione a rispondere. Se si confronta, infatti, la (5.4) con la (5.7), è facile rendersi conto che implicitamente si pone $\hat{\vartheta}_j = \hat{N}_{Rl(j)}/N_{l(j)}$, il che significa che la probabilità di risposta è assunta costante all'interno di ciascuna classe di aggiustamento e pari alla stima del tasso di risposta della classe. Si ottiene così una condizione diversa di non distorsione rispetto a quella di uguaglianza delle medie tra rispondenti e non rispondenti: la distorsione è nulla se la probabilità di risposta è costante all'interno di ciascuna classe di aggiustamento o, più in generale, se tra la probabilità di risposta e il valore della variabile y la correlazione entro ciascuna classe è nulla. Diversamente, la distorsione sarà tanto maggiore quanto più è grande tale correlazione all'interno delle singole classi. In modo analogo, anche con $\hat{Y}_{PSS}$ si attribuisce implicitamente un valore costante alla probabilità di risposta entro ciascuna classe, pari a $\hat{\vartheta}_j = \hat{N}_{Rl(j)}/\hat{N}_{l(j)}$. Si noti che nel caso del campionamento *srs*, gli stimatori $\hat{Y}_{PS}$ e $\hat{Y}_{PSS}$ stimano le probabilità di risposta con i tassi di risposta entro le classi nel campione.

5.3.3 Stima delle probabilità di risposta attraverso il modello logistico

Si è visto nei paragrafi precedenti come sia lo stimatore di Hajek che lo stimatore per classi di aggiustamento facciano implicitamente delle assunzioni sul valore delle probabilità di risposta. Quando si ha a disposizione il valore di un vettore di variabili ausiliarie x sia per le unità rispondenti che per quelle non rispondenti, in alternativa si può pensare di stimare preventivamente le probabilità di risposta. A tal fine si ricordi che la variabile binaria R_j assume valore 1 se l'unità j-esima del campione ha risposto e 0 altrimenti e che, quindi, $E_q(R_j|s) = \vartheta_j$. Dunque, un possibile approccio alternativo è quello di assumere che tale probabilità possa essere modellata parametricamente, ponendo

$$\vartheta_j = h(\mathbf{x}_j; \boldsymbol{\beta}), \tag{5.12}$$

dove $h(\mathbf{x}_j; \boldsymbol{\beta})$ è una funzione nota del vettore contenente i valori delle variabili ausiliarie nell'unità j e $\boldsymbol{\beta}$ è un vettore di parametri incognito. A questo riguardo, una forma particolarmente comune è quella che consegue dall'ipotizzare un modello logistico per R_j, che è una variabile dicotoma avente valore atteso ϑ_j. Ponendo

$$\text{logit}(\vartheta_j) = \log \frac{\vartheta_j}{1-\vartheta_j} = \mathbf{x}_j\boldsymbol{\beta},$$

si ha che $h(\mathbf{x}_j; \boldsymbol{\beta}) = \exp(\mathbf{x}_j\boldsymbol{\beta})/[1 + \exp(\mathbf{x}_j\boldsymbol{\beta})]$ (si veda ad esempio Ekholm e Laaksonen 1991; Little 1986; Kim e Kim 2007). Una volta ottenute le stime di $\boldsymbol{\beta}$ utilizzando i dati provenienti da s, attraverso ad esempio, il metodo della massima verosimiglianza, tali valori possono essere sostituiti nella (5.12). I valori ottenuti per le probabilità di risposta possono poi essere inseriti nello stimatore a due fasi di cui alla (5.7). Così operando si perde la proprietà della correttezza degli stimatori; tuttavia, lo stimatore (5.7) rimane approssimativamente corretto se il modello (5.12) per le probabilità di risposta è adeguato e le ϑ_j sono stimate in modo consistente (per maggiori dettagli si veda Kim e Kim 2007). Per lo stimatore della varianza, una prima approssimazione può essere ottenuta sostituendo le stime delle probabilità di risposta nella (5.10). Due forme alternative che non possono essere affrontate in questa sede sono proposte in Kim e Kim (2007) a cui si rimanda il lettore interessato.

Esempio 5.3. *Si consideri nuovamente il campione dell'Esempio 5.2. Per ciascuna delle 700 famiglie originariamente selezionate nel campione si ha a disposizione sia il numero dei componenti la famiglia – informazione proveniente dall'anagrafe comunale – sia il valore assunto dalle seguenti variabili relative ad informazioni sugli intervistatori o provenienti dagli intervistatori stessi con riferimento ad informazioni acquisite in sede di intervista o tentativo di intervista (metadati):*

- PER: *variabile indicatrice che vale 1 se l'abitazione della famiglia è in una zona periferica o 0 altrimenti;*
- VIL: *variabile indicatrice che vale 1 se l'abitazione della famiglia è in villetta singola o in palazzo signorile e 0 altrimenti (appartamento in palazzo);*
- ETI: *età dell'intervistatore (in anni compiuti);*
- SES: *sesso dell'intervistatore (0 = maschio, 1 = femmina);*
- PRO: *variabile indicatrice che vale 1 se l'intervistatore è intervistatore professionista e 0 altrimenti;*
- TIT: *titolo di studio dell'intervistatore (1 =licenza media inferiore, 2 = licenza media superiore, 3 = laurea e oltre).*

La Tabella 5.2 riporta i risultati dell'applicazione del modello logistico per la stima della probabilità di risposta. Quest'ultima aumenta con l'aumentare del numero dei componenti della famiglia e quando la famiglia è affidata ad un intervistatore professionista. All'opposto, le famiglie che abitano in periferia e in una casa singola (o signorile) hanno una probabilità di risposta relativamente più bassa delle altre. Si noti come non sia risultato significativo il sesso dell'intervistatore e solo parzialmente il titolo di studio (probabilità di risposta maggiore per le famiglie a cui era stato attribuito un intervistatore con "laurea e oltre" rispetto alle altre). Una volta eliminate le variabili non significative, i coefficienti del modello possono essere impiegati per ottenere una stima della probabilità di risposta per tutte le unità rispondenti, da usare nell'espressione (5.7). Si ottiene in questo modo un valore dello stimatore del totale dei molto soddisfatti pari a 933,01, che in termini percentuali costituiscono l'11,1% delle famiglie. □

I paragrafi seguenti offrono altri esempi di stimatori che implicitamente o esplicitamente attribuiscono un valore alle probabilità di risposta ricorrendo alle informazioni ausiliarie disponibili.

Tabella 5.2 Stime del modello logistico per la probabilità di risposta

Variabili	Coef. β	e^β	Errore standard	t-stat	p-value
Intercetta	1,441	4,224	0,564	2,555	0,011
Componenti la famiglia*	0,184	1,201	0,071	2,580	0,010
PER: periferia (vs. centro)	−0,513	0,599	0,202	−2,536	0,011
VIL: villetta (vs. appartamento)	−1,224	0,294	0,185	−6,632	< 0,001
ETI: età intervistatore*	−0,021	0,979	0,008	−2,553	0,011
SES: intervistatore femmina (vs maschio)	0,096	1,101	0,220	0,437	0,662
PRO: intervistatore professionista (vs. part time)	0,535	1,707	0,190	2,817	0,005
TIT(2): intervistatore con licenza media superiore**	0,311	1,365	0,283	1,102	0,271
TIT(3): intervistatore con laurea**	0,600	1,823	0,336	1,786	0,074

* variabile quantitativa **categoria di riferimento: licenza media inferiore

5.3.4 Stima per regressione

Come è già stato osservato, lo stimatore $\hat{Y}_{PS}$, discusso nei paragrafi precedenti, nel caso in cui non ci siano mancate risposte, e quindi $r = s$, si riduce allo stimatore post-stratificato introdotto nel Par. 3.2.2. Si può dire perciò che $\hat{Y}_{PS}$ assume la forma di uno stimatore post-stratificato calcolato sui soli rispondenti in cui i post-strati sono definiti dalle classi di aggiustamento. Si è inoltre visto come la post-stratificazione sia un caso particolare di stima per regressione generalizzata, in cui le variabili ausiliarie sono le variabili indicatrici di appartenenza ai post-strati. Inoltre, si è anche detto che una adeguata descrizione della variabile di interesse e del processo di non risposta attraverso un insieme di variabili ausiliarie è uno strumento per eliminare o almeno ridurre la distorsione che è sempre possibile. Risulta quindi naturale, vista la maggior flessibilità dello stimatore per regressione generalizzata, che include come caso particolare quello post-stratificato, introdurre ai fini della correzione della distorsione da mancata risposta uno stimatore per regressione calcolato solo sui rispondenti (si veda ad esempio Fuller et al. 1994; Fuller 2009, Cap. 5).

Sia allora $x = (x_1, x_2, \dots, x_P)$ il vettore delle variabili ausiliarie disponibili e $\mathbf{X} = (X_1, X_2, \dots, X_P)$ il vettore noto dei loro totali di popolazione (informazione ausiliaria disponibile a livello di popolazione). Lo stimatore per regressione può essere calcolato con i dati dei soli rispondenti ponendo

$$\hat{Y}_{reg} = \hat{Y}_{\pi R} + (\mathbf{X} - \hat{\mathbf{X}}_{\pi R})\hat{\boldsymbol{\beta}}_R, \tag{5.13}$$

dove $\hat{Y}_{\pi R} = \sum_{j \in r} a_j y_j$, $\hat{\mathbf{X}}_{\pi R} = \sum_{j \in r} a_j \mathbf{x}_j$ e $\hat{\boldsymbol{\beta}}_R = (\sum_{j \in r} a_j q_j \mathbf{x}_j^T \mathbf{x}_j)^{-1} \times \sum_{j \in r} a_j q_j \mathbf{x}_j^T y_j$ sono, rispettivamente, gli stimatori di Y e $\mathbf{X}$ e lo stimatore dei coefficienti di regressione calcolati con i soli rispondenti, essendo q_j le usuali costanti scelte dal ricercatore (si veda il Par. 3.2.4). In alternativa è anche possibile sostituire nella (5.13) le stime corrette dei totali di y ed x con le rispettive stime di Hajek nel caso si conosca la dimensione della popolazione N.

Se si assume che x_1 sia la variabile unitaria, si può dimostrare che $\hat{Y}_{reg}$ è approssimativamente corretto per Y quando almeno una delle seguenti condizioni sufficienti risulta soddisfatta:

a) i residui $e_{\vartheta j} = y_j - \mathbf{x}_j \boldsymbol{\beta}_\vartheta$, dove $\boldsymbol{\beta}_\vartheta = (\sum_{j=1}^N \vartheta_j q_j \mathbf{x}_j^T \mathbf{x}_j)^{-1} \sum_{j=1}^N \vartheta_j q_j \mathbf{x}_j^T y_j$, sono incorrelati con ϑ_j per $j = 1, \ldots, N$;
b) esiste un vettore ζ tale che $\mathbf{x}_j \zeta = \vartheta_j^{-1}$, per $j = 1, \ldots, N$, ovvero i reciproci delle probabilità di risposta sono esprimibili come combinazione lineare dei valori delle variabili ausiliarie.

La prima condizione si giustifica con il fatto che la distorsione di $\hat{Y}_{reg}$, sotto le consuete ipotesi sul processo di risposta, può essere espressa in una forma analoga alla (5.11), ovvero

$$B(\hat{Y}_{reg}) = E[E_q(\hat{Y}_{reg}|s)] - Y \cong N \frac{\sum_{j=1}^N \vartheta_j e_{\vartheta j}}{\sum_{j=1}^N \vartheta_j} - Y$$

$$= (N-1)\frac{S_{e\vartheta}}{\overline{\vartheta}_U} = (N-1)\rho_{e\vartheta} C_\vartheta S_e,$$

dove S_e è ora lo scarto quadratico medio dei residui $e_{\vartheta j} = y_j - \mathbf{x}_j \boldsymbol{\beta}_\vartheta$ e $\rho_{e\vartheta}$ è il coefficiente di correlazione tra i residui e le probabilità di risposta. Dunque se la variabile y fosse una combinazione lineare di x, la distorsione sarebbe nulla. Se così non fosse, la distorsione sarebbe comunque generalmente più piccola di quella dello stimatore di Hajek per Y, dipendendo ora da S_e invece che da S_y. Si può dimostrare, inoltre, che condizione sufficiente perché valga la condizione a), almeno in probabilità, è che la popolazione sia generata da un modello di superpopolazione di regressione lineare in cui y è la variabile dipendente e x il vettore delle variabili indipendenti (cfr. il Par. 3.3; Fuller et al. 1994). La condizione b) stabilisce che se il reciproco della probabilità di risposta fosse una combinazione lineare delle variabili ausiliarie in x, lo stimatore per regressione basato sui soli rispondenti sarebbe consistente e con distorsione da mancata risposta trascurabile nei campioni di dimensione sufficientemente ampia. In altre parole le variabili ausiliarie sono in grado di spiegare il processo generatore della (mancata) risposta. Si noti che è sufficiente che una delle due condizioni sia verificata perché la distorsione praticamente si annulli. Alcuni autori parlano di *double protection* con riferimento a questo ruolo giocato dal vettore di variabili ausiliarie.

Esempio 5.4. *Si consideri ancora l'indagine sulle famiglie dell'Esempio 5.2. Lo stimatore post-stratificato ivi considerato è un caso particolare di stimatore per regressione in cui le variabili ausiliarie sono le variabili indicatrici di appartenenza a ciascun post-strato. Si immagini ora che dall'anagrafe comunale sia anche disponibile l'età del capofamiglia (ETA), con un valore medio di 57,4 anni ed un totale di 484.032. Insieme alle informazioni di cui alla Tabella 5.1, si può costruire un vettore di variabili ausiliarie contenente le variabili indicatrici di appartenenza al post-strato definito dal numero dei componenti la famiglia, più la variabile quantitativa età del capofamiglia:* $x = (x_1, \ldots, x_8) = (1, 2, 3, \ldots, 7, ETA)$. *Dai dati campionari si ricava*

$$\hat{\boldsymbol{\beta}}_R = \left(\sum\nolimits_{j \in r} \mathbf{x}_j^T \mathbf{x}_j \right)^{-1} \sum\nolimits_{j \in r} \mathbf{x}_j^T y_j$$
$$= [0{,}406 \;\; 0{,}353 \;\; 0{,}314 \;\; 0{,}436 \;\; 0{,}539 \;\; 0{,}585 \;\; 0{,}298 \;\; -0{,}0048]^T$$

e quindi

$$\hat{Y}_{reg} = 590{,}45 + [1.195{,}4 \;\; 887{,}6 \;\; 419{,}7 \;\; 146{,}5 \;\; 219{,}3 \;\; 60{,}9 \;\; -21{,}1 \;\; 143.390{,}6]\hat{\boldsymbol{\beta}}_R$$
$$= 1087.63,$$

da cui si ottiene una stima della percentuale di famiglie molto soddisfatte pari al 12,9%. □

Per ottenere uno stimatore della varianza di $\hat{Y}_{reg}$, è utile ricavare l'espressione della varianza dello stimatore per regressione a due fasi, supponendo di conoscere le probabilità di risposta di seconda fase ϑ_j introdotte nel Par. 5.3.2. In questo caso, lo stimatore per regressione sarebbe

$$\hat{Y}_{2f,reg} = \hat{Y}_{2f} + (\mathbf{X} - \hat{\mathbf{X}}_{2f})\hat{\boldsymbol{\beta}}_{R\vartheta},$$

dove $\hat{Y}_{2f}$ è definito dalla (5.7), $\hat{\mathbf{X}}_{2f} = \sum_{j \in r} a_j \vartheta_j^{-1} \mathbf{x}_j$ è il suo analogo per $\mathbf{X}$ e $\hat{\boldsymbol{\beta}}_{R\vartheta} = (\sum_{j \in r} a_j \vartheta_j^{-1} q_j \mathbf{x}_j^T \mathbf{x}_j)^{-1} \sum_{j \in r} a_j \vartheta_j^{-1} q_j \mathbf{x}_j^T y_j$. Esso è approssimativamente corretto.

Per determinarne la varianza si noti che, in modo analogo alla (5.8), $\hat{Y}_{2f,reg}$ può essere scomposto nelle due componenti

$$\hat{Y}_{2f,reg} - Y = \left(\sum_{j \in s} \frac{\hat{e}_{\vartheta j}}{\pi_j} - \sum_{j=1}^{N} \hat{e}_{\vartheta j} \right) + \left(\sum_{j \in r} \frac{\hat{e}_{\vartheta j}}{\pi_{2j}} - \sum_{j \in s} \frac{\hat{e}_{\vartheta j}}{\pi_j} \right),$$

dove $\hat{e}_{\vartheta j} = y_j - \mathbf{x}_j \hat{\boldsymbol{\beta}}_{R\vartheta}$ per $j \in s$. Il primo termine a destra del segno di uguaglianza rappresenta l'errore dovuto al campionamento, mentre il secondo è l'errore causato dalla mancata risposta. La varianza di $\hat{Y}_{2f,reg}$ può ora essere valutata attraverso quella della sua approssimazione lineare in cui i residui $\hat{e}_{\vartheta j}$ sono sostituiti da $e_j \cong y_j - \mathbf{x}_j^T \boldsymbol{\beta}_U$, dove $\boldsymbol{\beta}_U = (\sum_{j=1}^{N} q_j \mathbf{x}_j^T \mathbf{x}_j)^{-1} \sum_{j=1}^{N} q_j \mathbf{x}_j^T y_j$.

In particolare, essa è data, come nella (5.9), dalla somma di due componenti

$$
V_{pq}(\hat{Y}_{2f,reg}) \cong V\left(\sum_{j\in s} e_j/\pi_j\right) + E\left[V_q\left(\sum_{j\in r} e_j/\pi_{2j}|s\right)\right] = V_1 + V_2
$$

$$
= \sum_{j=1}^{N} \pi_j(1-\pi_j)\frac{e_j^2}{\pi_j^2} + \sum_{j=1}^{N}\sum_{\substack{j'=1\\j'\neq j}}^{N} (\pi_{j,j'}-\pi_j\pi_{j'})\frac{e_j}{\pi_j}\frac{e_{j'}}{\pi_{j'}}
$$

$$
+ \sum_{j=1}^{N} (1-\vartheta_j)\frac{e_j^2}{\pi_{2j}}, \tag{5.14}
$$

in cui V_1 è la varianza dell'approssimazione lineare dello stimatore per regressione del totale se fosse osservato l'intero campione iniziale s, mentre V_2 è la componente di variabilità addizionale che proviene dalla seconda fase di campionamento. Se si confronta la (5.14) con la (5.9) si nota come il guadagno in efficienza rispetto allo stimatore corretto nel campionamento a due fasi in (5.7), che non usa informazione ausiliaria, sarà tanto maggiore quanto più sono piccoli i residui e_j.

Lo stimatore $\hat{Y}_{2f,reg}$ non è ovviamente calcolabile, dal momento che le probabilità di risposta non sono note. Vale la pena però riscriverlo come combinazione lineare delle osservazioni e cioè

$$
\hat{Y}_{2f,reg} = \sum_{j\in r} a_j\vartheta_j^{-1}\left[1 + (\mathbf{X}-\hat{\mathbf{X}}_{2f})\left(\sum_{j\in r} a_j\vartheta_j^{-1}q_j\mathbf{x}_j^T\mathbf{x}_j\right)^{-1} a_j\vartheta_j^{-1}q_j\mathbf{x}_j^T\right] y_j.
$$

Lo stimatore per regressione $\hat{Y}_{reg}$ al contrario è invece calcolabile e quando viene scritto come combinazione lineare delle osservazioni assume la forma

$$
\hat{Y}_{reg} = \sum_{j\in r} a_j\left[1 + (\mathbf{X}-\hat{\mathbf{X}}_{\pi R})\left(\sum_{j\in r} a_jq_j\mathbf{x}_j^T\mathbf{x}_j\right)^{-1} a_jq_j\mathbf{x}_j^T\right] y_j
$$

$$
= \sum_{j\in r} a_jb_jy_j, \tag{5.15}
$$

in cui si vede quale sia la correzione dei pesi base a_j apportata da $\hat{Y}_{reg}$, ossia dalla riponderazione effettuata, e la forma della stima implicita della probabilità di risposta: $\hat{\vartheta}_j = b_j^{-1}$. Sostituendo tali stime implicite nella espressione di $\hat{Y}_{2f,reg}$ si ottiene, infatti,

$$
\hat{Y}_{2f,reg} = \sum_{j\in r} a_jb_j\left[1 + \left(\mathbf{X}-\sum_{j\in r} a_jb_j\mathbf{x}_j\right)\left(\sum_{j\in r} a_jb_jq_j\mathbf{x}_j^T\mathbf{x}_j\right)^{-1} a_jb_jq_j\mathbf{x}_j^T\right] y_j
$$

$$
= \hat{Y}_{reg},
$$

dal momento che per le proprietà della stima per regressione si ha che $\sum_{j\in r} a_jb_j\mathbf{x}_j = \mathbf{X}$. Questo risultato offre una motivazione euristica per adottare come stimatore della varianza di $\hat{Y}_{reg}$ lo stimatore della (5.14), ottenuto dalla (5.10) sostituendovi le ϑ_j con i valori stimati $\hat{\vartheta}_j = b_j^{-1}$ e i valori y_j con i residui $\hat{e}_j = y_j - \mathbf{x}_j \hat{\boldsymbol{\beta}}_R$. Posto $a_{j,j'} = 1/\pi_{j,j'}$, si ottiene

$$v(\hat{Y}_{reg}) = \sum_{j \in r}(a_j - 1)a_j b_j \hat{e}_j^2$$

$$+ \sum_{j \in r}\sum_{\substack{j' \in r \\ j' \neq j}}(a_j a_{j'} - a_{j,j'})(b_j \hat{e}_j)(b_{j'} \hat{e}_{j'}) + \sum_{j \in r}(b_j - 1)b_j a_j^2 \hat{e}_j^2. \quad (5.16)$$

Se i valori delle variabili ausiliarie fossero noti solo per l'intero campione s, l'informazione ausiliaria sarebbe disponibile a livello di campione estratto. In questo caso lo stimatore per regressione è calcolato ancora con la (5.13), ma sostituendovi $\mathbf{X}$ con lo stimatore corretto $\hat{\mathbf{X}}_\pi$ calcolato con i dati dell'intero campione s. Si ottiene lo stimatore

$$\hat{Y}_{reg,s} = \hat{Y}_{\pi R} + (\hat{\mathbf{X}}_\pi - \hat{\mathbf{X}}_{\pi R})\hat{\boldsymbol{\beta}}_R. \quad (5.17)$$

Per quanto riguarda la stima della varianza di $\hat{Y}_{reg,s}$, ripercorrendo lo stesso sviluppo logico seguito nel caso di $\hat{Y}_{reg}$, questa può essere dedotta dalla varianza dello stimatore in due fasi con informazione ausiliaria solo a livello del campione s. In particolare, ponendo $\hat{Y}_{2f,reg,s} = \hat{Y}_{2f} + (\hat{\mathbf{X}}_\pi - \hat{\mathbf{X}}_{2f})\hat{\boldsymbol{\beta}}_{R\vartheta}$, si può mostrare che

$$\hat{Y}_{2f,reg,s} - Y = \left(\sum_{j \in s}\frac{y_j}{\pi_j} - \sum_{j=1}^{N}y_j\right) + \left(\sum_{j \in r}\frac{\hat{e}_{\vartheta j}}{\pi_{2j}} - \sum_{i \in s}\frac{\hat{e}_{\vartheta j}}{\pi_j}\right).$$

Ricorrendo alla approssimazione lineare di $\hat{Y}_{2f,reg,s}$ si può scriverne la varianza come somma di due componenti, di cui solo la seconda dipende dai residui del modello di regressione lineare. Infatti, si ha

$$V_{pq}(\hat{Y}_{2f,reg,s}) \cong V\left(\sum_{j \in s}y_j/\pi_j\right) + E\left[V_q\left(\sum_{j \in r}e_j/\pi_{2j}|s\right)\right].$$

Confrontando l'espressione precedente con la (5.14) si osserva che la regressione è in grado di ridurre la componente della varianza dovuta alla seconda fase, mentre quella di prima fase rimane uguale a quella dello stimatore corretto in assenza di mancata risposta. Lo stimatore di questa varianza, in modo analogo a quanto mostrato per $\hat{Y}_{reg}$, può essere dedotta dalla (5.9) passando alla stima delle sue componenti. Si pone

$$v(\hat{Y}_{reg,s}) = \sum_{j \in r}(a_j - 1)a_j b_j y_j^2 +$$

$$+ \sum_{j \in r}\sum_{\substack{j' \in r \\ j' \neq j}}(a_j a_{j'} - a_{j,j'})(b_j y_j)(b_{j'} y_{j'}) + \sum_{j \in r}(b_j - 1)b_j a_j^2 \hat{e}_j^2, \quad (5.18)$$

dove l'espressione di b_j si desume dalla (5.15) dopo aver sostituito $\mathbf{X}$ con $\hat{\mathbf{X}}_\pi$.

Poiché lo stimatore post-stratificato $\hat{Y}_{PS}$ è un caso particolare dello stimatore per regressione ottenuto quando x contiene le variabili indicatrici delle classi di aggiustamento di appartenenza delle unità rispondenti e $q_j = 1$ per ogni j, la varianza di $\hat{Y}_{PS}$ si può ricavare dalla (5.14) e può essere stimata mediante le (5.16) ponendo $\hat{e}_j = y_j - \hat{\bar{Y}}_{Hl(j)}$ e $b_j = N_{l(j)}/\hat{N}_{Rl(j)}$, come già anticipato nella (5.5). Lo stimatore $\hat{Y}_{PSS}$ è invece un caso particolare dello stimatore per regressione (5.17) che utilizza come informazione ausiliaria a livello di campione s le variabili indicatrici dell'appartenenza alle classi di aggiustamento per mancate risposte, note per tutte le unità in s. Per quanto riguarda la stima della varianza di $\hat{Y}_{PSS}$ è sufficiente porre nella (5.18) $\hat{e}_j = y_j - \hat{\bar{Y}}_{Hl(j)}$ e $b_j = \hat{N}_{l(j)}/\hat{N}_{Rl(j)}$, come già anticipato nella (5.6).

Vale la pena di osservare che la condizione a) per l'approssimata correttezza di $\hat{Y}_{PS}$ e $\hat{Y}_{PSS}$ equivale alla condizione di incorrelazione tra la variabile y e la probabilità di risposta entro le singole classi, banalmente assicurata se la y fosse costante entro le classi (y sarebbe in tal caso esprimibile come combinazione lineare delle x); la condizione b) equivale, invece, alla costanza della probabilità di risposta entro le singole classi, che poi è un altro modo per assicurare l'incorrelazione tra i valori della y e la probabilità di risposta entro le classi.

Nel concludere il paragrafo vale la pena accennare al fatto che è possibile sviluppare ulteriormente questo approccio basato sulla regressione utilizzando congiuntamente variabili ausiliarie note a livello di popolazione e variabili ausiliarie note a livello di campione s.

5.3.5 Stimatori a ponderazione vincolata in presenza di mancate risposte

Nel Par. 3.2.6 si è visto come lo stimatore per regressione appartenga alla classe degli stimatori a ponderazione vincolata o calibrati. In questo paragrafo verrà trattato un approccio alla correzione della distorsione da mancata risposta nell'ambito delle procedure di calibrazione.

Quando l'informazione ausiliaria relativa alle variabili ausiliare contenute in x è disponibile a livello di popolazione, nella forma di totali (o medie), lo stimatore calibrato in presenza di mancata risposta totale è dato da

$$\hat{Y}_{cal} = \sum_{j \in r} w_j y_j,$$

dove i pesi di riporto all'universo w_j sono determinati in modo tale che i totali noti delle variabili ausiliarie x siano stimati senza errore: tali cioè che

$$\sum_{j \in r} w_j \mathbf{x}_j = \mathbf{X}. \tag{5.19}$$

Molti insiemi di pesi possono soddisfare questo vincolo e nel Par. 3.2.6 si è mostrato come essi possano essere costruiti in modo da risultare il più vicino possibile ai pesi base a_j. Se si utilizza la misura di distanza euclidea fra i pesi finali calibrati w_j e i pesi base a_j, in modo del tutto analogo al caso senza mancate riposte si ottengono i pesi calibrati $w_j = a_j v_j$ dove

$$v_j = 1 + (\mathbf{X} - \hat{\mathbf{X}}_{\pi R}) \left(\sum\nolimits_{j \in r} a_j q_j \mathbf{x}_j^T \mathbf{x}_j \right)^{-1} a_j q_j \mathbf{x}_j^T. \qquad (5.20)$$

Si noti come i fattori di aggiustamento v_i siano in tutto e per tutto assimilabili alle b_j della (5.15) e si ritrova, anche in presenza di mancate risposte, l'equivalenza tra lo stimatore per regressione e lo stimatore calibrato costruito con la distanza euclidea.

Nel caso in cui l'informazione ausiliaria non sia disponibile a livello di popolazione ma solo a livello di campione estratto, i pesi calibrati sono calcolati sostituendo a $\mathbf{X}$ nel vincolo (5.19) la stima corretta $\hat{\mathbf{X}}_\pi$. Si ottengono i pesi calibrati $w_j = a_j v_{js}$, dove

$$v_{js} = 1 + (\hat{\mathbf{X}}_\pi - \hat{\mathbf{X}}_{\pi R}) \left(\sum\nolimits_{j \in r} a_j q_j \mathbf{x}_j^T \mathbf{x}_j \right)^{-1} a_j q_j \mathbf{x}_j^T. \qquad (5.21)$$

Nella costruzione dello stimatore calibrato l'insieme dei pesi finali viene determinato in una sola fase di aggiustamento. Anche questo procedimento non richiede, quindi, una modellazione esplicita delle probabilità di risposta ϑ_j. Si può osservare tuttavia, come già è stato fatto per lo stimatore per regressione, che le v_j e le v_{js} si configurano come delle stime implicite dell'inverso delle probabilità di risposta. Pertanto, anche se la riponderazione è eseguita in una sola fase, le proprietà dello stimatore calibrato possono essere studiate facendo riferimento allo schema delle due fasi di selezione dei rispondenti: il campionamento e il processo di risposta.

Utilizzando la distanza euclidea, il fattore di aggiustamento v_j è dato dalla forma lineare $v_j = 1 + \mathbf{x}_j \boldsymbol{\lambda}$, dove $\boldsymbol{\lambda}$ è un vettore di costanti opportune. L'inconveniente implicato da questa forma lineare è quello di non consentire il controllo della variabilità dei pesi finali che si ottengono e in qualche caso questi possono anche essere negativi o molto grandi. Come già discusso nel Par. 3.2.6, è però possibile considerare misure di distanza alternative, in grado di limitare il campo di variazione dei pesi finali. In pratica, il valore aggiunto della calibrazione sta proprio nella possibilità di introdurre dei controlli sulle caratteristiche dei pesi finali che si ottengono.

Quale che sia la funzione distanza utilizzata, si può mostrare che tutti gli stimatori calibrati sono asintoticamente – cioè al crescere della dimensione della popolazione e del campione – equivalenti allo stimatore per regressione generalizzata che utilizza lo stesso vettore di variabili ausiliarie. Ne consegue che, per quanto riguarda la distorsione, è possibile mostrare (Särndal e Lundstrom 2005, Par. 9.4) che essa può essere approssimata con la quantità $B(\hat{Y}_{reg})$ esaminata in precedenza. Il risultato indica che lo stimatore calibrato può avere una distorsione trascurabile, come nel caso dello stimatore per regressione, se la variabile di interesse è una combinazione lineare delle variabili ausiliarie oppure se esiste un vettore $\boldsymbol{\zeta}$ tale che $\mathbf{x}_j \boldsymbol{\zeta} = \vartheta_j^{-1}$ per ogni j. È da notare inoltre che l'espressione della distorsione è la stessa, sia nel caso che l'informazione ausiliaria sia disponibile a livello di popolazione sia per quella disponibile a livello di campione. In altre parole, la capacità di una variabile ausiliaria di ridurre la distorsione non cambia, quale che sia il livello della sua conoscenza (a livello di popolazione o di campione s). Questo fatto si configura come una generalizzazione di un'analoga affermazione fatta nel caso dello stimatore basato sulle classi di aggiustamento per mancate risposte. Si osservi, infatti, come questi ultimi siano un caso particolare di stima calibrata quando le variabili ausiliarie sono le variabili indicatrici di appartenenza alle classi di aggiustamento.

Per quanto riguarda la varianza congiunta dello stimatore calibrato $\hat{Y}_{cal}$, questa può essere valutata operando come se il campione dei rispondenti fosse il risultato di un campionamento a due fasi in modo analogo a quanto fatto per lo stimatore per regressione. Nel caso di informazione ausiliaria disponibile a livello di popolazione, riprendendo la (5.14), essa può essere approssimata come segue

$$
V_{pq}(\hat{Y}_{cal}) \cong \sum_{j=1}^{N} \frac{1-\pi_{2j}}{\pi_{2j}} e_j^2 + \sum_{j=1}^{N} \sum_{j \neq j'}^{N} (\pi_{2j,j'} - \pi_{2j}\pi_{2j'}) \frac{e_j}{\pi_{2j}} \frac{e_{j'}}{\pi_{2j'}}
$$
$$
= V\left(\sum_{j \in s} e_j/\pi_j\right) + E\left[V_q\left(\sum_{j \in r} e_j/\pi_{2j}|s\right)\right],
$$

dove $e_j = y_j - \mathbf{x}_j \beta_{\vartheta}$ e si assume che $\vartheta_j = v_j^{-1}$. A motivo delle proprietà asintotiche di cui gode lo stimatore calibrato, lo stimatore della varianza resta lo stesso anche quando si utilizzano misure di distanza tra pesi calibrati e pesi base diverse, ferme restando le variabili ausiliarie utilizzate.

Nel caso, invece, in cui l'informazione ausiliaria è disponibile a livello di campione s, la varianza dello stimatore calibrato assume la forma

$$
V_{pq}(\hat{Y}_{cal}) \cong V\left(\sum_{j \in s} y_j/\pi_j\right) + E\left[V_q\left(\sum_{j \in r} e_j/\pi_{2j}|s\right)\right],
$$

dove si assume $\vartheta_j = v_{js}^{-1}$. Si noti che il secondo termine a secondo membro, che è quello dovuto alla mancata risposta, è lo stesso per ambedue i livelli di disponibilità dell'informazione ausiliaria. È diverso, invece, il primo termine, quello relativo alla prima fase di campionamento, in cui la disponibilità dell'informazione a livello di popolazione rende possibile l'aumento dell'efficienza nella misura in cui un modello di regressione lineare nelle variabili ausiliarie è in grado di interpolare efficacemente la variabile di interesse y. Dunque, quanto detto per la distorsione, che non cambia a seconda del livello della informazione ausiliaria, invece, non vale per la varianza. Infatti, se si guarda alla forma che lo stimatore calibrato assume nel caso in cui $r = s$, nel caso cioè in cui non ci sia mancata risposta, si nota che in presenza di informazione ausiliaria a livello di popolazione esso assume la forma dello stimatore per regressione generalizzato, mentre nel caso di informazione ausiliaria disponibile a livello di campione esso si riduce all'usuale stimatore corretto. Questo fatto evidenzia come ci sia una sostanziale differenza tra i due livelli di disponibilità dell'informazione ausiliaria dal punto di vista dell'efficienza dello stimatore, come del resto si è già detto a proposito dello stimatore per regressione generalizzata.

Così come si è fatto per lo stimatore per regressione, seguendo lo stesso ragionamento fatto nel paragrafo precedente, le varianza dello stimatore calibrato può essere stimata con le espressioni seguenti

$$v(\hat{Y}_{cal}) = \sum_{j \in r} (a_j - 1) a_j v_j \hat{e}_j^2 + \sum_{j \in r} \sum_{\substack{j' \in r \\ j' \neq j}} (a_j a_{j'} - a_{j,j'})(v_j \hat{e}_j)(v_{j'} \hat{e}_{j'})$$
$$+ \sum_{j \in r} (v_j - 1) v_j a_j^2 \hat{e}_j^2 \,,$$

$$v(\hat{Y}_{cal}) = \sum_{j \in r} (a_j - 1) a_j v_{js} y_j^2 + \sum_{j \in r} \sum_{\substack{j' \in r \\ j' \neq j}} (a_j a_{j'} - a_{j,j'})(v_{js} y_j)(v_{j's} y_{j'})$$
$$+ \sum_{j \in r} (v_{js} - 1) v_{js} a_j^2 \hat{e}_j^2 \,,$$

dove $\hat{e}_j = y_j - \mathbf{x}_j \hat{\boldsymbol{\beta}}_R$, a seconda che l'informazione ausiliaria sia nota a livello di popolazione o di campione, rispettivamente (si vedano le (5.16) e (5.18)).

È da osservare, infine, che lo stimatore calibrato, così come quello per regressione generalizzata, può essere costruito anche quando sia disponibile una combinazione dei due livelli di informazione ausiliaria, quando cioè ci sono alcune variabili con informazione a livello di campione, ad esempio $\mathbf{x}_1$, ed altre per le quali si conoscono i totali di popolazione, $\mathbf{x}_2$. Lo stimatore calibrato può essere determinato costruendo il vettore di variabili ausiliarie, $\mathbf{x}_j^* = (\mathbf{x}_{1j}, \mathbf{x}_{2j})$, per $j \in r$ e sostituendo a $\mathbf{X}$ nel sistema di vincoli (5.19) il vettore $\mathbf{X}^* = (\hat{\mathbf{X}}_{1\pi}, \mathbf{X}_2)$. Per la stima della varianza, generalizzando l'approccio sin qui seguito, si può utilizzare lo stimatore

$$v(\hat{Y}_{cal}) = \sum_{j \in r} (a_j - 1) a_j v_j \hat{e}_{1j}^2 + \sum_{j \in r} \sum_{\substack{j' \in r \\ j' \neq j}} (a_j a_{j'} - a_{j,j'})(v_j \hat{e}_{1j})(v_{j'} \hat{e}_{1j'})$$
$$+ \sum_{j \in r} (v_j - 1) v_j a_j^2 \hat{e}_{2j}^2$$

dove $\hat{e}_{1j} = y_j - \mathbf{x}_{1j} \hat{\boldsymbol{\beta}}_{1R}$, $\hat{e}_{2j} = y_j - \mathbf{x}_{1j} \hat{\boldsymbol{\beta}}_{1R} - \mathbf{x}_{2j} \hat{\boldsymbol{\beta}}_{2R}$ e $\hat{\boldsymbol{\beta}}_{1R}$ e $\hat{\boldsymbol{\beta}}_{2R}$ sono i vettori delle componenti di $\hat{\boldsymbol{\beta}}_R$ corrispondenti alle variabili in $\mathbf{x}_{1j}$ e $\mathbf{x}_{2j}$ contenute in $\mathbf{x}_j^*$. Per ulteriori approfondimenti si rimanda al volume di Särndal e Lundström (2005), dedicato alla stima calibrata in presenza di mancate risposte totali.

Esempio 5.5. *Si consideri ancora il campione di famiglie dell'Esempio 5.2 e seguenti. Lo stimatore calibrato consente di impiegare simultaneamente l'informazione ausiliaria a livello di popolazione considerata nella stima per regressione (distribuzione per numero di componenti ed età del capofamiglia, Esempio 5.4) e quella a livello di campione selezionato utilizzata nel modello logistico (Esempio 5.3). In particolare, il vettore delle variabili ausiliarie può essere così definito* $x = (x_1, \ldots, x_{15}) = [1, 2, \ldots, 7, \text{ETA}, \text{PER}, \text{VIL}, \text{ETI}, \text{SES}, \text{PRO}, \text{TIT(2)}, \text{TIT(3)}]$. *Per la descrizione delle variabili si veda l'Esempio 5.3.*

La costruzione dello stimatore calibrato può essere eseguita con la funzione calib() *di R già introdotta nel Cap. 3. Dopo aver costruito la matrice delle covariate sui rispondenti ed il corrispondente vettore dei totali veri per le prime 8 variabili e di quelli stimati sul campione s per le rimanenti, con le seguenti istruzioni si ottiene l'output riportato:*

```
> a=rep(N/n,m)
> g=calib(Xr,d=a,tot,description=TRUE,method='linear')
> w=d*g

summary - initial weigths d
    Min.    1st Qu.    Median    Mean    3rd Qu.    Max.
   12.05     12.05     12.05    12.05     12.05    12.05

summary - final weigths w=g*d
    Min.    1st Qu.    Median    Mean    3rd Qu.    Max.
  -13.08     10.92     17.22    18.40     24.96    68.52
```

Si noti come i pesi finali assumano valori piuttosto grandi e anche valori negativi. Si può perciò pensare di ricorrere alla misura di distanza logaritmica troncata per controllare il fenomeno:

```
> gt = calib(Xr,d=a,tot,description=TRUE,method='logit',
       bounds=c(0.4,3))

number of iterations 401

summary - initial weigths d
    Min.    1st Qu.    Median    Mean    3rd Qu.    Max.
   12.05     12.05     12.05    12.05     12.05    12.05

summary - final weigths w=gt*d
    Min.    1st Qu.    Median    Mean    3rd Qu.    Max.
   4.820     5.628    14.760   18.400    33.240   36.150
```

Lo stimatore del totale delle famiglie molto soddisfatte che si ottiene con questo set di pesi è ora pari a 1.070,30, corrispondente al 12,7%. □

A conclusione di questo paragrafo vale la pena fare un'osservazione importante dal punto di vista applicativo. Tutti i metodi di correzione della distorsione da mancata risposta sin qui esaminati, che si traducono in definitiva in un'appropriata riponderazione dei dati osservati, quale che sia il livello di conoscenza delle variabili ausiliarie (a livello di popolazione o a livello di campione o entrambi), sono tali che i pesi di riporto all'universo finali, come quelli base, non dipendono dai valori della variabile indagata y e, quindi, possono essere utilizzati per tutte le variabili di interesse di una medesima indagine, garantendo così la coerenza interna delle stime che si producono. Uno stimatore in cui i pesi di riporto all'universo non dipendono dalla variabile di indagine viene detto *lineare*, essendo una combinazione lineare dei valori osservati con coefficienti non dipendenti da y. Tali coefficienti sono dunque utilizzabili per tutte le variabili oggetto di indagine, tanto a livello di popolazione che di singoli domini di studio. Ovviamente, l'efficacia di questo unico insieme di pesi finali, ai fini della riduzione della distorsione da mancata risposta e dell'incremento dell'efficienza delle stime, dipenderà da quanto ciascuna variabile di interesse è correlata con le variabili ausiliarie utilizzate e da quanto, condizionatamente ai valori delle variabili ausiliarie, si realizza l'ipotesi di incorrelazione tra i valori di y e le probabilità di risposta.

5.4 Schemi di mancata risposta e selezione delle variabili ausiliarie

In questo paragrafo si propongono alcune linee guida sulla scelta delle variabili ausiliarie per la costruzione degli stimatori introdotti in questo capitolo. A tal fine, vale la pena fare un approfondimento sui processi generatori della mancata risposta e sulle relazioni più o meno dirette che queste possono avere con le variabili oggetto dell'indagine.

Si è già visto come il legame fra la propensione a rispondere e la variabile di interesse determini la distorsione delle stime. Qui si riformulerà il problema in termini di modelli atti a descrivere le relazioni di causalità sottostanti la distorsione da mancata risposta. La Fig. 5.3, adattata da Groves (2006), mostra tre possibili situazioni con riguardo alla relazione fra y e ϑ. Nel primo quadrante, che può essere denominato "modello a cause separate", non si produce correlazione tra y e ϑ. In questo caso, infatti, un insieme di variabili z determina la mancata risposta, ma è distinto ed incorrelato dall'insieme delle variabili x da cui a sua volta dipende la variabile y. In questa situazione, non si ha distorsione da mancata risposta, per l'assenza di relazione tra i valori della y e la probabilità di riposta. È questo il caso più semplice che corrisponde alla nozione di *Missing Completely At Random* (MCAR) secondo la nomenclatura di Little e Rubin (2002). In sostanza, le unità campione rispondono o meno in un modo completamente casuale non tanto in senso assoluto – la propensione, infatti dipende dalle cause z –, quanto relativamente alla variabile di interesse, ovvero indipendentemente dal valore assunto dalla y.

Nel secondo quadrante della Fig. 5.3, un insieme di variabili comuni determinano sia il valore di y sia la probabilità di rispondere ϑ, introducendo di fatto una correlazione fra la variabile di interesse e la probabilità di rispondere. Una tale situazione viene indicata con la dizione *Missing At Random* (MAR), per significare che la probabilità di rispondere è indipendente dalla variabile di interesse y condizionatamente ai valori assunti dalle variabili x che si suppone poter conoscere o a livello di popolazione o a livello di campione. In questo caso la distorsione da mancata risposta è eliminabile utilizzando modelli appropriati di analisi. Ad esempio, gli stimatori $\hat{Y}_{PS}$ e $\hat{Y}_{PSS}$ saranno tanto più efficaci nel correggere la distorsione da mancata risposta quanto più le classi di aggiustamento su cui sono basati descrivono appropriatamente i livelli delle variabili comuni x. Infatti, è solo nei sottogruppi caratterizzati dai medesimi valori di x che è possibile realizzare la condizione di incorrelazione tra la probabilità di rispondere e la variabile oggetto di indagine.

Il terzo quadrante della Fig. 5.3 rappresenta il caso in cui la variabile di interesse determina in tutto o in parte la probabilità di risposta, attraverso un legame diretto di causa-effetto. In altre parole, è proprio la variabile di interesse a generare la mancata risposta. Un esempio di questa situazione è rappresentato dal caso in cui in un'indagine in cui si voglia stimare il tempo trascorso in casa, la possibilità di realizzare l'intervista dipende da esso. Infatti, chi trascorre meno tempo in casa è più difficilmente reperibile e la sua probabilità di risposta sarà più bassa (correlazione positiva tra valore della y e valore della probabilità di risposta). Questo caso viene comunemente denotato con la dizione *Missing Not At Random* (MNAR), per denotare il fatto che la non risposta è un fenomeno non ignorabile, in quanto la probabilità di rispondere è correlata alla variabile y. In queste situazioni il trattamento della distorsione da mancata risposta è più complesso e richiede metodi più sofisticati che non è possibile affrontare in questa sede.

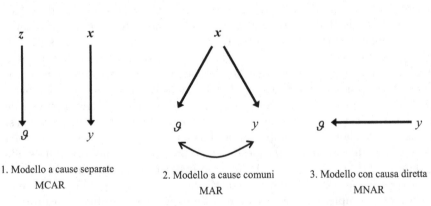

1. Modello a cause separate
MCAR

2. Modello a cause comuni
MAR

3. Modello con causa diretta
MNAR

Fig. 5.3 Esempi di modelli causali delle relazioni tra variabile di interesse y, propensione a rispondere ϑ, e altre variabili x e z

Queste distinzioni ci permettono di valutare, a seconda della situazione in cui ci si trova, quanto possano essere dannosi gli effetti della mancata risposta sulle stime e, di conseguenza, che tipo di informazione ausiliaria possa essere necessaria per tentare di ridurre la distorsione. Quando si ritiene che la mancata risposta non sia collegata in alcun modo, né diretto come nel terzo caso, né indiretto come nel secondo, con la variabile di interesse, si può pensare di ignorare la mancata risposta. Si noti, tuttavia, che in un'indagine reale le variabili di interesse sono molteplici. Occorre quindi sempre una verifica dell'andamento della non risposta sia attraverso le informazioni presenti nella lista delle unità campionate, sia attraverso l'uso dei cosiddetti metadati, cioè delle informazioni di cui si tiene traccia durante la raccolta dei dati.

Una prima analisi può essere condotta attraverso il calcolo dei tassi di risposta condizionatamente ai valori di variabili i cui valori siano noti per tutto il campione selezionato. Le variabili per cui si osserva un'alta variabilità dei tassi di risposta possono essere usate per costruire le classi di aggiustamento. Quando si è in presenza di variabili ausiliarie quantitative oppure l'incrocio delle variabili categoriche potrebbe portare ad un numero eccessivo di classi di aggiustamento, si può pensare di impiegare la stima per regressione oppure la calibrazione, necessaria quando la variabilità dei pesi finale risulta troppo elevata e si rende necessario intervenire con misure di distanza alternative. Si noti come in tutti questi casi si stiano usando le stesse variabili ausiliarie sia per il trattamento della non risposta sia per aumentare – in presenza di informazione ausiliaria a livello di popolazione – l'efficienza delle stime.

Nel caso in cui una parte dell'informazione ausiliaria fosse nota a livello di campione e un'altra parte a livello di popolazione, e si voglia differenziare il trattamento della non risposta dall'impiego di informazioni ausiliarie per aumentare l'efficienza delle stime, si può pensare di impiegare un processo in due passi. Inizialmente, attraverso dei modelli di tipo logistico si può valutare la significatività delle variabili disponibili a livello di campione estratto per spiegare la non risposta e attraverso un modello scelto opportunamente stimare le probabilità di risposta. Queste ultime possono poi essere impiegate per costruire stimatori secondo l'approccio in due fasi illustrato nel Par. 5.3.3. Nulla impedisce, tuttavia, una volta stimate le ϑ_j, di usare il reciproco del prodotto $\pi_j \hat{\vartheta}_j$ come peso base per la costruzione di un qualsiasi stimatore, anche basato su variabili ausiliarie diverse, tra quelli discussi nel Cap. 3. Per la stima della varianza mediante la (2.40), basta ricordare che la probabilità marginale di inclusione del secondo ordine, ammesso che sia sostenibile l'ipotesi di indipendenza tra le unità campionarie dell'essere rispondente, è data da $\pi_{j,j'} \vartheta_j \vartheta_{j'}$, per $j \neq j'$. Lo stimatore di varianza risulta generalmente distorto negativamente però in quanto non si tiene conto della variabilità introdotta dalla stima delle probabilità di risposta.

Bibliografia

Ekholm, A., Laaksonen, S.: Weighting via response modeling in the Finnish House-hold Budget Survey. J. Off. Stat. **7**, 325–337 (1991)

Fuller, W.A.: Sampling Statistics. Wiley Series in Survey Methodology. J. Wiley and Sons, New Jersey (2009)

Fuller, W.A., Loughin, M.M., Baker, H.D.: Regression weighting in the presence of nonresponse with application to the 1987–1988 Nationwide Food Consumption Survey. Surv. Meth. **20**, 75–85 (1994)

Groves, R.M.: Nonresponse rates and nonresponse bias in household surveys. Public. Opin. Quart. **70**, 646–675 (2006)

Groves, R.M., Dillman, D.A., Eltinge, J.L., Little, R.J.A.: Survey Nonresponse. Wiley Series in Survey Methodology. J. Wiley and Sons, New Jersey (2001)

Kim, J.K., Kim, J.J.: Nonresponse weighting adjustment using estimated response probability. Can. J. Stat. **35**(4), 501–514 (2007)

Little, R.J.A.: Survey nonresponse adjustments for estimates of means. Int. Stat. Rev. **54**, 139–157 (1986)

Little, R.J.A., Rubin, D.: Statistical Analysis with Missing Data, 2a ed. J. Wiley and Sons, New York (2002)

Oh, H.L., Scheuren, F.J.: Weighting adjustments for unit non-response. In: Madow, W.G., Olkin, I., Rubin, D.B. (a cura di) Incomplete Data in Sample Surveys, v. 2, pp. 143–184. Academic Press, New York (1983)

Särndal, C.E., Lundström, S.: Estimation in surveys with nonresponse. Wiley Series in Survey Methodology. J. Wiley and Sons, Chichester (2005)

Särndal, C.E., Swensson, B., Wretman, J.: Model Assisted Survey Sampling. Sprin-ger-Verlag, New York (1992)

Tillé, Y., Matei, A.: The R package sampling, a software tool for training in official statistics and survey sampling. In: Rizzi A., Vichi, M. (a cura di) Proceedings in Computational Statistics, COMPSTAT'06, Physica-Verlag/Springer, pp. 1473–1482 (2006)

6

Metodi inferenziali in presenza di mancate risposte parziali

6.1 Introduzione

Per non risposta parziale si intende la mancata risposta ad uno o più quesiti di un questionario. Le sue motivazioni possono essere diverse: rifiuto o incapacità di rispondere da parte dell'intervistato, dimenticanza da parte dell'intervistatore di porre una domanda o registrare la risposta, risposte inconsistenti cancellate in fase di *editing* o errori nella fase di registrazione su supporto informatico.

La non risposta parziale è distinta da quella totale, perché quest'ultima, come illustrato nel Cap. 5, è generalmente fronteggiata ricorrendo a tecniche di riponderazione, mentre la non risposta parziale viene prevalentemente compensata mediante tecniche di imputazione che sostituiscono al dato mancante un valore "scelto in modo opportuno". L'uso dei due diversi criteri di compensazione è giustificato dal diverso contenuto informativo sulle unità non rispondenti di cui si dispone nei due casi. Le uniche informazioni disponibili in caso di non risposta totale sono quelle provenienti dalla lista di campionamento, quali ad esempio l'appartenenza a un determinato strato della popolazione. Nel caso in cui un'unità partecipa all'indagine, ma non risponde a uno o più quesiti, in aggiunta alle informazioni provenienti dalla lista di campionamento, sono note anche le informazioni provenienti dagli altri quesiti. I metodi di imputazione consentono di utilizzare tutte le informazioni raccolte su un'unità che non ha risposto solo ad alcuni quesiti, ricostruendo i valori solo per le risposte mancanti. Non è pratico perseguire lo stesso obiettivo di utilizzo di tutti i dati raccolti usando la riponderazione poiché ciò produrrebbe insiemi diversi di pesi per ogni variabile oggetto di studio; questo causerebbe grosse difficoltà nella costruzione di tabelle di contingenza e nelle altre analisi sulle relazioni tra variabili. Nella maggior parte delle situazioni, la distinzione tra non risposta totale e non risposta parziale è ovvia, ma in alcuni casi può essere dubbia. Questi casi sono quelli in cui alcune informazioni sono raccolte, ma una parte sostanziale di esse manca. Ciò accade, ad esempio, quando

G. Nicolini et al., *Metodi di stima in presenza di errori non campionari*,
UNITEXT – Collana di Statistica e Probabilità Applicata,
DOI 10.1007/978-88-470-2796-1_6, © Springer-Verlag Italia 2013

un rispondente termina prematuramente l'intervista, nel caso in cui l'unità di analisi è la famiglia e i dati sono disponibili per alcuni membri ma non per tutti, nel caso di indagini panel se un'unità fornisce i dati in una o più occasioni di indagini ma non in tutte.

La conseguenza immediata della non risposta parziale è l'impossibilità di disporre di un *data-set* completo (privo di lacune) e dunque di analizzare i dati direttamente mediante le tradizionali tecniche di analisi. La non risposta parziale, inoltre, come le altre due cause di incompletezza dei dati discusse nei capitoli precedenti, produce effetti negativi in termini di correttezza e precisione delle stime. L'esistenza di differenze sistematiche tra le unità rispondenti e le unità non rispondenti può rendere le stime distorte e l'entità e il segno della distorsione sono ovviamente ignoti. La precisione delle stime diminuisce essendo queste calcolate su un sottoinsieme delle unità campionarie.

In letteratura sono stati proposti numerosi metodi per compensare i dati mancanti per effetto della non risposta parziale. Qualsiasi metodo è soggetto tuttavia a ipotesi non verificabili utilizzando i soli dati dell'indagine. Le azioni preventive che mirano a eliminare la non risposta sono pertanto importanti, non solo perché pur non riuscendo ad eliminarla riescono comunque a ridurla, ma anche perché possono fornire informazioni ausiliarie utili per capire le cause che l'hanno generata. La disponibilità e l'utilizzo di informazioni sulle cause che hanno generato i dati mancanti è un prerequisito fondamentale per un "adeguato trattamento statistico" degli stessi. Ad esempio mentre un dato mancante dovuto a una dimenticanza accidentale del rilevatore può essere considerato mancante a caso, un dato mancante dovuto al rifiuto del rispondente di collaborare su un tema sensibile (quale il reddito, l'uso di alcol o droghe, un'opinione politica) non è casuale e per compensarlo occorre ricorrere a tecniche più sofisticate che includono la specificazione di un modello per il meccanismo di risposta. È importante quindi pensare al problema della possibile assenza di risposte già in sede di progettazione dell'indagine in modo tale che, se le non risposte non possano essere completamente evitate, almeno possano essere fronteggiate in modo adeguato.

6.2 Tipologie e cause della mancata risposta parziale

Definire e comprendere le diverse tipologie di dati mancanti, il meccanismo e le cause che possono generarli è indispensabile per valutare quanto possano essere dannosi i loro effetti e individuare con successo le possibili azioni per prevenirli e/o compensarli. A tal fine, come nel caso della non risposta totale, anche nel caso della non risposta parziale è utile classificare i dati mancanti in: 1) dati mancanti completamente a caso o $MCAR$; 2) dati mancanti a caso o MAR; 3) dati mancanti non a caso o $NMAR$. Mentre le definizioni di dati $MCAR$ e di dati $NMAR$ coincidono esattamente con quelle fornite nel Par. 5.4, per i dati di tipo MAR generati da non risposte parziali occorre precisare che le variabili ausiliarie (una o più) condizionatamente alle quali la non risposta è indipendente dalla variabile di interesse possono essere non solo variabili i cui valori sono noti a livello di popolazione o a livello di campione s, ma anche variabili rilevate nella stessa indagine che non presentano valori mancanti ovvero variabili i cui valori sono noti per tutte le unità appartenenti all'insieme r di coloro che hanno risposto ad almeno un quesito. In ogni caso qualunque sia il livello a cui le variabili ausiliarie sono note, le caratteristiche/proprietà che le individuano non cambiano, sono quelle già discusse nel Par. 5.4 e saranno poi richiamate con specifico riferimento ai metodi di imputazione nel Par. 6.5.

La natura dei dati mancanti dipende ovviamente dalle cause che li generano. In letteratura sono state proposte diverse classificazioni delle possibili cause. Ad esempio, Groves (1989) individua quattro possibili fonti di non risposta parziale: il tipo di indagine, il questionario, l'intervistato (o rispondente) e l'intervistatore. Leeuw et al. (2003) invece forniscono le seguenti tre motivazioni: 1) non risposta parziale perché il rispondente non fornisce informazioni in corrispondenza ad alcuni quesiti; 2) non risposta parziale perché i dati raccolti sono inutilizzabili (fuori dal *range* della variabile, incoerenti rispetto ad altre caratteristiche certe del rispondente); 3) non risposta parziale perché alcune informazioni valide sono perse, ad esempio in fase di registrazione dei dati. In realtà, qualunque sia la classificazione che si adotta, più o meno dettagliata, è evidente che per capire le potenziali cause dei dati mancanti è utile l'analisi del processo di produzione dei dati. Mentre la mancata risposta parziale dovuta ad errori nella fase di "lavorazione" dei dati (*data processing phase*) ovvero durante le operazioni di registrazione, codifica, editing è generalmente di natura accidentale, le forme di non risposta che hanno origine durante il processo di acquisizione dei dati (*question-answer process*) sono più gravi, perché la natura del meccanismo di non risposta può essere di diverso tipo. In realtà, difficilmente i vari fattori che disturbano il processo di raccolta dei dati generano dati MCAR, pertanto il rischio di ottenere stime distorte utilizzando i soli dati disponibili è considerevole.

6.3 Azioni per prevenire/ridurre le mancate risposte parziali

I metodi per analizzare i dati mancanti si basano tutti su assunzioni e modelli espliciti o impliciti che non possono essere verificati salvo che, eccezionalmente, sia possibile conoscere i valori veri dei dati mancanti. È auspicabile quindi pensare al problema della possibile assenza di risposte già in sede di progettazione dell'indagine in modo tale che se le non risposte non possono essere evitate, almeno possano essere fronteggiate in modo adeguato. Seguendo questa logica vengono ora presentate le principali azioni preventive che è opportuno adottare durante la progettazione dell'indagine per ridurre le non risposte parziali.

Quando si sceglie il metodo di rilevazione (faccia a faccia, telefonico, postale ecc.), valutando i pro e i contro di ognuno, è opportuno tener conto anche dei possibili effetti che ciascun metodo produce in termini di non-risposta parziale: numerose analisi condotte nel tempo evidenziano che le interviste telefoniche presentano un più alto tasso di non risposta parziale rispetto a quelle faccia a faccia e che le interviste dirette sia faccia a faccia che telefoniche generalmente determinano un minor tasso di non risposta parziale rispetto alle indagini postali con questionario auto-compilato. L'unica eccezione in cui il tasso di non risposta parziale è più basso nelle indagini postali rispetto a quelle dirette è il caso delle domande su temi sensibili (es. uso di droghe, comportamenti sessuali, idee politiche) per i quali l'assenza del rilevatore (l'auto-compilazione) riduce l'eventuale disagio nel comunicare un comportamento o un'opinione considerati imbarazzanti o inopportuni ed è percepita come una maggiore garanzia di rispetto della privacy e dell'anonimato. Per le interviste dirette, con domande su temi sensibili, un'azione preventiva che potrebbe essere adottata per ridurre le mancate risposte è il ricorso a tecniche di risposta randomizzata. Con tali tecniche l'intervistato stabilisce in base al risultato di un esperimento casuale se rispondere al quesito sul tema sensibile o a un'altra domanda "innocua" (ad esempio "il tuo mese di nascita è settembre?") e la stima della proporzione di risposte al quesito sensibile è poi effettuata utilizzando la probabilità nota che l'esperimento casuale assegna ad esso. Le tecniche di risposta randomizzata, tuttavia, pur essendo solitamente suggerite in letteratura, sono poco utilizzate nelle situazioni pratiche. Per una loro descrizione dettagliata si rimanda a Fox e Tracy (1986), Chaudhuri e Mukerjee (1988) e Lensvelt–Mulders et al. (2005).

Sia nel caso di intervista diretta che di questionario auto-compilato, l'uso del calcolatore ovvero l'adozione dei metodi di somministrazione del questionario *computer-assisted* riduce le non risposte parziali. Con l'uso del calcolatore si riducono i salti involontari di un quesito, è possibile gestire automaticamente le domande filtro, possono essere segnalate e corrette già in fase di compilazione alcune incongruenze dovute a una risposta inadeguata o a un errore di registrazione che altrimenti potrebbero dar luogo a uno o più dati mancanti per inutilizzabilità degli stessi.

Molto importane per la prevenzione delle non risposte parziali è la predisposizione di un "buon" questionario. Le domande e i termini utilizzati devono essere facilmente comprensibili. Nel caso di risposte chiuse le diverse categorie devono essere idonee ed esaustive. È importante nella formulazione delle domande che i "non so" o "zeri" che rappresentano non risposte siano distinguibili dai "non so" o "zeri" effettivi poiché i risultati delle successive operazioni di stima possono essere fortemente influenzati dalla correttezza dell'una o l'altra scelta. Oltre ad un'opportuna disposizione e formulazione delle domande anche l'inserimento di brevi e chiare istruzioni può essere un utile strumento di prevenzione per ridurre i dati mancanti. Nella predisposizione del questionario è utile anche prevedere quali saranno i quesiti più facilmente soggetti a mancata risposta e predisporre la rilevazione di variabili legate a quelle che molto probabilmente presenteranno dati mancanti, per utilizzarle poi in fase di compensazione delle non risposte.

Un altro utile strumento, non solo di prevenzione dei dati mancanti, ma anche di comprensione del perché e quando certi valori mancanti si verificano, è il test del questionario mediante *pre-test* e/o *indagine pilota*. Il pre-test è una somministrazione di prova di una stesura provvisoria del questionario per testarne le parti e le eventuali criticità (la formulazione della domande, il loro ordine, le domande superflue, ecc.). Sulla base delle annotazioni, dei commenti e delle risultanze emerse da queste fase di pre-test è possibile "aggiustare" e modificare il questionario giungendo così alla sua stesura definitiva. L'indagine pilota si differenzia dal pre-test in quanto persegue un obiettivo più ampio, cioè quello di verificare tutti gli aspetti della rilevazione. È un'indagine vera e propria meno estesa (in termini di numerosità campionaria), ma più approfondita rispetto all'indagine madre: tutte le procedure vengono sottoposte a controlli particolarmente accurati, allo scopo di identificare gli eventuali errori.

Un ruolo molto importante nella riduzione delle non risposte è esercitato dai rilevatori. Essi possono guidare il rispondente nel processo di risposta, spiegargli le domande che non comprende, riproporre una domanda quando il rispondente non è sicuro della risposta o di fornire una risposta. I rilevatori possono però anche generare non risposte, perché dimenticano una domanda o non la propongono correttamente, non registrano o registrano male una risposta. Gli errori possono essere accidentali o volontari. La principale azione preventiva per ridurre i dati mancanti causati dai rilevatori è un buon addestramento degli stessi.

6.4 Metodi per trattare i dati incompleti

La letteratura propone vari metodi per trattare i dati incompleti. Per scegliere in modo ottimale tra essi è necessario conoscere come i dati mancanti hanno avuto origine. Soprattutto sarebbe auspicabile, qualora possibile, sapere se sono dati mancanti MCAR o no perché solo nel caso di dati MCAR, non essendoci differenze sistematiche tra chi ha risposto a tutti i quesiti e coloro che presentano dei dati mancanti, le analisi statistiche basate sui soli rispondenti sono non distorte.

Se i dati non sono MCAR possono essere MAR o NMAR. Se i dati sono MAR è importante conoscere quali variabili sono legate al processo di risposta. Per un appropriato trattamento dei dati mancanti tali variabili devono essere incluse nel metodo di compensazione o nel modello di analisi. Nel caso peggiore di dati NMAR in cui l'assenza delle risposte dipende dal suo stesso valore incognito, non esistono soluzioni semplici, deve essere ipotizzato un modello specifico per il meccanismo di risposta.

Il primo passo per indagare le caratteristiche del processo generatore dei dati mancanti è l'analisi del loro *pattern*. Per pattern si intende la "struttura" dei dati mancanti e osservati rispetto alla matrice dei dati completi ovvero la matrice dei dati che si osserverebbe nella condizione "ideale" in cui tutti avessero risposto a tutti i quesiti. L'analisi del pattern dei dati mancanti può fornire informazioni utili e soprattutto tangibili, ad esempio, da essa potrebbe emergere che la maggior parte dei valori mancanti riguarda una sola variabile e, se questa ha rilevanza marginale nello studio, si potrebbe decidere di eliminarla piuttosto che affrontare il problema dell'individuazione e applicazione di un adeguato metodo di compensazione. La stessa decisione potrebbe riguardare una singola unità con molti valori mancanti. In generale però i dati mancanti sono sparsi all'interno della matrice dei dati e dall'analisi della loro struttura si vuole valutare la presenza di una qualche regolarità nel pattern e/o l'eventuale legame con qualche variabile osservata. Inoltre, poiché il problema dei dati mancanti riguarda, generalmente, non una ma più variabili simultaneamente, è utile anche fare in modo che sia presente un pattern in cui le variabili sono disposte in un ordine tale che per un certo rispondente il valore della variabile che nella matrice dei dati occupa la posizione $k+1$ è osservato solo se è osservato il valore della variabile che nella matrice dei dati occupa la posizione k, e conseguentemente solo se sono osservati i valori di tutte le variabili che nella matrice dei dati si trovano in una posizione antecedente alla $(k+1)$-esima. Un pattern con tale struttura è detto monotono, non sempre è possibile costruirlo (disponendo/permutando opportunamente le variabili nella matrice dei dati) ma quando è possibile costruirlo è opportuno farlo perché rende più semplici e computazionalmente più agevoli le operazioni di compensazione dei dati mancanti.

Sfortunatamente, l'analisi della struttura dei dati mancanti non consente mai di dire con certezza se i dati mancanti non dipendono dai valori non osservati della stessa variabile cui si riferiscono; a tal fine sono necessarie informazioni aggiuntive a quelle raccolte sul campione corrente. Tali informazioni possono provenire da altre fonti rispetto all'indagine corrente oppure possono essere legate alla stessa indagine. Già nel Par. 6.3 è stato sottolineato che pre-test e indagine pilota sono utili non solo per migliorare il questionario e aumentare la sua capacità di prevenire i dati mancanti ma anche per capire perché e quando certi valori mancanti si verificano. Tali informazioni sono poi utili per individuare la tecnica più appropriata di compensazione dei dati mancanti. Altre informazioni, legate all'indagine, utili a capire il processo di risposta sono le osservazioni dei rilevatori. I rilevatori possono osservare con intelligenza e descrivere il processo di raccolta dei dati e i fattori di disturbo (Loosvelt 1995; Snijkers et al. 1999), possono anche descrivere le caratteristiche economiche e socio-demografiche del contesto in cui vivono i non rispondenti (Groves e Cooper 1998). Anche tali informazioni possono essere utili per individuare la tecnica più appropriata di compensazione dei dati mancanti.

Un'altra possibilità di raccogliere informazioni sul processo di risposta è rappresentata dal *follow-up* (contatto ripetuto nel tempo) di un campione di individui, che pur avendo collaborato all'indagine non hanno risposto ad alcuni quesiti, per cercare di ottenere le risposte ai quesiti mancanti e capire le motivazioni delle non risposte. Uno svantaggio di quest'ultimo approccio è costituito dall'ovvio aumento dei costi e dei tempi dell'indagine.

I metodi disponibili in letteratura per trattare i dati mancanti per effetto della non risposta parziale sono numerosi, essi però sono generalmente opportuni solo per dati mancanti ignorabili, ovvero quando la probabilità di rispondere è indipendente dalla variabile di interesse (dati MCAR) o lo è condizionatamente a un'insieme di variabili esplicative (dati MAR). Nella trattazione successiva si farà riferimento alla classificazione di questi metodi in: 1) metodi basati sulle sole unità rispondenti; 2) metodi di riponderazione; 3) metodi di imputazione; e maggiore risalto sarà dato a questi ultimi perché sono quelli più frequentemente utilizzati per trattare le non risposte parziali.

6.4.1 Metodi basati sulle sole unità rispondenti

I metodi basati sulle sole unità rispondenti hanno il vantaggio di essere di semplice applicazione ma sono indicati solo nel caso in cui l'ammontare di dati mancanti è limitato e i dati mancanti sono MCAR. Solo sotto quest'ultima ipotesi si possono ottenere stime corrette considerando i soli dati osservati. Due sono le strade possibili: *analisi dei soli casi completi* e *analisi dei casi disponibili*.

Nell'analisi dei soli casi completi le unità con qualche variabile non osservata sono eliminate e l'analisi procede considerando le sole unità completamente osservate. I vantaggi di questo modo di procedere sono la semplicità, giacché si utilizzano le tecniche di analisi standard per dati completi e la comparabilità delle statistiche univariate essendo calcolate sulla stessa base campionaria.

Ad esempio, indicando con r_c l'insieme delle unità completamente osservate, per stimare il totale di una qualsiasi variabile di interesse y si può applicare lo stimatore di Hajek già introdotto nel Par. 5.1 e la cui espressione diventa

$$\hat{Y}_H = N \sum_{j \in r_c} w_j y_j / \sum_{j \in r_c} w_j, \tag{6.1}$$

dove i pesi w_j in assenza di non risposta totale coincidono con i pesi base a_j (pari al reciproco delle probabilità di inclusione), oppure sono i pesi ottenuti con un metodo di riponderazione applicato per correggere la distorsione da mancata risposta totale. Ricorrendo ad una schematizzazione analoga a quella fatta nel Par. 5.1 relativamente alla non risposta totale, si dimostra facilmente che, assumendo assenza di non risposta totale o che i suoi effetti sono già stati corretti, la distorsione di $\hat{Y}_H$ e pari al prodotto tra la dimensione della sottopopolazione di coloro che pur partecipando all'indagine non rispondono a tutti i quesiti e la differenza tra le medie di tale sottopopolazione e la sottopopolazione complementare. Tale distorsione è quindi nulla nel caso di dati MCAR.

Lo svantaggio dell'eliminazione dei casi incompleti è la riduzione della numerosità campionaria, e quindi, dell'informazione. Una procedura alternativa all'analisi dei soli dati completi è l'analisi dei casi disponibili. Gli indici univariati come totale, media e varianza sono calcolati su tutte le unità osservate per una certa variabile. Ad esempio, per stimare i totali delle variabili y_1 e y_2 si utilizza ancora lo stimatore (6.1) ma mentre per la variabile y_1 le sommatorie in esso sono estese all'insieme r_{y_1} di tutte le unità che hanno fornito il valore della variabile y_1, per la variabile y_2 sono estese al corrispondente insieme r_{y_2}. Per calcolare le covarianze o eventuali statistiche bivariate si considerano le unità disponibili per coppie di variabili. Per ogni variabile e ogni coppia di variabili si avrà, quindi, una numerosità campionaria diversa.

Questo modo di procedere, se da un lato può essere un vantaggio, poiché si utilizzano tutte le informazioni disponibili, dall'altro può essere uno svantaggio per esempio per compilare delle tabelle di contingenza, perché i totali per le varie variabili sono riferiti a campioni diversi. Dalle differenze tra le numerosità campionarie riferite alle diverse variabili dipende anche un altro grave inconveniente dell'analisi dei dati disponibili: la possibilità di fornire stime inammissibili per i coefficienti di correlazione e per la matrice di correlazione, i primi potrebbero risultare esterni all'intervallo $[-1, 1]$ e la seconda potrebbe non essere semidefinita positiva. Anche se sotto l'assunzione di dati mancanti MCAR le stime sono consistenti, in generale quest'approccio non è soddisfacente e talvolta può essere peggiore dell'analisi dei soli dati completi.

Va infine posto l'accento sul fatto che spesso il ricorso ai metodi basati sulle sole unità osservate è erroneamente favorito dalla loro apparente mancanza di assunzioni che nasconde in realtà l'ipotesi molto stringente secondo cui i dati sono mancanti completamente a caso e quindi si possono analizzare le osservazioni complete ed estendere i risultati all'intero campione. Il fatto che un dato sia mancante invece, spesso, dipende dalle stesse variabili sotto studio e quindi l'analisi dei casi completi o dei casi disponibili è inadeguata (Little e Rubin 1987).

6.4.2 Metodi di riponderazione

I metodi di riponderazione sono prevalentemente usati per compensare la non risposta totale e come tali sono ampiamente trattati nel Cap. 5. In questa sezione sono evidenziati solo gli aspetti che riguardano la loro applicazione per compensare la non risposta parziale e le loro relazioni con i metodi di imputazione.

Non è pratico utilizzare la riponderazione per fronteggiare la non risposta parziale perché produrrebbe insiemi diversi di pesi per ogni quesito e ciò, a sua volta, causerebbe grosse difficoltà nella costruzione di tabelle di contingenza e nelle altre analisi sulle relazioni tra variabili.

La riponderazione è un aggiustamento globale che tenta di compensare per la mancata risposta a tutti i quesiti simultaneamente. Al contrario l'imputazione è più specifica per la non risposta a singoli quesiti: è possibile imputare una non risposta totale sostituendo a tutti i valori mancanti tutte le risposte fornite da un individuo rispondente, ma la riponderazione è, in questo caso, molto più semplice ed evita la perdita di precisione che nasce quando si seleziona un individuo dall'insieme dei rispondenti. Tale differenza ha conseguenze anche sul modo in cui le variabili ausiliarie sono usate: nel formare le classi di riponderazione l'attenzione è rivolta a determinare classi che siano diverse rispetto al tasso di risposta; la scelta delle variabili esplicative da usare nell'imputazione, invece, è fatta primariamente in termini della loro abilità a predire le risposte mancanti (Kalton e Kasprzyk 1986).

Nonostante le differenze evidenziate e nonostante in letteratura riponderazione e imputazione siano sempre classificate separatamente, le due procedure sono strettamente legate. Entrambe si basano sul principio di estendere i dati osservati sui rispondenti ai non rispondenti. In realtà per ogni metodo di riponderazione esiste un metodo di imputazione equivalente e l'equivalenza è addirittura evidente nel caso dei metodi di riponderazione che producono pesi interi. Si consideri ad esempio uno schema di riponderazione in cui un rispondente è scelto a caso in un sottogruppo e il suo peso aumentato affinché egli rappresenti anche i non rispondenti nel sottogruppo. Questo schema di riponderazione è equivalente allo schema di imputazione in cui tutte le risposte del rispondente scelto a caso sono assegnate a tutti i non-rispondenti appartenenti al suo stesso sottogruppo. Le due procedure producono le stesse stime. L'unica differenza sta nel fatto che mentre con la riponderazione i due *record* relativi all'unità rispondente e a quella non rispondente sono fusi in un unico record, con l'imputazione i due record sono identici ma separati.

Questo esempio, pur evidenziando la forte relazione esistente tra riponderazione e imputazione, consente di rilevare ancora una volta l'opportunità nel caso di non risposta ad un singolo quesito, o a più quesiti, ma non a tutti, di imputare perché in questo modo, restando i due record separati, è possibile mantenere tutte le informazioni raccolte e ricostruire i valori solo per le risposte mancanti.

Occorre inoltre sottolineare che, mentre nell'esempio descritto il metodo di riponderazione e il metodo di imputazione scelti sono equivalenti sia per la stima di statistiche univariate (media, totale, ecc.) che per la stima delle relazioni tra variabili, in generale è possibile individuare anche metodi di imputazione che pur essendo equivalenti a metodi di riponderazione per la stima di statistiche univariate non lo sono per la stima delle relazioni tra variabili. Si supponga, ad esempio, di avere due sole variabili di studio e di adottare, per compensare le non risposte parziali, uno schema di riponderazione che assegna peso zero alle unità per le quali è missing il valore di una delle due variabili e peso pari al rapporto tra il numero di rispondenti ad almeno uno dei due quesiti e il numero di rispondenti ad entrambi quesiti, alle unità per cui sono noti i valori di entrambe le variabili. Questo schema di riponderazione produce stime delle medie delle due variabili di studio uguali a quelle prodotte dal metodo di imputazione che sostituisce per tutte le unità che non hanno risposto ad uno dei due quesiti i valori di entrambe le variabili con le rispettive medie calcolate sull'insieme dei casi completi. I due metodi tuttavia non producono la stessa stima della covarianza tra le due variabili.

Generalmente in una stessa indagine riponderazione e imputazione sono applicate entrambe per compensare rispettivamente la non risposta totale e la non risposta parziale. Särndal & Lundström (2005) definiscono tale approccio *weighting and imputation combined*. L'imputazione riguarda le r unità per le quali almeno uno ma non tutti i quesiti sono mancanti. La matrice dei dati completi così ricostruita ha solo r righe. Un appropriato metodo di riponderazione è poi a essa applicato per compensare la non risposta totale.

6.4.3 Metodi di imputazione

I metodi di imputazione consistono nell'assegnazione di un valore sostitutivo del dato mancante al fine di ripristinare la "completezza" dell'insieme dei dati. Secondo alcuni studiosi (Kalton e Kasprzyk 1982) la natura multivariata delle indagini statistiche, nelle quali tutte le variabili possono potenzialmente presentare dati mancanti, giustifica l'uso dell'imputazione per almeno tre motivi. In primo luogo perché con l'imputazione si mira a ridurre le distorsioni nelle stime finali che potrebbero sorgere a causa dei dati mancanti la cui distribuzione è generalmente diversa da quella dei dati osservati. In secondo luogo perché l'imputazione consente di lavorare sul data-set come se fosse completo, facilitando in tal modo l'analisi dei dati. Infine, perché consente di effettuare analisi che conducono a risultati consistenti, in particolare se i metodi di imputazione tengono conto delle relazioni di coerenza tra i dati e dei legami tra le variabili. Tuttavia anche l'imputazione può presentare alcuni inconvenienti: ad esempio non è detto che permetta di ottenere stime meno distorte di quelle che si ottengono lavorando con un data-set incompleto, ciò dipende sia dalla tipologia di mancata risposta, sia dalla procedura di imputazione adottata, sia tal tipo di stima che si intende effettuare. Inoltre, uno degli aspetti più critici di questo approccio consiste nel fatto che, una volta creato un data-set rettangolare completo, i valori imputati tendono ad essere considerati come valori effettivamente osservati. Se ciò avviene, si rischia di ottenere stime con un grado di precisione più elevato di quello reale in quanto non si tiene conto del fatto che l'imputazione, basata generalmente sull'ipotesi di dati mancanti MAR, non genera informazioni che non siano già presenti nei dati osservati e quindi si trascura la componente della varianza dovuta alla non risposta e al processo di imputazione. Per fare inferenze valide sono quindi richieste modifiche delle analisi standard per permettere di distinguere tra valore reale e valore imputato ed è auspicabile che i valori imputati possano essere sempre riconosciuti come tali nel data-set in modo che l'utilizzatore possa valutare l'impatto della non risposta e della successiva imputazione sui suoi risultati. I pregi e i difetti delle tecniche di imputazione sono ben riassunti da Dempster e Rubin (1983, pag. 8) nella loro introduzione al volume II di *Incomplete Data in Sample Surveys*: "The idea of imputation is both seductive and dangerous. It is seductive because it can lull the user into the pleasurable state of believing that the data are complete after all, and it is dangerous because it lumps together situations where the problem is sufficiently minor that it can be legitimately handled in this way and situations where standard estimators applied to real and imputed data have substantial biases".

Un approccio diretto al problema della valutazione della componente di varianza non campionaria dovuta al processo di imputazione è rappresentato dall'imputazione multipla (Rubin 1978, 1987) che consiste essenzialmente nella ripetizione del processo di imputazione G volte e, conseguentemente nella generazione di G data-set completi. All'imputazione multipla è dedicato il Par. 6.5; in questo paragrafo sono invece presentati i principali metodi di imputazione singola. Prima di descriverli separatamente tuttavia è opportuno evidenziarne alcune caratteristiche comuni.

- Tutti i più noti metodi di imputazione si basano sull'ipotesi che i dati mancanti siano MAR e pertanto per individuare in corrispondenza a ciascun dato mancante un valore sostitutivo che sia il più possibile vicino a quello non osservato utilizzano in vario modo variabili ausiliarie note sia per i rispondenti sia per i non rispondenti. Alcuni metodi fanno uso di variabili ausiliarie sia discrete sia continue, altri solo di variabili discrete o opportunamente discretizzate. I metodi di imputazione che non usano alcuna variabile ausiliaria si basano sull'ipotesi più stringente secondo cui i dati mancanti sono MCAR.

- Qualunque sia la tecnica di imputazione prescelta i valori imputati sono delle stime ottenute mediante una modellazione esplicita o implicita delle informazioni disponibili. Con l'imputazione basata su un modello esplicito, i valori sono predetti mediante un modello statistico che descrive la relazione ipotizzata tra il valore da predire e le variabili ausiliarie usate per la predizione; nell'imputazione basata su un modello implicito, il modello non è formalmente definito ma è sottointeso rispetto alla struttura dei dati che viene ricostruita. Rispetto a tale classificazione Särndal e Lundström (2005) aggiungono una terza categoria di metodi di imputazione in cui i valori sono costruiti mediante il giudizio/valutazione di un esperto, e al quale è necessario ricorrere, eccezionalmente, quando un singolo elemento è molto diverso dagli altri e quindi non ha una classe di elementi simili di riferimento.

- La maggior parte dei metodi di imputazione si basano sulla suddivisione di tutte le unità appartenenti all'insieme r dei rispondenti ad almeno un quesito in gruppi mutualmente esclusivi, esaustivi e omogenei rispetto a un insieme di variabili strutturali e/o di indagine note per tutte le unità dell'insieme medesimo e individuano per ogni dato mancante il valore sostitutivo utilizzando solo i rispondenti appartenenti al suo stesso gruppo. Tali gruppi sono chiamati classi di imputazione e per la loro definizione possono essere utilizzate sia variabili discrete che continue, queste ultime però devono essere ovviamente categorizzate prima di procedere alla definizione dei gruppi con possibile perdita di dettaglio. La scelta delle variabili avviene in base alla loro capacità di predire le risposte mancanti. Inoltre, un limite di cui si deve tener conto nella formazione delle classi è costituito dal fatto che il loro numero deve essere determinato in modo da assicurare la presenza di un numero minimo di rispondenti in ogni classe al fine di ottenere "stime" affidabili dei valori mancanti. Infine occorre sottolineare che anche se la definizione delle classi di imputazione è simile alla definizione delle classi di aggiustamento data nel Par. 5.3.1, (in entrambi i casi si ha una suddivisione dell'insieme r dei rispondenti ad almeno un quesito in sottogruppi sulla base di variabili ausiliarie), i due concetti sono diversi e la loro differenza, che consiste essenzialmente nel diverso modo di scegliere le variabili ausiliarie utilizzate per le rispettive definizioni, deriva proprio dai due diversi modi di affrontare i dati mancanti che caratterizzano la riponderazione e l'imputazione e che sono stati già discussi nei Paragrafi 6.1 e 6.4.2.

- Seguendo l'impostazione di Kalton e Kasprzyk (1982) ogni metodo di imputazione può essere formalmente definito mediante un modello che lega il valore da imputare alle informazioni ausiliarie (per le quali occorre precisare che possono essere costituite non solo da variabili note a livello di popolazione o a livello di campione, ma anche da variabili rilevate nella stessa indagine che non presentano valori mancanti). Se $\hat{y}_j$ è il valore imputato della variabile y per l'unità j e $\mathbf{x}_j = (x_{1j}, \ldots, x_{Pj})$ un vettore P-dimensionale di variabili continue e/o discrete note per l'unità j allora il modello generale di imputazione è:

$$\hat{y}_j = f(\mathbf{x}_j) + e_j,$$

dove $f(\cdot)$ è una qualche funzione delle variabili ausiliarie e e_j è un residuo. Per alcuni metodi di imputazione tale modello è effettivamente esplicitato, in altri casi è assunto implicitamente. Tale espressione ci consente inoltre, di distinguere i vari metodi di imputazione in base alla forma scelta per f e alla natura costante o casuale di e_j. I metodi per i quali e_j è costante sono detti deterministici e con essi i valori imputati sono determinati univocamente. Viceversa i metodi con e_j casuale, detti stocastici, se ripetuti su unità aventi le stesse caratteristiche (le stesse realizzazioni del vettore $\mathbf{x}_j$) possono produrre valori diversi. Per molti metodi di imputazione f è una funzione lineare, per cui si ha:

$$\hat{y}_j = \beta_0 + \sum_{p=1}^{P} \beta_p x_{pj} + e_j, \qquad (6.2)$$

dove β_0 e β_p $(p = 1, \ldots, P)$ sono i coefficienti del modello di regressione di y su x calcolati sui rispondenti.

- Infine, qualunque sia il metodo di imputazione adottato, se tutti i valori mancanti sono imputati, l'insieme completato dei dati può essere formalmente definito come l'insieme dei valori $\{y_{\bullet j} : j \in r\}$, dove

$$y_{\bullet j} = \begin{cases} y_j & j \in r_y \\ \hat{y}_j & j \in r - r_y \end{cases}, \qquad (6.3)$$

r_y è l'insieme dei rispondenti al quesito y e $\hat{y}_j$ è il valore imputato per l'unità j nel caso in cui il vero valore y_j sia mancante.

6.4.3.1 Imputazione deduttiva

Si parla di imputazione deduttiva o imputazione analitica quando le mancate risposte possono essere dedotte con certezza dalle risposte agli altri quesiti. Ad esempio controlli di coerenza possono costringere un dato mancante a un solo possibile valore. Un esempio di imputazione deduttiva si ha quando un record contiene una serie di valori e anche la loro somma, se una delle quantità è mancante il suo valore può essere dedotto facendo semplicemente una sottrazione. Un altro esempio è la possibilità di ottenere anno di nascita, sesso e età di un individuo conoscendo il suo codice fiscale. In generale, si tratta di metodi la cui tipologia varia a seconda dei fenomeni investigati (economici, demografici, ecc.) e che presuppongono la definizione di modelli di comportamento specifici del fenomeno in oggetto sviluppati da esperti. Si parla di imputazione deduttiva anche quando il valore dedotto è con buona probabilità quello reale. Talvolta l'imputazione deduttiva è addirittura considerata facente parte del processo di *editing* (Schulte Nordholt 1988).

6.4.3.2 Imputazione di medie

Un metodo semplice, ma non privo di inconvenienti, è quello di sostituire ad ogni dato mancante la media aritmetica calcolata sui rispondenti, ovvero per il quesito y

$$\bar{y}_{r_y} = \frac{1}{n_{r_y}} \sum_{j \in r_y} y_j,$$

dove n_{r_y} indica il numero di rispondenti al quesito medesimo. Secondo la formalizzazione sopra adottata tale procedura di imputazione, detta *imputazione con la media generale*, può essere vista come una forma degenere deterministica dell'espressione (6.2), vale a dire con nessuna variabile esplicativa e con $e_j = 0$:

$$\hat{y}_j = \beta_0 = \bar{y}_{r_y}.$$

È evidente che tale procedura si basa sull'assunzione di dati MCAR e presenta numerosi inconvenienti: a) può essere utilizzata solo per variabili quantitative, b) distorce la distribuzione della variabile concentrando tutti i non rispondenti sul valore medio, c) riduce la variabilità del carattere nel campione con il rischio di sottostimare la varianza degli stimatori, d) altera le associazioni tra variabili. Per tali ragioni è consigliabile utilizzare questo metodo solo nei casi in cui il numero dei dati mancanti per la variabile considerata è esiguo, lo scopo dell'analisi è limitato alla stima di medie e totali e non anche di indici di variabilità, e sembrano esistere poche relazioni tra le variabili. In tali circostanze la sua semplicità, che non richiede l'utilizzo di software specifico ma lo rende facilmente implementabile con un qualsiasi linguaggio di programmazione e software per database può renderlo preferibile ad altri metodi. Esso inoltre costituisce il punto di partenza per l'introduzione di un altro metodo di imputazione un po' meno approssimativo che è *l'imputazione con media all'interno di classi di imputazione.*

L'imputazione con media all'interno di classi di imputazione, definita talvolta anche *imputazione con medie condizionate* consiste nel suddividere l'insieme r delle unità rispondenti ad almeno un quesito (coincidente con il campione totale s nel caso di assenza di non risposta totale) in classi di imputazione in base ai valori assunti da prefissate variabili ausiliarie considerate esplicative della variabile da imputare y e nel sostituire all'interno di ogni classe ai valori mancanti la media aritmetica osservata per i rispondenti della classe medesima, pertanto per l'unità j appartenente alla classe di imputazione l $(l = 1, \ldots, L)$ il valore mancante y_{lj} è sostituito da

$$\hat{y}_{lj} = \bar{y}_{r_{yl}} = \frac{1}{n_{r_{yl}}} \sum_{j \in r_{yl}} y_{lj},$$

dove r_{yl} e $n_{r_{yl}}$ denotano rispettivamente l'insieme e il numero di rispondenti al quesito y appartenenti alla classe di imputazione l-esima. Seguendo la formulazione (6.2) tale metodo di imputazione può essere definito utilizzando l'espressione

$$\hat{y}_{lj} = \beta_0 + \sum_{l=1}^{L} \beta_l z_{lj} = \bar{y}_{r_y} + \sum_{l=1}^{L} (\bar{y}_{r_{yl}} - \bar{y}_{r_y}) z_{lj}$$

dove z_l $(l = 1, \ldots, L)$ sono variabili *dummy* tali che $z_{lj} = 1$ se il j-esimo non rispondente appartiene alla classe di imputazione l-esima e $z_{lj} = 0$ altrimenti, e il residuo e_j è posto pari a zero.

Il successo di tale metodo nel ridurre la distorsione degli stimatori di media e totale dipende dalla capacità delle variabili utilizzate per definire le classi di imputazione di individuare classi per le quali la media dei rispondenti e uguale alla media dei non rispondenti.

Sebbene l'imputazione di medie in classi possa ragionevolmente ridurre la distorsione degli stimatori di media e totale nel caso di dati MAR e sia di semplice applicazione, presenta anch'essa l'inconveniente di distorcere la distribuzione della variabile di studio (sebbene in maniera meno evidente dell'imputazione con la media generale dei rispondenti) a causa di una serie di picchi artificiali che si formano in corrispondenza della media di ciascuna classe e di attenuare la variabilità della variabile di studio in quanto i valori imputati riflettono solo la varianza tra le classi di imputazione e non quella entro di esse. Provoca inoltre distorsione nelle relazioni tra la variabile imputata e le variabili non considerate per la definizione delle classi di imputazione.

Dalle considerazioni fatte è evidente che questo metodo è generalmente preferibile all'imputazione con la media generale poiché: a) si basa sull'assunzione meno restrittiva che i dati mancanti sono MAR, b) provoca una minore distorsione della distribuzione della variabile oggetto di imputazione, c) una volta individuate le classi di imputazione è anch'esso facilmente implementabile con un qualsiasi linguaggio di programmazione e software per database.

Anche l'imputazione con le medie di classi tuttavia, come l'imputazione con la media globale, è indicata solo nei casi in cui l'obiettivo dell'analisi è rappresentato dalla stima di medie e aggregati e si può assumere l'assenza di relazioni tra le variabili.

Esempio 6.1. *Su un campione di 2.000 individui (950 maschi e 1.050 femmine) in età lavorativa è stata effettuata un'indagine sull'uso del tempo. In tale indagine in corrispondenza al quesito "quante ore dedica ogni giorno alle attività domestiche?" è stata registrata una percentuale di non risposta tra i maschi più alta rispetto alle femmine. Le due percentuali sono risultate rispettivamente pari al 33% e al 21%. Inoltre, il numero medio di ore dedicate giornalmente alle attività domestiche calcolato sui rispondenti è risultato pari a 5,3 ore ma se calcolato separatamente per i maschi rispondenti e per le femmine rispondenti è risultato rispettivamente pari a 2,3 ore e a 7,6 ore.*

L'imputazione con la media generale consiste nel sostituire tutti i valori mancanti con il valore 5,3. È ragionevole, tuttavia, ritenere che il numero medio di ore dedicato giornalmente alle attività domestiche sia maggiore per le donne che per gli uomini (la terza edizione dell'indagine multiscopo effettuata dall'ISTAT nel 2009 ha rilevato che il 76,2% del lavoro familiare delle coppie risultava a carico delle donne). Sotto tale ipotesi l'imputazione con la media generale non corregge la distorsione per non risposta. Viceversa, se sotto tale ipotesi, si procede costruendo due classi di imputazione rispetto al carattere sesso e poi si imputano i valori mancanti entro ciascuna classe con la rispettiva media la distorsione per non risposta viene ridotta o, addirittura, eliminata se i maschi non rispondenti e le femmine non rispondenti sono un sottocampione casuale rispettivamente dei maschi e delle femmine intervistate.

Se dopo aver completato l'insieme dei dati mediante l'imputazione con le medie condizionate rispetto alla variabile sesso si procede con la stima della media della popolazione mediante la media campionaria (che coincide con lo stimatore di Horvitz-Thompson se il campione è selezionato con un qualsiasi piano di campionamento autoponderante) si ottiene $[(950 \times 2,3) + (1.050 \times 7,6)]/2.000 = 5,08$, ovvero un valore minore di 5,3, stima (plausibilmente sovrastima) della media che sarebbe stata ottenuta imputando con la media generale. □

6.4.3.3 Imputazione con donatore

I metodi di imputazione con donatore consistono nel sostituire un valore mancante con un valore osservato su un rispondente. Hanno quindi il vantaggio di sostituire i valori mancanti con valori reali e di poter essere utilizzati per variabili di qualsiasi natura. Nella terminologia corrente sono individuate come unità *riceventi* quelle che presentano dati mancanti (da imputare) e *donatrici* quelle che vengono prescelte per l'imputazione. Nei casi in cui i valori mancanti sono sostituiti con valori provenienti da fonti esterne all'indagine, generalmente il valore della stessa variabile registrato in un'indagine precedente l'imputazione con donatore è detta *cold-deck*. Quando invece si attribuisce ad un valore mancante un valore tratto da quelli disponibili nel campione per la stessa variabile all'aggettivo "cold" viene contrapposto l'aggettivo "hot" ovvero si parla di imputazione *hot-deck*.

Il termine hot-deck, in realtà, non individua un unico metodo di imputazione ma una classe di metodi di imputazione che si differenziano in base al criterio di scelta del donatore. La caratteristica comune a tutti i criteri è di selezionare un donatore che abbia caratteristiche simili al ricevente. Questo è generalmente fatto suddividendo tutte le unità appartenenti all'insieme dei rispondenti ad almeno un quesito, r, in classi di imputazione e selezionando per ogni ricevente un donatore appartenente alla stessa classe. All'interno delle classi di imputazione la scelta dei donatori può essere fatta con diversi criteri, i principali criteri di scelta del donatore individuano 4 diversi metodi di imputazione hot-deck: l'imputazione con donatore casuale all'interno di classi, l'imputazione tramite hot-deck sequenziale, l'imputazione tramite hot-deck gerarchico, l'imputazione dal vicino più prossimo (*nearest-neighbour imputation*).

Imputazione con donatore casuale all'interno di classi

La selezione casuale di record (unità) tra quelli rispondenti nella corrispondente classe di imputazione è il criterio più semplice di abbinamento tra unità ricevente e unità donatrice. Tale procedimento, in realtà, rappresenta l'equivalente stocastico dell'imputazione con la media all'interno delle classi. Formalmente, infatti, denotato con y_{lj*} il valore della variabile di interesse y, per una generica unità j^* appartenente all'insieme r_{yl} (dei rispondenti al quesito y appartenenti alla classe di imputazione l-esima), il valore mancante y_{lj} (per l'unità j appartenente alla classe l) è sostituito con

$$\hat{y}_{lj} = y_{lj*} = \bar{y}_{r_{yl}} + e_{lj},$$

dove $e_{lj} = y_{lj*} - \bar{y}_{r_{yl}}$.

La selezione casuale del donatore può essere con o senza ripetizione. La selezione senza ripetizione evita che uno stesso donatore sia utilizzato più volte, con possibili effetti negativi su variabilità e relazioni tra variabili. Ad esempio nel caso estremo in cui viene selezionato sempre lo stesso donatore si genera un picco artificiale nella distribuzione della variabile a cui il procedimento di imputazione è applicato in corrispondenza al valore imputato, con conseguente attenuazione della sua variabilità e alterazione della sua associazione con altre variabili. Un'altra possibilità per ridurre (nel caso di selezione con ripetizione) il rischio di utilizzare più volte uno stesso donatore consiste nel selezionare i donatori con probabilità inversamente proporzionale al numero di volte in cui gli stessi sono stati già selezionati. Proprio da tali considerazioni, per evitare di utilizzare troppe volte lo stesso donatore nel caso di selezione con ripetizione o di non avere un numero sufficiente di donatori nel caso di selezione senza ripetizione, situazioni che potrebbero entrambe produrre distorsioni nelle stime, si deduce che è conveniente ricorrere a tale metodo di imputazione solo nei casi in cui si lavora con data set di grosse dimensioni (in modo da avere molti donatori), ma con relativamente poche variabili (per ridurre l'entità delle distorsioni nelle stime delle relazioni tra variabili). Nel caso di record con più valori mancanti si possono avere due varianti: uno stesso donatore è utilizzato per integrare simultaneamente tutte le mancate risposte oppure un donatore diverso è utilizzato per ogni mancata risposta. Tale aspetto che riguarda anche tutti gli altri metodi di imputazione con donatore sarà approfondito in seguito.

Esempio 6.2. *Si supponga che un'indagine volta a valutare le condizioni socio economiche della popolazione in età lavorativa residente in una determinata regione italiana abbia rilevato su un campione di individui le seguenti variabili: sesso, età, provincia di residenza, titolo di studio, condizione professionale (occupato, in cerca di occupazione, casalinga, studente, ritirato dal lavoro, inabile al lavoro, in altra condizione), branca di attività, posizione nella professione. Le ultime due variabili, ovviamente, sono state rilevate solo per gli occupati. Si supponga inoltre che nella matrice dei dati le variabili sono nell'ordine con cui sono state sopra menzionate, che tale matrice dopo aver proceduto alle operazioni di editing e correzione abbia un andamento monotono (per cui se per un'unità è mancante la condizione professionale sono mancanti anche la branca di attività economica prevalente e la posizione nella professione) e che valori mancanti sono presenti solo per le ultime tre variabili.*

Tenendo conto delle relazioni che è ragionevole ipotizzare tra le variabili con valori mancanti e le variabili note per tutte le unità del campione (o dell'insieme dei rispondenti ad almeno un quesito) una possibile procedura di imputazione applicabile a tale situazione per le unità per cui è mancante la condizione professionale (e conseguentemente anche le altre due variabili essendo il pattern monotono), consiste nel suddividere le unità in classi di imputazioni rispetto alle variabili sesso, classe di età e titolo di studio e poi procedere alla selezione casuale del donatore all'interno di ciascuna classe e utilizzare lo stesso donatore per imputare tutte le variabili mancanti. Per le unità per cui è nota la condizione professionale e la sua modalità è "occupato", ma manca la branca di attività e/o la posizione nella professione, si potrebbe invece procedere all'imputazione con donatore casuale all'interno di classi di imputazioni definite utilizzando anche la variabile condizione professionale (eventualmente escludendo dai potenziali donatori le unità per cui tali variabili e quindi anche la condizione nella professione sono state imputate nella fase precedente). Ovviamente è importante nella costruzione delle classi di imputazioni tener conto non solo del legame tra le variabili da imputare e quelle di classificazione ma anche della dimensione delle classi e quindi della presenza di un "congruo" numero di potenziali donatori. □

Hot-deck sequenziale

La selezione delle unità donatrici nell'hot-deck sequenziale avviene mediante esame sequenziale dei record del data-set entro ciascuna classe di imputazione, se un record presenta una mancata risposta, questa viene sostituita dal valore presente nel record precedente. Questa operazione è preceduta dall'assegnazione ad ogni classe di un valore iniziale della variabile di studio; questo valore può essere ad esempio quello di un rispondente selezionato casualmente nella classe oppure un valore considerato rappresentativo della classe come il valor medio della classe ricavato da una precedente indagine, e viene utilizzato come "punto di partenza" per sostituire, se è mancante, il valore relativo al primo record della classe. Se le unità all'interno di ciascuna classe sono ordinate casualmente, tale metodo coincide con quello dell'individuazione casuale del donatore entro la classe. Se invece l'ordinamento delle unità in ciascuna classe è tale che quelle contigue sono simili si possono avere dei vantaggi simili a quelli derivanti dal campionamento sistematico rispetto a quello casuale semplice (Bailar at al. 1978; Kalton e Kasprzyk 1986). Uno svantaggio dell'hot-deck sequenziale consiste nella possibilità di utilizzare più volte uno stesso donatore. Questo avviene tutte le volte che si incontrano sequenze di due o più record in cui manca la risposta allo stesso quesito e comporta perdita di precisione delle stime.

Di solito questo metodo è utilizzato in indagini su larga scala dove il numero di casi che presentano dati mancanti può essere anche molto elevato. Rispetto all'hot-deck gerarchico e alle tecniche di regressione, descritte in seguito, questo metodo fa uso solo di un numero limitato di variabili ausiliarie, così da risultare più appropriato nei casi in cui c'è un numero limitato di quesiti.

Hot-deck gerarchico

L'hot-deck gerarchico, suggerito con l'obiettivo di ridurre la possibilità presente nell'hot-deck sequenziale di utilizzare più volte uno stesso donatore, è molto simile a quest'ultimo. Con tale metodo le unità donatrici sono selezionate casualmente solo dopo aver raggruppato tutte le unità in un gran numero di classi di imputazione, costruite sulla base di insiemi dettagliati di variabili ausiliarie. Quindi unità riceventi e donatrici sono collegate secondo una base gerarchica, nel senso che se non è possibile trovare un donatore adatto nell'iniziale classe di imputazione le classi sono collassate, rilasciando uno dei criteri di classificazione, per consentire il *matching* ad un livello più basso. Affinché la maggior parte delle classi d'imputazione individuate a livello dettagliato contengano un numero sufficiente di valori da utilizzare come donatori è consigliabile ricorrere a tale metodo solo nelle indagini su larga scala.

Imputazione dal vicino più prossimo (*nearest-neighbour imputation*)

Caratteristica peculiare dell'imputazione dal vicino più prossimo è l'utilizzo di una funzione di distanza, generalmente multivariata, per misurare la vicinanza, rispetto ad un insieme di variabili ausiliarie, tra unità donatrici e riceventi. Per ogni unità non rispondente si calcola la distanza da ogni unità rispondente e si utilizza il valore dell'unità più vicina per effettuare l'imputazione. Nel caso esistano più rispondenti con la stessa distanza minima, il donatore viene selezionato in modo casuale tra questi. In letteratura, sono state proposte diverse funzioni di distanza (Sande 1979; Vacek e Ashikago 1980), quelle utilizzate più frequentemente nel caso di variabili ausiliarie solo quantitative sono la distanza Euclidea, la distanza di Mahalanobis e la distanza Minimax.

Si supponga, ad esempio, di avere P variabili ausiliarie quantitative e sia x_{pj} il valore della variabile x_p ($p = 1, \ldots, P$) per l'unità j, con $j \in r$. La distanza Euclidea tra le unità j e j' è definita come

$$D_{j,j'} = \sqrt{\sum_{p=1}^{P} (x_{pj} - x_{pj'})^2}.$$

Qualunque sia la funzione di distanza per evitare che il valore che assume sia influenzato dall'unità di misura delle variabili è opportuno che queste siano preliminarmente standardizzate. Inoltre, se si vuole assegnare diversa importanza alle singole variabili, può essere utilizzato un sistema di pesi. Infine, se si vuole misurare la distanza rispetto a variabili ausiliarie di diverso tipo, occorre definire una metrica per ogni tipologia di variabile e quindi valutare la distanza tra due generiche unità mediante un'espressione del tipo $D = \sum_{p=1}^{P} \omega_p D_p$ dove D_p è la distanza tra due unità rispetto alla variabile p e ω_p è un numero reale positivo che rappresenta l'importanza assegnata alla variabile p nel calcolo della distanza.

Esempio 6.3. *Si supponga di avere tre variabili x_1, x_2, e x_3 rispettivamente qualitativa sconnessa, qualitativa ordinata con M modalità e quantitativa:*

- *per x_1 è possibile utilizzare la metrica $D_1 = 0$ se le unità presentano la stessa modalità, $D_1 = 1$ altrimenti;*
- *per x_2 si può invece definire la metrica D_2 con: $D_2 = 0/(M-1)$ se sulle due unità è stata rilevata la stessa modalità, $D_2 = 1/(M-1)$ se le modalità sono adiacenti, $D_2 = 2/(M-1)$ se tra esse ce n'è una sola, e così via fino a $D_2 = (M-1)/(M-1)$, se le due modalità sono agli estremi opposti;*
- *infine per x_3 si può considerare la metrica:*

$$D_3 = |x_{3j} - x_{3j'}|/(x_{3\text{MAX}} - x_{3\text{MIN}}).$$

Quindi, assumendo le tre variabili ugualmente importanti la distanza tra due unità j e j' per le quali si ha $x_{2j} = a$ e $x_{2j'} = b$ con $b > a$ sarà definita come:

$$D_{j,j'} = \begin{cases} 0 + (b-a)/(m-1) + |x_{3j} - x_{3j'}|/(x_{3\text{MAX}} - x_{3\text{MIN}}) & \text{se } x_{1j} = x_{1j'} \\ 1 + (b-a)/(m-1) + |x_{3j} - x_{3j'}|/(x_{3\text{MAX}} - x_{3\text{MIN}}) & \text{se } x_{1j} \neq x_{1j'} \end{cases}.$$

□

Qualunque sia la funzione di distanza scelta è possibile modificarla per tenere sotto controllo l'uso multiplo dei donatori (e la conseguente distorsione nella distribuzione finale causata dalla sovra rappresentazione delle risposte provenienti da uno stesso donatore) ridefinendola come $D(1+\alpha d)$, dove D è la distanza di base, d è il numero di volte in cui il donatore è già stato utilizzato e α è un fattore di penalizzazione che viene incrementato ad ogni nuovo uso di uno stesso donatore (Colledge et al. 1978).

Nell'imputazione dal vicino più prossimo l'intero insieme di dati può essere considerato come un'unica classe di imputazione oppure è possibile anche, in questo caso, come per gli altri metodi hot-deck, applicare il metodo di individuazione del donatore all'interno di classi di imputazione. Inoltre, come per gli altri metodi hot-deck già descritti, anche per questo, nel caso di record con più valori mancanti esistono due varianti, a seconda dell'utilizzo che viene fatto dei donatori selezionati: uno stesso donatore è usato per imputare tutte le mancate risposte, un donatore diverso è utilizzato per ogni risposta mancante. Nel primo caso si ha ovviamente maggiore garanzia di preservare le relazioni tra variabili.

Rispetto agli altri metodi hot-deck già descritti l'imputazione con il vicino più prossimo ha il vantaggio di essere potenzialmente in grado di gestire simultaneamente più variabili ausiliarie e di diverso tipo. Proprio questa sua capacità di gestire simultaneamente le informazioni relative ad un numero elevato di variabili rende tale metodo conveniente per le indagini su larga scala con numerosi quesiti, per le indagini con informazioni di carattere quantitativo (ma non solo) utilizzabili direttamente nelle funzioni di distanza e per le quali esistano relazioni fra variabili difficilmente esplicabili mediante "modelli" (statistici, economici, ecc.) e sia al contempo necessario preservare la variabilità delle distribuzioni marginali e congiunte. Si sconsiglia, invece, l'utilizzo di tale metodo nel caso di indagini con un numero elevato di mancate risposte, perché in tal caso l'utilizzo ripetuto di uno stesso donatore potrebbe provocare distorsioni di varia entità nella distribuzione delle variabili.

Esempio 6.4. *Un importante esempio di applicazione del metodo di imputazione hot-deck con il vicino più prossimo è fornito dall'indagine ISTAT sui consumi delle famiglie che ha lo scopo di rilevare la struttura ed il livello dei consumi secondo le principali caratteristiche sociali, economiche e territoriali delle famiglie residenti in Italia. In essa i valori mancanti per la maggior parte delle variabili quantitative (tutte quelle in cui non sussistono problemi di esigua numerosità dei donatori), identificate essenzialmente da variabili di spesa, sono sostituiti dai valori di unità donatrici identificati suddividendo tutte le unità in cinque classi di imputazione in base alla ripartizione geografica nord-ovest, nord-est, centro, sud e isole e poi calcolando, all'interno di ciascuna classe di imputazione, per ogni unità ricevente, le distanze tra essa e tutte le unità per le quali i valori della variabili da imputare sono disponibili, rispetto a un insieme di variabili, dette di matching, al fine di individuare l'unità donatrice posta a distanza minima. La scelta della ripartizione geografica come variabile per individuare le classi di imputazione è motivata sia dall'ampiezza del campione che impedisce un impoverimento del serbatoio dei donatori,* *sia perché tiene conto della differente struttura dei prezzi a livello nazionale. Le variabili di matching per ciascuna variabile oggetto di imputazione sono, invece, individuate in base alle relazioni che presentano con essa. Per alcune variabili, comunque, viene utilizzata come variabile di matching solo la classe di reddito e come funzione di distanza è stata adottata il valore assoluto della differenza tra i valori assunti dalle due unità. Per tutte queste variabili lo stesso donatore è utilizzato per imputare tutti i valori mancanti. Per altre variabili in cui sono utilizzate più variabili di matching viene utilizzato anche un criterio di ponderazione con cui pesare il contributo di ciascuna variabile alla funzione di distanza.* ☐

Dopo aver descritto separatamente i quattro più comuni metodi di imputazione hot-deck è opportuno sottolinearne alcune importanti caratteristiche che li accomunano. Tutti e quattro riducono la distorsione per non risposta nella misura in cui le variabili usate per formare le classi di imputazione e/o per l'eventuale ordinamento delle unità entro le classi o nella funzione di distanza sono legate sia al processo di risposta che alla variabile di studio. Essi inoltre, imputando valori già presenti nel campione, preservano la forma della distribuzioni marginali, assumendo naturalmente che, condizionatamente alle variabili ausiliarie utilizzate (per creare le classi di imputazione e eventualmente per ordinare le unità), rispondenti e non rispondenti abbiano la stessa distribuzione. Per quanto riguarda il mantenimento delle relazioni tra variabili, sono preservate solo le relazioni con le variabili usate per il matching (creare le classi di imputazione, ordinare, definire la distanza). Quando un'unità presenta più di un valore mancante, ci si trova davanti alla scelta di imputare tutti i valori mancanti utilizzando un unico donatore oppure imputare sequenzialmente ogni valore utilizzando più donatori. Con quest'ultima scelta la covarianza tra le diverse variabili imputate si attenua, mentre imputare con un unico donatore, preserva la struttura di covarianza. Non sempre però è opportuno imputare con un unico donatore, le variabili di controllo correlate con due diversi quesiti mancanti potrebbero essere diverse e utilizzarle tutte per il matching potrebbe portare a non riuscire ad individuare alcun donatore.

6.4.3.4 Imputazione per regressione

Con questo metodo, proposto per la prima volta da Buck (1960), i valori mancanti sono predetti utilizzando un modello di regressione della variabile da imputare su variabili disponibili per tutte le unità in r. I parametri del modello sono stimati utilizzando i casi completi. Formalmente questo metodo di imputazione è espresso esattamente dall'espressione (6.2) e può essere stocastico o deterministico a seconda che i residui e_j siano assunti pari a zero o meno. La variante deterministica non preserva sufficientemente la variabilità delle distribuzioni marginali, inoltre in entrambi i casi le relazioni tra variabili sono preservate solo con le variabili incluse nel modello. Le variabili ausiliarie, nel modello di regressione, possono essere sia quantitative che qualitative. Se la variabile oggetto di imputazione è quantitativa generalmente vengono utilizzati modelli di regressione lineare; se è qualitativa, si possono adottare modelli log-lineari o logistici. Per quanto riguarda la scelta dei residui, nell'imputazione per regressione di tipo stocastico, sono stati suggeriti diversi procedimenti (Kalton e Kasprzyk 1986). Se le assunzioni standard del modello di regressione lineare sono accettate, i residui possono essere estratti da una distribuzione normale di media zero e varianza pari alla varianza residua della regressione sui rispondenti. Se, invece, non si ha fiducia sull'ipotesi di omoschedasticità, i residui possono essere scelti casualmente dalla distribuzione empirica dei residui dei rispondenti, eventualmente anche estraendoli in celle omogenee rispetto al valore predetto. Un'altra alternativa è di selezionare un residuo da un rispondente "simile" al non rispondente rispetto alle variabili esplicative. Questo metodo evita anch'esso l'assunzione di omoschedasticità e preserva da errate specificazioni della distribuzione dei residui. Nel caso limite il rispondente più simile è quello che ha gli stessi valori delle variabili ausiliarie del non rispondente. In questo caso al non rispondente è assegnato esattamente lo stesso valore del rispondente e ciò assicura che il valore imputato sia ammissibile, che è quello che succede con i metodi di imputazione hot-deck.

Anche nell'imputazione per regressione può essere opportuna la suddivisione in classi delle unità. Le relazioni tra variabile da imputare e variabili esplicative (usate nel modello di regressione) possono cambiare molto da classe a classe per cui modelli diversi possono essere necessari per ogni classe.

L'imputazione per regressione ha il vantaggio rispetto all'imputazione hot-deck di poter utilizzare le variabili ausiliarie a qualsiasi livello di dettaglio[1]. Inoltre, consente di utilizzare un numero elevato di variabili, sia quantitative che qualitative, in modo da ridurre, più che con altri metodi, le distorsioni generate dalle mancate risposte. Ovviamente includendo nel modello diverse variabili, queste sono considerate solo come effetti principali per considerare eventuali iterazioni queste devono essere specificate. Tale metodo può quindi richiedere il possesso di conoscenze tecniche molto specifiche per la messa a punto di modelli appropriati. In definitiva il metodo ben si adatta a situazioni in cui la variabile sulla quale effettuare l'imputazione è quantitativa oppure binaria, è fortemente legata con altre variabili ed è possibile definire un modello in grado di riprodurre tale legame. È meno adatto, invece, a situazioni in cui le variabili qualitative presentano numerose modalità. Inoltre nella sua applicazione pratica occorre cautelarsi rispetto a due possibili inconvenienti: a) c'è il rischio che possano essere imputati valori non reali, b) è fortemente influenzato dalla presenza di dati anomali.

---

[1] Non è necessario categorizzare le variabili quantitative continue ne accorpare le modalità di variabili qualitative o quantitative discrete, operazioni che sono invece necessarie se tali variabili sono utilizzate per creare classi di imputazioni che contengano un numero "congruo" di donatori.

Esempio 6.5. *Si supponga di aver effettuato un indagine per studiare le caratteristiche delle abitazioni e i consumi ad esse connesse in un comune italiano. I dati raccolti su un campione di 8 abitazioni sono riportati nella Tabella 6.1.*

Presupponendo l'esistenza di un legame tra la variabile "consumo di energia" y e la variabile "superficie dell'abitazione" x ed in particolare che tale legame possa essere definito mediante il modello $y_j = \beta_0 + \beta_1 x_j$, per imputare i due valori mancanti si procede prima alla stima dei parametri del modello mediante il metodo dei minimi quadrati e utilizzando le 6 unità per cui entrambe le variabili sono note. Si ottengono le seguenti stime $\hat{\beta}_0 = 149,27$ e $\hat{\beta}_1 = 11,74$. Si procede quindi al calcolo dei due valori sostitutivi dei dati mancanti, ottenendo:

$$\hat{y}_1 = 149,27 + 11,74 \times 98 = 1.299,79 \text{ e } \hat{y}_6 = 149,27 + 11,74 \times 75 = 1.029,77.$$

Essi sono ottenuti mediante la variante deterministica del metodo di imputazione per regressione. Se si vuole preservare la variabilità della distribuzione marginale di y e si assume valida l'ipotesi di omoschedasticità, i corrispondenti valori, ottenuti con approccio stocastico, sono: $\hat{y}_1 = 1.299,79 + e_1$ e $\hat{y}_6 = 1.029,77 + e_6$ dove e_1 e e_6 sono estratti da una distribuzione Normale con media 0 e varianza $\sigma^2 = \sum_{j \in r_y} (y_j - \bar{y}_{r_y})^2/(n_{r_y} - 2) = 177.870,83$ dove $r_y = \{2, 3, 4, 5, 7, 8\}$. □

Un caso particolare dell'imputazione per regressione è costituito dall'*imputazione mediante rapporto* caratterizzata da una sola variabile ausiliaria x e intercetta zero. Formalmente i valori imputati diventano $\hat{y}_j = \hat{\beta} x_j$ con $\hat{\beta} = \sum_{j \in r_y} y_j / \sum_{j \in r_y} x_j$. L'imputazione mediante rapporto è spesso utilizzata nelle indagini panel in cui una stessa variabile è rilevata sulla medesima unità in più occasioni di indagine e la variabile ausiliaria rappresenta il dato rilevato della variabile di studio in una precedente sessione di indagine. Per

Tabella 6.1 Valori di quattro variabili rilevati su un campione di 8 abitazioni

Progressivo	Superficie in m^2	Numero vani (escluso i servizi)	Consumo di Gas in m^3	Consumo di energia elettrica in kWh
1	98	5	1.050	.
2	73	4	650	990
3	156	8	1.400	1.850
4	120	6	1.150	1.700
5	116	6	1.050	1.680
6	75	4	670	.
7	100	5	1.050	1.230
8	80	4	950	1.020

le indagini longitudinali, tuttavia, esistono anche dei metodi ad-hoc e alcuni di essi sono descritti nel Par. 6.4.3.5. L'imputazione mediante rapporto è stata qui citata, separatamente, perché la sua applicazione prescinde dalle ipotesi che sono invece necessarie per gli altri metodi specifici per le indagini longitudinali.

Legato al metodo di imputazione per regressione è l'*imputazione con matching della media*. Essa opera in due passi. Prima si applica l'imputazione per regressione, poi il valore imputato applicando il metodo di imputazione per regressione è confrontato con i valori *y* disponibili per i casi completi ed è sostituito con il valore osservato più vicino. L'uso di record donatori rende questo metodo simile alle procedure hot-deck e soprattutto genera un valore imputato reale superando così uno degli inconvenienti dell'imputazione per regressione di poter generare valori non reali. Inoltre, rispetto all'imputazione hot-deck, l'imputazione con matching della media consente l'utilizzo di un maggior numero di variabili.

6.4.3.5 Metodi di imputazione per indagini longitudinali (panel survey)

Diversi metodi di imputazione per dati longitudinali sono stati suggeriti in letteratura, in alcuni casi si tratta di metodi specifici in altri di adeguamenti di metodi più generali. I più comuni sono l'imputazione mediante *rapporto di variazione*, l'imputazione *hot-deck longitudinale*, l'imputazione con *regressione longitudinale*. L'applicazione di questi metodi richiede: a) serie temporali di dati (per alcuni metodi sono sufficienti solo due occasioni di indagini, per altri sono necessarie lunghe serie di dati), b) unità del campione presenti in tutte le rilevazioni considerate, c) che i quesiti cui la procedura di imputazione viene applicata siano somministrati alle stesse unità presenti nelle diverse rilevazioni considerate.

L'imputazione mediante rapporto di variazione coglie le variazioni intervenute nelle unità rispondenti tra due occasioni successive di indagine. Si applica solo a variabili quantitative e, per imputare per una fissata variabile di interesse, i valori *missing* ad uno specifico periodo di riferimento, utilizza i valori rilevati per la stessa variabile al periodo di riferimento e in un'altra occasione di indagine antecedente. Essa consiste nei seguenti tre passi:

1. per tutte le unità per le quali i valori della variabile di interesse sono noti per entrambe le rilevazioni, viene calcolato il rapporto tra il valore assunto nel periodo in esame e quello assunto nel periodo precedente (ovvero la variazione intervenuta tra le due occasioni di indagine);
2. viene poi calcolata la media delle variazioni (rapporti) calcolate al punto precedente;
3. infine i valori mancanti al periodo di riferimento sono imputati moltiplicando il valore della stessa variabile rilevato per la stessa unità nella precedente occasione di indagine per la variazione media calcolata al punto 2.

Il metodo è particolarmente adatto in indagini di breve periodo nelle quali è possibili individuare sottoinsiemi del campione con variazioni omogenee. Provoca distorsioni nella distribuzione della variabile e se applicato a più variabili non preserva le relazioni tra esse.

Una variante del metodo appena descritto considera anziché la variazione media rispetto a tutte le unità osservate in due periodi successivi, la media delle variazioni periodiche per uno stesso caso osservato in più occasioni d'indagine. Per ciascuna unità con valore mancante si calcola il rapporto tra l'ultimo valore disponibile e quello dell'occasione precedente per più periodi successivi antecedenti a quello cui si riferisce il valore mancante; si calcola poi la media di tali rapporti e si applica al valore relativo al periodo precedente a quello cui si riferisce il dato mancante al fine di ottenere il valore imputato. L'applicazione di tale metodo richiede lunghe serie di dati ed è adatto nel caso di campioni in cui la struttura dei dati risulta consistente da un periodo all'altro, mentre presenta un'elevata variabilità tra le unità. Un inconveniente è rappresentato dalla possibilità dei valori imputati di risentire di un eventuale trend ascendente o discendente registrato nei periodi precedenti e dalla loro elevata variabilità essendo basati su un numero ristretto di dati.

Con il metodo di imputazione *hot-deck longitudinale* i dati osservati al tempo $t - 1$, per una certa variabile vengono utilizzati al fine di individuare classi di imputazione da utilizzare per imputare i dati della stessa variabile al tempo t. Una volta individuate le classi di imputazione, per imputare un valore al tempo t è utilizzato un valore disponibile allo stesso tempo t per un'unità appartenente alla stessa classe di imputazione individuata utilizzando i dati al tempo $t - 1$.

Il metodo di imputazione con *regressione longitudinale* corrisponde al metodo di imputazione per regressione generale (o meglio al metodo di imputazione per rapporto) in cui si assume come unica variabile ausiliaria la stessa variabile da imputare osservata in una precedente occasione di indagine.

6.4.3.6 Analisi comparativa dei metodi di imputazione

La scelta del metodo di imputazione da applicare dipende da una serie di fattori:

- la natura delle variabili da imputare (qualitative o quantitative), ad esempio l'imputazione con la media o anche quella per regressione può generare valori non ammissibili nel caso di variabili categoriche;
- l'esistenza o meno di un modello parametrico che spieghi la relazione tra le variabili;
- il numero e il livello di dettaglio delle variabili ausiliarie, ad esempio l'imputazione per regressione ha il vantaggio rispetto a quella hot-deck di utilizzare variabili a qualsiasi livello di dettaglio, a prezzo però di un minor uso delle interazioni tra più variabili: se più variabili sono utilizzate per definire delle classi di imputazione si tiene direttamente conto anche delle

loro interazioni mentre nell'imputazione per regressione le interazioni tra
più variabili sono considerate solo se specificate;

- la numerosità delle unità e il numero di dati mancanti per cui ad esempio può essere non conveniente ricorrere a metodi hot-deck o modelli di
regressione particolarmente "sofisticati" se i dati disponibili sono pochi;
- l'obiettivo dell'analisi. Se, ad esempio, l'obiettivo dell'analisi è limitato alla
stima della media della popolazione, l'utilizzo di un metodo deterministico
è preferibile rispetto al ricorso ad un metodo stocastico. Infatti, sebbene
entrambi gli approcci diano gli stessi risultati in termini di distorsione,
la presenza della componente casuale dei residui nei metodi stocastici genera comunque una certa perdita di precisione nella stima della media.
Quando, invece, si intende effettuare analisi che richiedono la preserva-
zione della varianza e della distribuzione di una data variabile, l'utilizzo
dei metodi deterministici non è consigliabile, perché questi metodi causano
un'attenuazione della varianza della variabile per la quale è stata effettuata
l'imputazione e generano delle distorsioni nella forma della distribuzione.
Importante è anche tener conto se tra gli obiettivi dell'indagine c'è anche
la stima delle relazioni tra variabili perché il processo di imputazione può
avere forti effetti sui legami tra due o più variabili, spesso con il risultato di
attenuare le relazioni di associazione. A tal proposito Kalton e Kasprzyk
(1986) cercano di valutare gli effetti dell'imputazione sulle relazioni tra la
variabile di studio y, con dati incompleti di tipo MAR, e un'altra variabile
x, che non presenta dati mancanti, e giungono alla conclusione che se lo
studio della relazione tra x e y rappresenta una componente importante
delle analisi dei dati, è necessario utilizzare x come variabile ausiliaria nel
processo di imputazione dei dati mancanti per y. Solo in questo modo è
possibile ottenere una stima corretta della covarianza tra le due variabili.
Se x e y presentano entrambe valori mancanti, la covarianza può essere
attenuata per effetto dell'imputazione simultanea per entrambe le variabili. Un caso particolare si ha quando x e y contengono mancate risposte
per la stessa unità, in tal caso la struttura di covarianza è preservata se
i valori delle due variabili sono imputati congiuntamente, ad esempio nel
caso di imputazione hot-deck utilizzando lo stesso donatore.

Spesso nelle situazioni pratiche si ricorre ad un uso combinato di diversi
metodi.

Una considerazione importante di pertinenza di tutti i metodi di imputazione è la relazione tra imputazione e editing. Da una parte le operazioni di
editing possono generare dati mancanti che sono poi imputati allo stesso modo
dei dati non osservati. Ciò avviene se l'analista considera un dato un *outlier*
rispetto alla distribuzione dei valori ipotizzata o se un dato è incongruen-
te rispetto ad altre informazioni disponibili per la stessa unità. In direzione
opposta i valori imputati dovrebbero essere sottoposti agli stessi controlli di
editing cui sono sottoposti i dati osservati. Per tale motivo alcuni metodi au-
tomatizzati di imputazione vincolano l'accettazione di un valore imputato al

rispetto dei vincoli di editing. In alcuni casi però il rispetto di tale requisito rappresenta un problema, lo è ad esempio nel caso in cui le variabili ausiliarie utilizzate per l'editing sono diverse da quelle utilizzate dalla procedura di imputazione. Un'ulteriore fase di editing successiva rispetto all'imputazione tuttavia è utile per preservare le relazioni tra le variabili imputate e quelle utilizzate durante l'editing.

6.5 Imputazione multipla

Come già sottolineato nel paragrafo precedente, uno dei principali vantaggi dell'imputazione consiste nella produzione di una matrice di dati completa, che può essere analizzata utilizzando metodologie statistiche di tipo standard. Tuttavia, quando si analizza un dataset in cui i valori mancanti sono stati imputati singolarmente, l'analisi del dataset attraverso tecniche standard tratta i valori imputati allo stesso modo dei valori osservati; questo significa che, anche in situazioni in cui il meccanismo che ha generato le mancate risposte è ignorabile (MAR o addirittura MCAR), le inferenze basate sul dataset completato non tengono in considerazione la variabilità aggiuntiva dovuta alla presenza di valori originariamente mancanti.

Esempio 6.6. *Si supponga di avere una sola variabile di studio y di cui si vuole stimare la media $\overline{Y}$ e di aver selezionato a tal fine un campione casuale semplice di n unità da una popolazione di N unità. In assenza di dati mancanti un possibile stimatore per $\overline{Y}$ è la media campionaria $\bar{y}$ e la sua variabilità stimata è $v(\bar{y}) = s_y^2 (1-f)/n$ con $s_y^2 = \sum_{j \in s}(y_j - \bar{y})^2/(n-1)$. Se solo n_{r_y} valori campionari sono realmente osservati, a causa di un meccanismo di non risposta ignorabile e i rimanenti valori sono imputati mediante un qualsiasi metodo di imputazione, lo stimatore media campionaria applicato all'insieme completato dei dati diventa $\bar{y}_\bullet = \sum_{j \in s} y_{\bullet j}/n$ e trattando i dati imputati come quelli realmente osservati lo stimatore della sua varianza diventa $v(\bar{y}_\bullet) = s_{y_\bullet}^2(1-f)/n$ con $s_{y_\bullet}^2 = \sum_{j \in s}(y_{\bullet j} - \bar{y}_\bullet)^2/(n-1)$. Osservando l'espressione di $s_{y_\bullet}^2$ è evidente che il suo valore è più o meno vicino a quello di s_y^2 a seconda del metodo di imputazione utilizzato. I valori imputati potrebbero non essere "sufficientemente variabili". L'esempio più tangibile a tal fine è l'imputazione con la media dei rispondenti. In tal caso indicando con r_y l'insieme delle n_{r_y} unità rispondenti (per la variabile y) si ha $\bar{y}_\bullet = \bar{y}_{r_y} = \sum_{j \in r_y} y_j/n_{r_y}$ e applicando l'espressione dello stimatore delle varianza all'insieme completato dei dati si ottiene:*

$$v(\bar{y}_\bullet) = v(\bar{y}_{r_y}) = \left(\frac{1-f}{n}\right)\frac{n_{r_y}-1}{n-1}s_{r_y}^2 \quad con \quad s_{r_y}^2 = \frac{\sum_{j \in r_y}(y_j - \bar{y}_{r_y})^2}{n_{r_y}-1}.$$

Osservando tale espressione è evidente che essa sottostima la varianza campionaria di $\bar{y}_{r_y}$.

Un'espressione più appropriata dello stimatore della varianza di $\bar{y}_{r_y}$ *è* $s^2_{r_y}(1/n_{r_y} - 1/N)$. *Quest'ultima sarebbe perfetta se il meccanismo di non risposta fosse MCAR, in tal caso infatti* $s^2_{r_y}$ *è in media uguale a* s^2. *Inoltre la sostituzione di* $(1/n - 1/N)$ *con* $(1/n_{r_y} - 1/N)$ *consente di tener conto dell'incremento di variabilità dovuta al fatto che il numero di dati realmente osservato è* n_{r_y}.

Confrontando le due espressioni $\mathrm{v}(\bar{y})$ *e* $\mathrm{v}(\bar{y}_{r_y})$ *si ottiene che l'applicazione dell'espressione della varianza valida per dati completi ai dati completati produce una stima della variabilità approssimativamente di* $(n_{r_y}/n)^2$ *inferiore rispetto alla stima che si otterrebbe con uno stimatore più appropriato per la situazione considerata. Si noti che già con un tasso di risposta del 70% la sottostima è del 49%.* □

L'Esempio 6.6, pur facendo riferimento ad una situazione estremamente semplice, mostra in modo evidente il rischio di sottostima della variabilità nel caso in cui i dati imputati sono trattati come se fossero realmente osservati. L'imputazione multipla nasce con l'obiettivo di superare tale inconveniente, considerato il principale difetto delle tecniche di imputazione singola, o in altri termini con l'obiettivo di produrre, anche in presenza di dati imputati inferenze valide. L'idea di base dell'imputazione multipla si può riassumere nei seguenti passaggi:

1. imputare i valori mancanti usando un metodo d'imputazione casuale, ripetendo l'operazione G volte;
2. produrre l'analisi d'interesse per ognuno dei G data-set risultanti utilizzando le analisi statistiche standard;
3. combinare le stime dei G data-set seguendo le regole di Rubin (1987) per ottenere un'unica inferenza che tiene in considerazione anche la variabilità tra (*between*) i data-set, riflettendo così l'incertezza legata al passo di imputazione dei dati.

Tale definizione di imputazione multipla può essere formalizzata come segue: sia $T(\mathbf{x}, y)$ un parametro della popolazione funzione sia di variabili ausiliarie note $\mathbf{x}$ sia della variabile di studio y e sia $\hat{T}$ uno stimatore di T definito sull'insieme completo dei dati $\mathbf{y}_r = \{y_j : j \in r\}$ e v uno stimatore della sua varianza. Poiché $\mathbf{y}_r$ ha dei valori non osservati non è possibile calcolare $\hat{T}$. Imputando, mediante un qualche metodo, tutti i valori mancanti di $\mathbf{y}_r$, si ottiene l'insieme completato dei dati $\mathbf{y}_{\bullet r} = \{y_{\bullet j} : j \in r\}$. e su di esso si calcolano $\hat{T}_\bullet = \hat{T}(\mathbf{y}_{\bullet r})$ e $\mathrm{v}_\bullet = \mathrm{v}(\mathbf{y}_{\bullet r})$. La procedura di imputazione viene ripetuta G volte, ottenendo G insiemi completati di dati, G stime $\hat{T}_{\bullet g}$ $(g = 1, \ldots, G)$ e G corrispondenti stime della varianza $\mathrm{v}_{\bullet g}$ $(g = 1, \ldots, G)$. La stima combinata è poi ottenuta utilizzando l'espressione

$$\bar{T}_\bullet = \sum_{g=1}^{G} \hat{T}_{\bullet g}/G \tag{6.4}$$

e lo stimatore della sua varianza è

$$v(\overline{T}_\bullet) = \overline{v}_\bullet + (1 + 1/G)B_\bullet \qquad (6.5)$$

dove $\overline{v}_\bullet = \sum_{g=1}^{G} v_{\bullet g}/G$ e $B_\bullet = \sum_{g=1}^{G} (\hat{T}_{\bullet g} - \overline{T}_\bullet)^2/(G-1)$ rappresentano rispettivamente la media delle varianze calcolate sui G data-set completati e la varianza tra le stime calcolate sui G data-set. In particolare $(1 + 1/G)B_\bullet$ stima l'incremento di varianza dovuto ai dati mancanti e all'incertezza insita nel processo di imputazione.

Esempio 6.7. *Lo scopo di questo esempio è solo quello di illustrare l'uso pratico dell'imputazione multipla. È esclusa ogni considerazione/valutazione sulla scelta e le proprietà del piano di campionamento, della procedura di stima e della tecnica di imputazione. Si supponga di selezionare un campione di 10 unità da una popolazione di 1.000 unità, di conoscere per tutte le unità i valori di una variabile ausiliaria x e di voler invece rilevare sulle unità campionate i valori di una variabile y di cui si vuole stimare la media $\overline{Y}$ usando lo stimatore media campionaria. Si assuma che le unità indicate con le etichette 3 e 5 non rispondano e conseguentemente che i dati disponibili siano quelli riportati nelle prime due colonne della Tabella 6.2.*

Ipotizzando un meccanismo di risposta ignorabile per ciascuno dei due valori mancanti sono stati scelti tre "donatori" mediante selezione casuale nella classe di imputazione di appartenenza essendo le classi di imputazione individuate dalle modalità della variabile ausiliaria (di tipo categorico) x. Le ultime sei colonne della Tabella 6.2 riportano per ognuna delle 3 repliche della procedura di imputazione il data-set completato. Per ogni data-set completato vengono calcolati la media campionaria e lo stimatore della sua varianza. Tali risultati sono riportati nella Tabella 6.3.

Tabella 6.2 Dati osservati e dati completati relativi ad un campione di 10 unità

Unità	Dati osservati		Dati completati					
			Replica 1		Replica 2		Replica 3	
	x	y	x	y	x	y	x	y
1	A	3	A	3	A	3	A	3
2	B	9	B	9	B	9	B	9
3	A	.	A	2	A	5	A	5
4	C	7	C	7	C	7	C	7
5	B	.	B	9	B	13	B	11
6	B	11	B	11	B	11	B	11
7	C	7	C	7	C	7	C	7
8	A	5	A	5	A	5	A	5
9	A	2	A	2	A	2	A	2
10	B	13	B	13	B	13	B	13

Tabella 6.3 Stime e relative varianze stimate per i data-set imputati

	Replica 1	Replica 2	Replica 3
Stima	6,8	7,5	7,3
Varianza stimata	1,43	1,52	1,32

Infine la stima finale è la media delle medie, $(6,8 + 7,5 + 7,3)/3 = 7,2$, mentre la sua varianza stimata si ottiene come somma di due componenti: la media delle varianze associate alla stima in corrispondenza a ciascuna delle tre repliche della procedura di imputazione, $(1,43+1,52+1,32)/3 = 1,42$, e la varianza tra le stime della media ottenute in ciascuna replica, $[(6,8-7,2)^2 + (7,5-7,2)^2 + (7,3-7,2)^2]/2 = 0,13$ moltiplicata per il termine $(1 + 1/3)$; essa è quindi pari a $1,42 + (1 + 1/3) \times 0,13 = 1,59$. □

La formalizzazione semplice dell'imputazione multipla prima descritta e poi applicata nell'Esempio 6.7, in realtà, nasconde uno sviluppo teorico molto più complesso che è sinteticamente riportato nel Par. di approfondimento 6.7.

6.6 La stima della varianza in presenza di valori imputati

I dati imputati, come già più volte sottolineato nelle pagine precedenti, sono spesso considerati nelle operazioni di stima come se fossero effettivamente osservati, per cui sono applicate ai data-set completati le tradizionali tecniche di stima per dati completi. Tale comportamento può essere appropriato per la stima di medie, totali, proporzioni, quantili, ecc. Al contrario l'utilizzo delle tecniche standard per stimare la varianza di tali stimatori può produrre inferenze non valide e in particolare una grave sottostima dell'effettiva variabilità degli stimatori (Hansen et al. 1953). L'entità della sottostima, inoltre, può diventare considerevole al crescere della proporzione di dati imputati. Tale problema è stato anche illustrato praticamente con l'Esempio 6.6, inoltre nel paragrafo precedente è stata descritta l'imputazione multipla che rappresenta sicuramente l'approccio più noto per fronteggiarlo. È opportuno però ricordare che, in letteratura, soprattutto nell'ultimo ventennio, sono stati suggeriti anche numerosi metodi di stima della varianza degli stimatori (di medie, totali, proporzioni, quantili, ecc.) in presenza di imputazione singola ovvero metodi che si basano sull'utilizzo di un solo data-set completato (tra gli altri Deville e Särndal 1994; Rao 1996; Särndal 1992; Shao e Steel 1999).

Tutti questi metodi riconoscono che ogni procedura di imputazione corrisponde all'applicazione, implicita o esplicita, di un modello che ricava i valori imputati in funzione di variabili ausiliarie note e, pertanto, considerano l'insieme completato di dati il risultato di tre meccanismi casuali: il modello di imputazione, nel seguito indicato con *MI*, il piano di campionamento e il meccanismo di risposta. Diverse combinazioni di queste tre distribuzioni di probabilità possono essere usate per valutare le proprietà di uno stimatore definito su un insieme completato di dati. Generalmente, tuttavia, anche se dal punto di vista pratico l'imputazione si applica posteriormente (e conseguentemente) alla presenza di dati mancanti, nei metodi di determinazione della varianza (di uno stimatore) e di uno stimatore di tale varianza il modello di imputazione è assunto come modello di superpopolazione (concetto definito nel Par. 3.3) che definisce la relazione tra la variabile da imputare e le variabili ausiliarie utilizzate nel processo di imputazione e quindi la distribuzione di probabilità da esso indotta è considerata antecedente rispetto alle altre due (la relazione che definisce vale per tutte le unità anche per quelle per cui non occorre ricorrere all'imputazione). Molti di tali metodi inoltre fanno riferimento all'approccio in due fasi per il trattamento della mancata risposta in cui (come già discusso in modo più dettagliato nel Cap. 5) si considera l'insieme dei rispondenti r (intesi in questo paragrafo come rispondenti allo specifico quesito al quale si applica l'imputazione) come il risultato di una selezione casuale in due fasi: dapprima viene selezionato dalla popolazione U il campione s mediante il piano di campionamento prescelto $p(s)$; poi l'insieme dei rispondenti r viene considerato come il risultato di un sottocampionamento $q(r|s)$ di unità dal campione s. Utilizzando tale approccio, se si indicano con E_{MI}, E_q ed E gli operatori di valore atteso rispettivamente rispetto al modello di imputazione MI, al meccanismo di risposta q e al piano di campionamento p, l'errore quadratico medio dello stimatore $\hat{T}_\bullet$ definito sull'insieme completato dei dati e riferito alla quantità di interesse della popolazione T può essere definito come $E_{MI}EE_q(\hat{T}_\bullet - T)^2$. Tale espressione coincide con la varianza di $\hat{T}_\bullet$ se $\hat{T}_\bullet$ è uno stimatore corretto (o approssimativamente corretto) di T e ciò si verifica se sono soddisfatte le seguenti tre condizioni:

a) lo stimatore $\hat{T}$ definito sull'insieme completo, ovvero sotto l'ipotesi di assenza di dati mancanti, è uno stimatore corretto;

b) il meccanismo di risposta $q(r|s)$ è ignorabile (anche se incognito);

c) il modello di imputazione MI è valido, ovvero dati s e r il valore atteso dell'errore di imputazione $\hat{T}_\bullet - \hat{T}$, dato da $E_{MI}[(\hat{T}_\bullet - \hat{T})|s,r]$, è zero.

Sia per dimostrare la correttezza sotto le tre condizioni sopra elencate, sia per ricavare un'espressione della varianza in cui è possibile distinguere esplicitamente l'incremento di variabilità dovuto alla mancata risposta e al modello di imputazione, è utile scomporre l'errore totale $\hat{T}_\bullet - T$ nell'errore campionario $\hat{T} - T$ più l'errore di imputazione $\hat{T}_\bullet - \hat{T}$. L'espressione della distorsione diventa

$$B(\hat{T}_\bullet) = E_{MI}EE_q(\hat{T}_\bullet - T) = E_{MI}E(\hat{T} - T) + E_{MI}EE_q(\hat{T}_\bullet - \hat{T})$$

e da tale espressione è immediatamente evidente che se vale la condizione a) il primo termine è zero; per quanto riguarda il secondo termine, se vale la condizione b) è possibile scambiare l'ordine degli operatori di valore atteso $E_{MI}EE_q$ in EE_qE_{MI} e allora, poiché per la condizione c) si ha $E_{MI}[(\hat{T}_\bullet - \hat{T})|s,r] = 0$, anche il secondo termine è zero.

Per quanto riguarda la varianza, l'uso della scomposizione dell'errore totale in errore campionario e errore di imputazione e la permutazione degli operatori $E_{MI}EE_q$ in EE_qE_{MI} (consentita sotto la condizione b), permettono di scomporla come segue

$$E_{MI}EE_q(\hat{T}_\bullet - T)^2 = V_{SAM} + V_{imp} + V_{MIX}, \qquad (6.6)$$

con

$$V_{SAM} = E_{MI}V(\hat{T})$$
$$V_{imp} = EE_qV_{MI}[(\hat{T}_\bullet - \hat{T})|s,r]$$
$$V_{MIX} = 2EE_qC_{MI}[(\hat{T}_\bullet - \hat{T}, \hat{T} - T)|s,r].$$

Uno stimatore della varianza (6.6) può essere ricavato individuando uno stimatore per ciascuna delle tre componenti. Per stimare V_{SAM} è sufficiente stimare la varianza rispetto al piano di campionamento di $\hat{T}$ ovvero $V(\hat{T})$. Tuttavia anche se è possibile definire uno stimatore v_{SAM} corretto (o asintoticamente corretto) di $V(\hat{T})$, esso non può essere calcolato perché è definito sull'insieme completo dei dati. È possibile calcolare solo lo stimatore "naive" della varianza di $\hat{T}_\bullet$, $v(\hat{T}_\bullet)$, ovvero lo stimatore della varianza che tratta i dati imputati come se fossero realmente osservati. È noto che tale stimatore sottostima V_{SAM}. Ovviamente non essendo in grado di calcolare $v(\hat{T})$ non si è in grado di calcolare neanche la differenza $v(\hat{T}) - v(\hat{T}_\bullet)$ che servirebbe per compensare la sottostima di V_{SAM}. Una soluzione a tale problema è stata suggerita da Särndal (1992) che ha proposto di individuare uno stimatore v_{dif} corretto rispetto al modello di imputazione per la quantità $V_{dif} = E_{MI}[(v(\hat{T}) - v(\hat{T}_\bullet)|s,r]$. Se $E_{MI}(v_{dif}) = V_{dif}$, uno stimatore corretto rispetto a tutte e tre le distribuzioni di probabilità coinvolte di V_{SAM} è $v(\hat{T}_\bullet) + v_{diff}$. Per calcolare v_{dif} non occorre conoscere $v(\hat{T})$ ma è necessaria la stima dei parametri del modello di imputazione. Il valore di $v(\hat{T}_\bullet)$ è ottenuto semplicemente applicando la formula dello stimatore della varianza rispetto al piano di campionamento "valida" nella condizione ideale di assenza di dati mancanti all'insieme completato dei dati.

Per stimare le altre due componenti della varianza V_{imp} e V_{MIX} occorre individuare uno stimatore corretto rispetto al modello di imputazione rispettivamente di $V_{MI}[(\hat{T}_\bullet - \hat{T})|s,r]$ e $C_{MI}[(\hat{T}_\bullet - \hat{T}, \hat{T} - T)|s,r]$ e anche il calcolo di tali stimatori (come il calcolo di v_{dif}) richiede la stima dei parametri incogniti del modello di imputazione.

Il seguente esempio mostra in una situazione particolarmente semplice (in termini di piano di campionamento, stimatore prescelto e modello di imputazione assunto) l'applicazione della procedura di stima della varianza appena descritta evidenziandone, da un lato, l'effettiva applicabilità e, dall'altro, la complessità, che giustifica il ricorso ai metodi numerici di stima della varianza descritti nel Par. 6.6.1, a cui è rinviato il lettore non interessato ad approfondire (mediante l'Esempio 6.8) dal punto di vista applicativo la procedura di stima della varianza descritta in questo paragrafo.

Esempio 6.8. *Si consideri un'unica variabile di studio y di cui si vuole stima-re il totale Y, utilizzando lo stimatore corretto. Si supponga di aver selezionato un campione s di n unità mediante un piano di campionamento srs ma di aver osservato i valori di y solo per un sottoinsieme $r \subset s$ costituito da n_r unità. Si ipotizzi infine di voler imputare i dati mancanti utilizzando una sola variabile ausiliaria x (nota $\forall\, j \in s$) e il seguente modello di imputazione*

$$MI : y_j = \beta x_j + \varepsilon_j \quad \mathrm{E_{MI}}(\varepsilon_j) = 0 \quad \mathrm{E_{MI}}(\varepsilon_j^2) = \sigma^2 x_j, \quad \mathrm{E_{MI}}(\varepsilon_j \varepsilon_{j'}) = 0 \ (j \neq j'),$$

ovvero utilizzando l'imputazione mediante rapporto (un caso particolare di im-putazione per regressione). Il parametrò incognito β viene stimato utilizzando i dati relativi ai soli rispondenti. Applicando il metodo dei minimi quadrati ponderati si ottiene $\hat{\beta} = \bar{y}_r / \bar{x}_r$, dove $\bar{y}_r = \sum_{j \in r} y_j / n_r$ e $\bar{x}_r = \sum_{j \in r} x_j / n_r$.

Dopo l'imputazione l'insieme completato dei dati indicato con $\mathbf{y}_{\bullet s} = \{y_{\bullet j} : j \in s\}$ è costituito dai valori

$$y_{\bullet j} = \begin{cases} y_j & j \in r \\ \hat{y}_j = x_j \bar{y}_r / \bar{x}_r & j \in s - r \end{cases}.$$

Lo stimatore corretto applicato ai dati completati (tenendo conto che nel caso di srs $a_j = N/n$) è allora:

$$\hat{y}_{\pi \bullet} = \sum_{j \in s} a_j y_{\bullet j} = \sum_{j \in r} a_j y_j + \sum_{j \in s-r} a_j \hat{y}_j = N \bar{x}_s \bar{y}_r / \bar{x}_r,$$

dove gli indici r e s per $\bar{x}$ e $\bar{y}$ specificano gli insiemi su cui le medie aritmetiche sono calcolate.

Per stimare la sua varianza mediante la scomposizione $\mathrm{v}(\hat{y}_{\pi \bullet}) = \mathrm{v}_{SAM} + \mathrm{v}_{imp} + \mathrm{v}_{MIX}$ occorre ricavare un'espressione esplicita per ciascuna delle tre componenti. Iniziando con le due componenti che rappresentano l'incremento della variabilità per effetto della non risposta e conseguente imputazione, si ha

$$\mathrm{V}_{MI}[(\hat{y}_\bullet - \hat{y})|s,r] = \mathrm{E}_{MI}[(\hat{y}_\bullet - \hat{y})^2|s,r]$$

$$= \sigma^2 \left(\frac{N}{n}(n - n_r)\frac{\bar{x}_{s-r}}{n_r \bar{x}_r} N \bar{x}_s + \frac{N^2}{n^2}(n - n_r)\bar{x}_{s-r} \right)$$

$$2\mathrm{C}_{MI}[(\hat{y}_\bullet - \hat{y}, \hat{y} - y)|s,r] = 2\mathrm{E}_{MI}[(\hat{y}_\bullet - \hat{y}, \hat{y} - y)|s,r]$$

$$= -\sigma^2 \frac{N^2}{n^2}(n - n_r)\bar{x}_{s-r}$$

$$\mathrm{E}_{MI}[(\hat{y}_\bullet - \hat{y})^2|s,r] + 2\mathrm{E}_{MI}[(\hat{y}_\bullet - \hat{y}, \hat{y} - y)|s,r] = \sigma^2 N^2 \left(\frac{1}{n_r} - \frac{1}{n} \right) \frac{\bar{x}_{s-r}\bar{x}_s}{\bar{x}_r}.$$

Per individuare lo stimatore $\mathrm{v}_{imp} + \mathrm{v}_{MiX}$, basta sostituire σ^2 con un suo stimatore $\hat{\sigma}^2$ tale che $\mathrm{E}_{MI}(\hat{\sigma}^2) = \sigma^2$.

Una possibile espressione per $\hat{\sigma}^2$ si ottiene calcolando prima i residui $e_j = y_j - \hat{y}_j$ per i rispondenti, poi definendo "l'insieme degli pseudo-residui"

$$e_{os} = \{e_{oj} : j \in s, \quad e_{oj} = e_j \quad se \quad j \in r, \quad e_{oj} = 0 \quad se \quad j \in (s-r)\}$$

e quindi ricavando $\hat{\sigma}^2$ come funzione $v(e_{os})$ imponendo la condizione di correttezza, $E_{MI}(\hat{\sigma}^2) = \sigma^2$. Dalle seguenti due uguaglianze:

$$v(e_{os}) = N^2 \left(\frac{1}{n} - \frac{1}{N} \right) \frac{\sum_{j \in r} e_j^2}{n-1} \, ,$$

$$E_{MI}(v(e_{os})) = \sum_{j \in s} \sum_{\substack{j' \in s \\ j' \neq j}} \frac{\pi_{j,j'} - \pi_j \pi_{j'}}{\pi_{j,j'}} \frac{e_{oj}}{\pi_j} \frac{e_{oj'}}{\pi_{j'}}$$

$$= \sigma^2 N^2 \left(\frac{1}{n} - \frac{1}{N} \right) \frac{n_r - 1}{n-1} \bar{x}_r \left(1 - \frac{C_{xr}}{n_r} \right),$$

dove C_{xr} è il coefficiente di variazione di x in r, si ottiene

$$\hat{\sigma}^2 = \left[N^2 \left(\frac{1}{n} - \frac{1}{N} \right) \frac{n_r - 1}{n-1} \bar{x}_r \left(1 - \frac{C_{xr}}{n_r} \right) \right]^{-1}$$

$$v(e_{os}) = \left[\bar{x}_r \left(1 - \frac{C_{xr}}{n_r} \right) \right]^{-1} \frac{\sum_{j \in r} e_j^2}{n_r - 1}.$$

Per calcolare v_{SAM} occorre individuare un'espressione per stimare V_{dif}, poiché l'altro termine $v[\hat{y}_{\pi\bullet}]$ si ottiene facilmente applicando ai dati completati la formula dello stimatore della varianza di Horvitz-Thompson per dati completi, ovvero

$$v[\hat{y}_{\pi\bullet}] = N^2 \left(\frac{1}{n} - \frac{1}{N} \right) s_{y\bullet}^2$$

dove $s_{y\bullet}^2 = \sum_{j \in s} (y_{\bullet j} - \bar{y}_\bullet)^2 / (n-1)$ e $\bar{y}_\bullet = \sum_{j \in s} y_{\bullet j} / n = N \bar{x}_s \bar{y}_r / \bar{x}_r$.
Un'espressione per v_{dif} si ottiene considerando innanzi tutto la differenza

$$v(\hat{y}_\pi) - v(\hat{y}_{\pi\bullet}) = \sum_{j \in s-r} \sum_{j' \in s-r} \frac{\pi_{j,j'} - \pi_j \pi_{j'}}{\pi_{j,j'} \pi_j \pi_{j'}} (y_j y_{j'} - \hat{y}_j \hat{y}_{j'})$$

$$+ \sum_{j \in r} \sum_{j' \in s-r} \frac{\pi_{j,j'} - \pi_j \pi_{j'}}{\pi_{j,j'} \pi_j \pi_{j'}} y_j (y_{j'} - \hat{y}_{j'})$$

$$+ \sum_{j \in s-r} \sum_{j' \in r} \frac{\pi_{j,j'} - \pi_j \pi_{j'}}{\pi_{j,j'} \pi_j \pi_{j'}} y_j (y_{j'} - \hat{y}_{j'}),$$

imponendo poi la condizione $E_{MI}(v_{dif}) = V_{dif} = E_{MI}[v(\hat{y}_\pi) - v(\hat{y}_{\pi\bullet})]$ e sostituendo alle probabilità di inclusione le loro espressioni esplicite per il campionamento srs; si ricava, dopo diversi passaggi algebrici,

$$v_{dif} = \hat{\sigma}^2 \Delta$$

con

$$\Delta = N^2 \Big(\frac{1}{n} - \frac{1}{N} \Big) \frac{1}{n-1} \Big(\sum_{j \in s-r} x_j - \frac{\sum_{j \in s-r} x_j^2}{\sum_{j \in r} x_j} + \frac{1}{n} \frac{\sum_{j \in s-r} x_j \sum_{j \in s} x_j}{\sum_{j \in r} x_j} \Big).$$

Infine ricomponendo i diversi termini si ha

$$\mathrm{v}(\hat{y}_{\pi\bullet}) = \mathrm{v}_{SAM} + \mathrm{v}_{imp} + \mathrm{v}_{MiX} = \mathrm{v}(\hat{y}_{\pi\bullet}) + \hat{\sigma}^2 \Delta + \hat{\sigma}^2 N^2 \Big(\frac{1}{n_r} - \frac{1}{n} \Big) \frac{\bar{x}_{s-r} \bar{x}_s}{\bar{x}_r}.$$

$\square$

L'Esempio 6.8 considera una situazione particolarmente semplice, in situazioni più complesse il calcolo di una stima della varianza utilizzando la procedura descritta può risultare particolarmente difficile e laboriosa e diventare perfino inapplicabile.

Una soluzione alternativa per stimare la varianza in presenza di dati imputati è rappresentata dall'applicazione di metodi numerici (o di ricampionamento) di stima della varianza, i più utilizzati sono il metodo *Jacknife* e il metodo *bootstrap*. L'applicazione dei metodi numerici non richiede di ricavare separatamente uno stimatore per ciascuna delle tre componenti della varianza e non richiede neppure la conoscenza delle probabilità di inclusione di secondo ordine, il cui calcolo può essere anche molto difficile nel caso di piani di campionamento complessi. L'applicazione dei metodi numerici, inoltre, rappresenta l'unica alternativa quando non è possibile definire un modello esplicito che esprima il legame tra la variabile di studio e le variabili ausiliarie utilizzate nel processo di imputazione.

6.6.1 Metodi numerici di stima della varianza

Per una rassegna completa sui metodi numerici di stima della varianza in assenza di non risposta si rimanda a Wolter (2007). Numerose estensioni dei diversi metodi alle situazioni con dati imputati sono state proposte in letteratura (tra gli altri Davison e Sardy 2007; Yung e Rao 2000; Rao e Shao 1992; Shao e Sitter 1996). Qui, al solo fine esemplificativo, vengono presentati sinteticamente, e per il solo caso più semplice di selezione del campione mediante un piano di campionamento non stratificato e non a grappoli o più stadi, i due metodi di stima numerica della varianza più frequentemente utilizzati, il metodo Jacknife e il metodo bootstrap e per ciascuno un'estensione al caso di dati imputati.

Sia s un campione di n unità privo di dati mancanti e y la variabile di interesse e sia la quantità di interesse T stimata mediante lo stimatore $\hat{T}$ definito sull'insieme completo dei dati campionari. Il metodo Jacknife di stima della varianza consiste nella partizione del campione s in A gruppi casuali dipendenti di dimensione n/A. Per ciascun gruppo a $(a = 1, \ldots, A)$ viene calcolato uno stimatore $\hat{T}_{(a)}$ di T che ha la stessa forma funzionale di $\hat{T}$ ma è definito solo sull'insieme dei dati campionari che restano dopo aver sottratto al campione il gruppo a. Uno stimatore Jacknife della varianza è:

$$v_{JK}(\hat{T}) = \frac{1}{A(A-1)} \sum_{a=1}^{A} (\hat{T}_{(a)} - \hat{T})^2. \tag{6.7}$$

In presenza di non risposta e imputazione dei dati mancanti l'applicazione dell'espressione (6.7), assimilando i dati completati a quelli completi, determina una sottostima della varianza (come per i metodi tradizionali di stima della varianza). Rao e Shao (1992) hanno proposto di modificare il metodo Jacknife in presenza di dati imputati nel seguente modo. Per ciascun gruppo a $(a = 1, \ldots, A)$ i dati imputati che restano nel campione dopo aver sottratto il gruppo a vengono modificati in modo tale che il valore $\hat{y}_j$ assegnato all'j-esima unità non rispondente diventa $\hat{y}_j^{(a)} = \hat{y}_j + [\mathrm{E}_{MI(a)}(\hat{y}_j|s,r) - \mathrm{E}_{MI}(\hat{y}_j|s,r)]$ dove $\mathrm{E}_{MI(a)}$ rappresenta il valore atteso rispetto al modello di imputazione dopo aver sottratto dal campione il gruppo a. Ad esempio, nel caso di imputazione con donatore casuale tra tutti i rispondenti $\mathrm{E}_{MI(a)}(\hat{y}_j|s,r)$ è la media dei rispondenti che restano nel campione dopo aver sottratto il gruppo a.

Dopo aver "aggiustato" i dati imputati si può calcolare lo stimatore della varianza *Rao-Shao Jacknife* mediante l'espressione:

$$V_{JK}(\hat{T}_\bullet) = \frac{1}{A(A-1)} \sum_{a=1}^{A} (\hat{T}_{\bullet(a)} - \hat{T}_\bullet)^2$$

dove $\hat{T}_{\bullet(a)}$ è calcolato utilizzando sempre la stessa forma funzionale di $\hat{T}$ ma dopo aver sostituito ai valori mancanti, che restano nel campione dopo aver sottratto ad esso il gruppo a, il valore imputato aggiustato $\hat{y}_j^{(a)}$.

Il metodo bootstrap di stima della varianza in assenza di dati mancanti consiste nel generare un numero elevato B di "campioni bootstrap" indipendenti, ognuno selezionato con lo stesso piano di campionamento del campione iniziale da una popolazione fittizia costruita replicando le unità del campione iniziale, ciascuna proporzionalmente alla sua probabilità di inclusione (nel caso di campione casuale semplice tale procedura equivale ad estrarre ciascun campione con reimmissione dal campione iniziale; analogamente nel caso di campione stratificato la selezione di ciascun campione dalla popolazione fittizia equivale a selezionare le unità con reimmissione in ciascuno strato). Per ciascun campione bootstrap s_b^* $(b = 1, \ldots, B)$ viene calcolato lo stimatore $\hat{T}$ e il suo valore denotato con $\hat{T}_b^*$. Infine la varianza di $\hat{T}$ è stimata utilizzando l'espressione:

$$v_{bo}(\hat{T}) = \frac{1}{(B-1)} \sum_{b=1}^{B} (\hat{T}_b^* - \hat{T})^2. \tag{6.8}$$

In presenza di dati mancanti, sostituiti da valori imputati l'applicazione della procedura descritta al campione completato genera una sottostima della varianza. Una stima "valida" della varianza può essere ottenuta re-imputando i valori mancanti per ciascun campione bootstrap utilizzando lo stesso modello di imputazione utilizzato per il campione originario (ovvero sostituendo nell'espressione (6.8) $\hat{T}_b^*$ con $\hat{T}_{b\bullet}^*$ che è calcolato utilizzando le stesse unità ma assegnando a quelle non rispondenti dei valori calcolati utilizzando le sole unità rispondenti nel corrispondente campione bootsptrap). Altre versioni più sofisticate del metodo bootstrap sono state proposte in letteratura, alcune applicabili a campioni di qualsiasi tipo altre per rispondere a specifiche esigenze, ad esempio per il caso di campione stratificato con dimensione campionaria entro gli strati molto piccola per i quali la procedura descritta non produce inferenze valide. Per tali approfondimenti si rimanda a Lahiri (2003) e Shao (2003).

6.7 Note di approfondimento sull'imputazione multipla

Come già evidenziato l'imputazione multipla è un argomento molto più complesso e articolato rispetto alla semplice definizione data nel Par. 6.5. Si tratta di un tema a cui sono stati dedicati numerosi articoli, capitoli di libri e libri interi (Little e Rubin 1987; Rubin 1987; Rubin 2004) ed esula dallo scopo di questo testo presentarne una trattazione approfondita ed esaustiva. Tuttavia, seppur rimandando ad opportuni riferimenti bibliografici, questo paragrafo si propone di fornire ai lettori interessati un veloce sommario sia dei principali aspetti teorici che riguardano l'imputazione multipla, sia degli effetti che le definizioni teoriche hanno in termini pratici ovvero di metodi/procedure per implementarla.

6.7.1 Giustificazione teorica dell'imputazione multipla

La giustificazione teorica dell'imputazione multipla è stata data da Rubin (1987) nell'ambito dell'inferenza Bayesiana. Per la sua descrizione si rimanda al testo di Rubin, qui ne è riportata solo una breve sintesi che, senza alcuna pretesa di esaustività, vuole introdurre il lettore all'argomento. Il contesto di riferimento di tale giustificazione è l'approccio all'inferenza per popolazioni finite basato su modelli di superpopolazione (descritto nel Par. 3.3) in cui è specificato un modello $f(y)$ per la variabile di studio y, o più in generale in presenza di P variabili ausiliarie $\boldsymbol{x} = (x_1, \ldots, x_P)$, $f(y, \boldsymbol{x})$. Nell'approccio Bayesiano si assume generalmente un modello parametrico $f(y, \boldsymbol{x}|\theta)$. Inoltre, definita la partizione dei valori della variabile di studio sulle n unità campionarie $\mathbf{y} = (\mathbf{y}_{oss}, \mathbf{y}_{miss})$ dove il suffisso oss indica le unità campionarie per cui la variabile di studio è osservata mentre il suffisso $miss$ quelle per cui è mancante, l'obiettivo dell'approccio Bayesiano è stimare la distribuzione a posteriori del parametro θ della popolazione condizionatamente ai dati osservati $f(\theta|\mathbf{y}_{oss}, \mathbf{x}_1, \ldots, \mathbf{x}_N)$.

Assumendo che sia il meccanismo di selezione del campione che il processo di risposta siano ignorabili, e assumendo, per semplificare la notazione, assenza di variabili esplicative, dal teorema di Bayes si ricava

$$f(\theta|\mathbf{y}_{oss}) \propto L(\mathbf{y}_{oss}|\theta)p(\theta)$$

dove $L(\mathbf{y}_{oss}|\theta)$ e $p(\theta)$ sono rispettivamente la funzione di verosimiglianza e la distribuzioni a priori del parametro (generalmente scelta non informativa). Tale distribuzione a posteriori è legata alla distribuzione a posteriori con dati completi $f(\theta|\mathbf{y}_{miss}, \mathbf{y}_{oss})$, che si sarebbe potuta osservare in assenza di dati mancanti, dalla seguente relazione

$$f(\theta|\mathbf{y}_{oss}) = \int f(\theta, \mathbf{y}_{miss}|\mathbf{y}_{oss})d\mathbf{y}_{miss}$$

$$= \int f(\theta|\mathbf{y}_{miss}, \mathbf{y}_{oss})f(\mathbf{y}_{miss}|\mathbf{y}_{oss})d\mathbf{y}_{miss}.$$

L'imputazione multipla approssima questo integrale nel modo seguente:

$$f(\theta|\mathbf{y}_{oss}) = \frac{1}{G}\sum_{g=1}^{G} f(\theta|\mathbf{y}_{miss}^{(g)}, \mathbf{y}_{oss}) \qquad (6.9)$$

dove $\mathbf{y}_{miss}^{(g)}$, $(g = 1, \ldots, G)$ sono estrazioni dalla distribuzione predittiva a posteriori dei valori mancanti, $f(\mathbf{y}_{miss}|\mathbf{y}_{oss})$. Dal punto di vista Bayesiano quindi, l'imputazione multipla può essere vista come una procedura di generazione di G realizzazioni indipendenti dalla distribuzione predittiva a posteriori dei dati mancanti condizionatamente ai dati osservati $f(\mathbf{y}_{miss}|\mathbf{y}_{oss})$.

Inoltre date tali realizzazioni, utilizzando l'approssimazione (6.9), la media e la varianza a posteriori di θ possono essere così ricavate:

$$E_\xi(\theta|\mathbf{y}_{oss}) = \int \theta f(\theta|\mathbf{y}_{oss})d\theta = \int \theta \frac{1}{G}\sum_{g=1}^{G} f(\theta|\mathbf{y}_{miss}^{(g)}, \mathbf{y}_{oss})d\theta$$

$$= \frac{1}{G}\sum_{g=1}^{G} \hat{\theta}_g \qquad (6.10)$$

dove $\hat{\theta}_g = E_\xi(\theta|\mathbf{y}_{miss}^{(g)}, \mathbf{y}_{oss})$ è la stima di θ nel g-esimo data-set completato; inoltre:

$$E_\xi(\theta^2|\mathbf{y}_{oss}) = \int \theta^2 f(\theta|\mathbf{y}_{oss})d\theta = \int \theta^2 \frac{1}{G}\sum_{g=1}^{G} f(\theta|\mathbf{y}_{miss}^{(g)}, \mathbf{y}_{oss})d\theta$$

$$= \frac{1}{G}\sum_{g=1}^{G} (\hat{\theta}_g + v_g)$$

dove $v_g = v(\theta|\mathbf{y}_{miss}^{(g)}, \mathbf{y}_{oss})$ è la stima della varianza nel g-esimo data-set completato. Combinando le due espressioni precedenti si ottiene:

$$
\begin{aligned}
v(\theta|\mathbf{y}_{oss}) &\approx \frac{1}{G}\sum_{g=1}^{G}(\hat{\theta}_g - \bar{\theta})^2 + \frac{1}{G}\sum_{g=1}^{G}v_g \\
&\approx \left(\frac{G+1}{G}\right)\frac{1}{G}\sum_{g=1}^{G}(\hat{\theta}_g - \bar{\theta})^2 + \frac{1}{G}\sum_{g=1}^{G}v_g = \left(\frac{G+1}{G}\right)B_\bullet + \bar{v}_\bullet
\end{aligned}
\tag{6.11}
$$

dove il fattore $(G+1)/G$ migliora l'approssimazione per G piccolo. Sostituendo $T(x,y)$ a θ le espressioni (6.10) e (6.11) sono equivalenti rispettivamente alle espressioni (6.4) e (6.5).

Esempio 6.9. *Esempio di imputazione con modello (Bayesiano) esplicito. Si supponga di avere una sola variabile di studio y e che essa presenti dei valori mancanti per effetto di un meccanismo di risposta MAR. Si supponga inoltre che la dimensione del campione sia n e il numero di rispondenti sia n_r e di conoscere per tutte le unità del campione un insieme di P ($P < n_r$) variabili esplicative $\mathbf{x}$. Un possibile modello esplicito per tale situazione è il modello di regressione lineare normale, $y_j \sim N(\mathbf{x}_j\boldsymbol{\beta}, \sigma^2)$ dove $\boldsymbol{\beta}$ è un vettore $P \times 1$ e σ è uno scalare. Posto $\boldsymbol{\theta} = (\boldsymbol{\beta}, \log(\sigma))$, per completare il passo di modellazione occorre definire una distribuzione a priori per $\boldsymbol{\theta}$. Si può assumere per $\boldsymbol{\theta}$ la distribuzione impropria $p(\boldsymbol{\theta}) \propto$ costante.*

Il processo di imputazione richiede innanzitutto l'individuazione della distribuzione a posteriori per $\boldsymbol{\theta}$. Essa ovviamente coinvolge le sole unità del campione con valori osservati per la variabile di studio. Definite le seguenti quantità calcolate utilizzando le unità appartenenti all'insieme dei rispondenti r:

$$
\mathbf{V} = \left(\sum_{j\in r}\mathbf{x}_j^T\mathbf{x}_j\right)^{-1} \qquad \hat{\boldsymbol{\beta}}_r = \mathbf{V}\sum_{j\in r}\mathbf{x}_j^T y_j \qquad \hat{\sigma}_r^2 = \frac{\sum_r(y_j - \mathbf{x}_j\hat{\boldsymbol{\beta}}_r)}{n_r - P},
$$

calcoli bayesiani standard per il modello lineare normale (Box e Tiao 1973) mostrano che la distribuzione a posteriori di σ^2 è data da $\hat{\sigma}_r^2(n_r - P)$ diviso una variabile con distribuzione $\chi^2_{n_r - P}$ e che, condizionatamente a σ^2, $\boldsymbol{\beta}$ ha distribuzione Normale con media $\hat{\boldsymbol{\beta}}_r$ e matrice di varianza e covarianza $\sigma^2\mathbf{V}$.

Individuata la distribuzione a posteriori per $\boldsymbol{\theta}$ il processo di imputazione si articola in tre passi:

1. *si estrae un valore ξ da una $\chi^2_{n_r - P}$ e si pone $\hat{\sigma}_\bullet^2 = \frac{\hat{\sigma}_r^2(n_r - P)}{\xi}$;*
2. *si estraggono P valori indipendenti da una distribuzione Normale standard così da formare un vettore $\mathbf{Z}$ di dimensione $(P \times 1)$ e si pone $\boldsymbol{\beta}_\bullet = \hat{\boldsymbol{\beta}}_r + \sigma_\bullet[\mathbf{V}]^{1/2}\mathbf{Z}$ (dove $[\mathbf{V}]^{1/2}$ può essere ricavata con la decomposizione di Cholesky);*
3. *si imputano gli $n - n_r$ valori mancanti utilizzando l'espressione $\hat{y}_j = \mathbf{x}_j\boldsymbol{\beta}_\bullet + \mathbf{Z}_j\sigma_\bullet$ dove $\mathbf{Z}_j$ è un vettore contenente $n - n_r$ estrazioni indipendenti da una distribuzione $N(0,1)$.*

Per generare G imputazioni questi tre passi sono ripetuti G volte. □

6.7.2 Proprietà dell'imputazione multipla nell'ambito dell'inferenza randomizzata

Come evidenziato nel paragrafo precedente, la giustificazione teorica dell'imputazione multipla viene svolta da Rubin (1987) in ambito Bayesiano. Nella sua complessa ed esaustiva trattazione sull'imputazione multipla, tuttavia, Rubin va oltre tale giustificazione teorica, implementando anche la valutazione delle inferenze, precedentemente introdotte in ottica Bayesiana, dal punto di vista dell'inferenza randomizzata (*design-based inference*). Come specifica meglio anche in successivi lavori, Rubin è fermamente convinto che il concetto di "validità statistica" sia, soprattutto nell'ambito dei data-set condivisi ed analizzati da molti utilizzatori (come ad esempio quelli prodotti nel caso delle indagini implementate dagli Istituti Nazionali di Statistica), un concetto di tipo frequentista, in cui la distribuzione randomizzata è introdotta dal meccanismo di selezione del campione che è noto (è quello utilizzato per selezionare il campione) e dal meccanismo di non risposta che viene assunto/ipotizzato (Rubin 1996). Il risultato principale di Rubin è il seguente: se l'inferenza condotta sui data-set completi è un inferenza valida in ottica randomizzata in assenza di non risposta, e, se il metodo di imputazione è proprio, allora in campioni numerosi le inferenze cui si giunge tramite le procedure di imputazione multipla sono valide nell'ottica dell'inferenza randomizzata, almeno quando il numero di imputazioni è elevato. I concetti di inferenza valida in ottica randomizzata e imputazione propria, definiti in modo esaustivo in Rubin (1987) e poi trattati in termini più sintetici anche in Rubin (1996) e Schafer (1997) possono essere riassunti, senza alcuna pretesa di esaustività e con l'unico obiettivo di evidenziarne la rilevanza e/o gli effetti pratici, come segue.

Se T è un parametro d'interesse della popolazione, $\hat{T}$ un suo stimatore definito sull'insieme completo dei dati e v uno stimatore della varianza di $\hat{T}$, la validità in ottica randomizzata dell'inferenza basata su $\hat{T}$ si realizza se $\hat{T}$ ha una distribuzione randomizzata (dove la randomizzazione è generata esclusivamente dal piano di campionamento) asintoticamente normale centrata su T e con varianza (o più in generale matrice di varianza e covarianza) stimata in modo consistente da v. In termini "pratici" il concetto di "validità" richiede l'approssimata correttezza dello stimatore puntuale e dello stimatore della sua varianza, con riferimento alla stima per intervalli che il tasso di copertura effettivo sia approssimativamente uguale a quello nominale e con riferimento ai test di ipotesi che il livello di significatività effettivo sia approssimativamente uguale a quello nominale.

La definizione di imputazione multipla propria è analoga alla definizione di inferenza valida in ottica randomizzata, la sua peculiarità è che "il campione si sostituisce alla popolazione" perché il punto di riferimento non è la stima di una quantità di popolazione ma la stima delle "quantità campionarie" $\hat{T}$ e v considerate fisse ma incognite a causa del meccanismo di risposta. L'altro aspetto che distingue i due concetti (inferenza valida in assenza di non risposta e imputazione propria) è la distribuzione randomizzata di riferimento, non più quella indotta dal piano di campionamento ma quella indotta dal meccanismo di risposta. Affinché l'imputazione multipla sia propria si richiede che $\bar{T}_\bullet = \sum_{g=1}^{G} \hat{T}_{\bullet g}/G$ e $\bar{v}_\bullet = \sum_{g=1}^{G} v_{\bullet g}/G$ (ovvero le medie, rispetto alle G repliche della procedura di imputazione, dei valori che le statistiche $\hat{T}$ e v assumono quando sono applicate al corrispondente insieme dei dati completati) siano approssimativamente corrette rispettivamente per $\hat{T}$ e v, e la correttezza è ovviamente valutata rispetto alla sola distribuzione di probabilità indotta dal meccanismo di risposta. La definizione di imputazione multipla propria richiede, inoltre, che al crescere di G ($G \to \infty$), $B_\bullet = \sum_{g=1}^{G} (\hat{T}_{\bullet g} - \bar{T}_\bullet)^2/(G-1)$, ovvero la varianza dei $\hat{T}_{\bullet g}$ rispetto alle G repliche della procedura di imputazione, sia uno stimatore approssimativamente corretto per la varianza di $\bar{T}_\bullet$.

Nell'ambito della stima per popolazioni finite basata sul disegno la richiesta di inferenze valide in assenza di non risposta prescinde dalla presenza di dati mancanti, quindi il concetto veramente importante per la validità dell'imputazione multipla in ottica randomizzata è quello di imputazione propria che in base alla definizione appena data equivale dal punto di vista pratico a richiedere che essa incorpori un'appropriata variabilità tra le ripetizioni all'interno di un modello. Questo è ovviamente soddisfatto quando le imputazioni derivano da un modello Bayesiano esplicito. Ma è possibile rendere proprio o approssimativamente tale anche un metodo di imputazione multipla che consista in ripetizioni di un modello di imputazione implicito come ad esempio l'hot-deck con donatore casuale entro classi di imputazioni.

Si supponga, in presenza di una sola variabile risposta y, che condizionatamente ai valori delle variabili ausiliarie disponibili $x_1, x_2, \ldots, x_P$ le unità con valore della y mancante siano un sottoinsieme casuale delle unità campionate. La procedura hot-deck che assegna ad ogni unità con valore y mancante il valore di un rispondente selezionato casualmente tra quelli con gli stessi valori delle variabili $x_1, x_2, \ldots, x_P$ non è una procedura di imputazione propria perché non tiene conto della variabilità dovuta al fatto che la distribuzione condizionata di y date $x_1, x_2, \ldots, x_P$ non è quella "vera" ma è stimata utilizzando le unità rispondenti nel campione. Per rendere propria tale procedura Rubin (1987) suggerisce l'utilizzo dell'*approximate Bayesian Bootstrap*; tale metodo fa precedere l'estrazione dei donatori all'interno delle celle di imputazione da un'estrazione con reimmissione dei valori osservati. In altri termini il *bootstrapped hot-deck* è una procedura in due passi, per ogni replica della procedura di imputazione prima viene selezionato il campione bootstrap di rispondenti e poi da esso i valori da imputare.

È importante notare che talvolta anche utilizzando un modello esplicito la procedura di imputazione può sottostimare la varianza tra le imputazioni (repliche) e quindi essere impropria. Ciò ad esempio avviene se si definisce un modello che dipende da un qualche parametro e si omette nella procedura di imputazione il passo di selezione del parametro dalla sua distribuzione a posteriori. Così facendo si assume implicitamente che il modello per i rispondenti è uguale al modello per la popolazione e conseguentemente si sottostima la varianza tra le repliche della procedura di imputazione e quindi la varianza complessiva dello stimatore considerato.

Un'altra utile indicazione per ottenere imputazioni proprie riguarda l'inclusione come variabili esplicative nel modello di imputazione di tutte le variabili relative al disegno di campionamento, come ad esempio gli indicatori di stratificazione, clusterizzazione e i pesi campionari (Rubin 1996).

Esistono poi altre considerazioni che possono servire da linee guida per determinare se un dato procedimento di imputazione possa essere considerato ottimale o meno. Ad esempio la validità delle procedure di imputazione multipla è essenzialmente basata sull'assunzione di una sostanziale uguaglianza (*congeniality*) tra il modello ipotizzato dal soggetto che realizza le imputazioni e quello ipotizzato dall'utilizzatore dei dati completati. Tuttavia, nelle situazioni in cui questi soggetti sono distinti e non in contatto l'uno con l'altro i due modelli possono essere diversi. Anche in questo caso l'analisi formale del problema, può essere complicata. Da un punto di vista pratico, la raccomandazione principale consiste nell'utilizzare un metodo di imputazione più generale possibile, che possa risultare compatibile con una pluralità di analisi che gli utilizzatori finali saranno presumibilmente interessati a svolgere. In questo modo chi realizza le imputazioni non corre il rischio di imporre delle restrizioni sui parametri che saranno poi oggetto dell'interesse dell'analizzatore e lo potrebbero portare a compiere inferenze erronee. Inoltre, generalmente la possibile perdita di precisione che si può avere includendo predittori non importanti è un prezzo molto piccolo da pagare per avere una generale validità delle analisi svolte sui data-set completati (Rubin 1996; Collins et al. 2001).

In ogni caso il rilascio dei data-set imputati, che sono poi utilizzati da più soggetti, dovrebbe essere sempre accompagnato da una descrizione della procedura di imputazione, così che l'utilizzatore finale possa sapere se il suo modello di analisi presenta divergenze importanti rispetto a quello di imputazione.

Altre due importanti osservazioni pratiche sono le seguenti:

• La definizione di imputazione valida in ottica randomizzata si basa sull'assunzione $G \to \infty$, tuttavia anche realizzando un numero finito di imputazioni, i risultati cui si giunge possono essere molto soddisfacenti, soprattutto quando la frazione di dati mancanti non è elevata. Infatti, l'efficienza relativa di un stima puntuale basata su G imputazioni rispetto ad una basata su un numero infinito di imputazioni può essere approssimativamente misurata attraverso la quantità $(1 + \lambda/G)^{-1/2}$ con λ pari alla frazione di dati mancanti.

• Inoltre, non bisogna dimenticare che tutto quanto è stato finora considerato, ipotesi, proprietà e criticità dell'imputazione multipla, riguarda solo la parte mancante dei dati, e non quella osservata: per questo motivo le stime derivate attraverso l'imputazione multipla possiedono una sostanziale robustezza rispetto ad eventuali specificazioni errate del modello di imputazione, specialmente quando l'informazione mancante è limitata (Madow et al. 1983; Rubin 1996; Schafer 1997).

6.7.3 Metodi Bayesiani iterativi per realizzare imputazioni multiple

Dal punto di vista Bayesiano l'imputazione multipla (come descritto nel Par. 6.7.1) può essere vista come una procedura di generazione di G realizzazioni indipendenti dalla distribuzione predittiva a posteriori dei dati mancanti condizionatamente ai dati osservati. Sotto le ipotesi, già specificate nel Par. 6.7.1, di ignorabilità del piano di campionamento e del meccanismo di risposta e di assenza di variabili ausiliarie, la distribuzione predittiva a posteriori dei dati mancanti può essere espressa come:

$$f(\mathbf{y}_{miss}|\mathbf{y}_{oss}) = \int f(\mathbf{y}_{miss}|\mathbf{y}_{oss}, \theta) f(\theta|\mathbf{y}_{oss}) d\theta \qquad (6.12)$$

cioè come la media della distribuzione predittiva condizionata $f(\mathbf{y}_{miss}|\mathbf{y}_{oss}, \theta)$ di $\mathbf{y}_{miss}$ dato il parametro θ, rispetto alla distribuzione a posteriori del parametro condizionata ai dati osservati $f(\theta|\mathbf{y}_{oss})$. Per poter generare realizzazioni della distribuzione $f(\mathbf{y}_{miss}|\mathbf{y}_{oss})$ sarebbe pertanto sufficiente essere in grado di generare realizzazioni da ciascuna delle due distribuzioni di probabilità che compaiono nella formula (6.12) sotto il segno di integrale. Generalmente questo non è facile, pertanto si è soliti ricorrere a metodi iterativi di tipo MCMC (*Markov Chain Monte Carlo*).

Uno dei procedimenti più comuni consiste nello schema iterativo in cui ogni iterazione t consta dei seguenti due passi (Shafer 1997):

1. dato un insieme di valori correnti $\theta^{(t)}$ per i parametri, generare dalla distribuzione predittiva condizionata $f(\mathbf{y}_{miss}|\mathbf{y}_{oss}, \theta^{(t)})$ un insieme di valori dei dati mancanti $\mathbf{y}_{miss}^{(t+1)}$ (*Imputation Step*);
2. condizionatamente a $\mathbf{y}_{miss}^{(t+1)}$, generare dalla distribuzione a posteriori a dati completi di θ, $f(\theta|\mathbf{y}_{oss}, \mathbf{y}_{miss}^{(t+1)})$ un nuovo insieme di parametri $\theta^{(t+1)}$ (*Posterior Step*).

In questo modo partendo da un insieme di parametri iniziali $\theta^{(0)}$ viena generata una successione aleatoria $\{\theta^{(t)}, \mathbf{y}_{miss}^{(t)}\}_{t=1,2,\ldots}$ la cui distribuzione stazionaria è $f(\mathbf{y}_{miss}, \theta|\mathbf{y}_{oss})$ (Tanner e Wong 1987) mentre le sottosuccessioni $\{\theta^{(t)}\}_{t=1,2,\ldots}$ e $\{\theta^{(t)}, \mathbf{y}_{miss}^{(t)}\}_{t=1,2,\ldots}$ hanno rispettivamente come distribuzione stazionaria $f(\theta|\mathbf{y}_{oss})$ e $f(\mathbf{y}_{miss}|\mathbf{y}_{oss})$. Quindi per valori elevati di t, $\theta^{(t)}$ e $Y_{miss}^{(t)}$ possono essere considerate come estrazioni approssimate rispettivamente da $f(\theta|\mathbf{y}_{oss})$ e $f(\mathbf{y}_{miss}|\mathbf{y}_{oss})$. Tale procedimento, noto in letteratura come *Data Augmentation*, può essere ripetuto indipendentemente G volte per ottenere G estrazioni dalle due distribuzioni predittive a posteriori è quindi G imputazioni per i valori Y_{miss}.

È importante inoltre osservare che la Data Augmentation è un approccio parametrico che nel caso di più variabili con valori mancanti richiede la specificazione di un'unica distribuzione congiunta per tutte le variabili con dati mancanti; generalmente si assume una distribuzione normale multivariata.

Per dati provenienti da indagini complesse, che raccolgono numerose informazioni modellabili attraverso variabili con caratteristiche distributive anche molto diverse, ipotizzare un unico modello multivariato per tutte le variabili, come succede con la Data Augmentation, può risultare un compito molto complicato. Da tale considerazione è nata l'idea di risolvere il problema di imputazione multivariato dividendolo in tanti problemi univariati (Van Buuren et al. 2006). Tra i metodi che operano in tal modo quello più noto è la *Sequential Regression Multivariate Imputation* (Raghunathan et al. 2001).

Nella Sequential Regression Multivariate Imputation, il metodo di imputazione univariato per ciascuna variabile da imputare è un modello di regressione multiplo che comprende come variabili esplicative le informazioni osservate e le altre variabili imputate. Secondo le caratteristiche della variabile da imputare il modello di regressione può essere lineare, logistico (a due livelli, generalizzato) ecc. I valori imputati sono quindi estratti, per ogni variabile dalla distribuzione predittiva a posteriori specificata dal particolare modello di regressione scelto.

Più in dettaglio, dato un insieme di variabili osservate $\mathbf{x}$ e di variabili con valori mancanti $(y_1, \ldots, y_H)$ con pattern monotono la loro distribuzione congiunta viene fattorizzata come segue:

$$f(y_1, \ldots, y_H | \mathbf{x}_j, \theta_1, \ldots, \theta_H)$$
$$= f_1(y_1 | \mathbf{x}_j, \theta_1) f_2(y_2 | \mathbf{x}_j, y_1, \theta_2) \ldots f_H(y_H | \mathbf{x}_j, y_1, \ldots, y_{H-1} \theta_H)$$

dove le f_h, $h = 1, \ldots, H$ sono le distribuzioni condizionate e θ_h i parametri che le caratterizzano. Ciascuna delle distribuzioni condizionate è modellata attraverso il modello di regressione più appropriato (lineare, logistico, ecc.) e le imputazioni sono estratte dalla distribuzione predittiva corrispondente. Il primo passo consiste nel regredire la variabile con il minor numero di dati mancanti rispetto alle variabili ausiliarie osservate $\mathbf{x}_j (j = 1, \ldots, N)$. Una volta realizzate le imputazioni per la variabile y_1, la seconda variabile con il minor numero di dati mancanti y_2 è regredita rispetto alle covariate osservate e ai valori di y_1 completati e così via. Se il pattern dei dati è monotono una volta che il metodo ha completato il primo ciclo, le imputazioni realizzate sono estrazioni approssimate dalla distribuzione congiunta fattorizzata. Quando il pattern dei dati mancanti non è monotono il procedimento diventa più complicato e occorre ricorrere a uno schema iterativo ma per tale trattazione si rimanda a Raghunathan et al. (2001).

6.7.4 Imputazione multipla per meccanismi di risposta non ignorabili e sensitivity analysis

In presenza di non risposta non ignorabile il procedimento Bayesiano per estrarre le imputazioni multiple è sostanzialmente equivalente al caso di non risposta ignorabile. Mentre l'imputazione multipla per meccanismi di risposta ignorabili può essere vista come una procedura di generazione di G realizzazioni indipendenti dalla distribuzione predittiva a posteriori dei dati mancanti condizionatamente ai dati osservati $f(\mathbf{y}_{miss}|\mathbf{y}_{oss})$, nel caso di meccanismi non ignorabili, la distribuzione predittiva diventa $f(\mathbf{y}_{miss}|\mathbf{y}_{oss}, \mathbf{R}_{inc})$, dove il suffisso *inc* indica le unità incluse nel campione e $\mathbf{R}_{inc}$ è il vettore contenente per ogni unità inclusa nel campione la variabile binaria R_j che assume valore 1 se l'unità j risponde e 0 altrimenti. La determinazione di tale distribuzione predittiva (continuando ad assumere l'ignorabilità del piano di campionamento e l'assenza di informazioni ausiliarie) richiede la specificazione di un modello per i dati in cui è introdotto anche il meccanismo di risposta, ovvero un modello $f(y, R)$ con R indicatore di risposta, che assume valore 1 con probabilità pari alla probabilità (incognita) di risposta dell'unità medesima. Per la specificazione di tale modello esistono in letteratura due diversi approcci, uno basato sulla definizione di un modello mistura e l'altro noto come modello di selezione. Tuttavia per la descrizione di tali approcci si rimanda a (Rubin 1987, Cap. 6), qui si vuole sottolineare solo un importante aspetto pratico sull'imputazione in presenza di dati non ignorabili: qualunque sia l'approccio seguito i risultati dipendono fortemente dalle ipotesi sottostanti sul processo di risposta, purtroppo non verificabili, per cui in presenza di dati non ignorabili è ragionevole condurre un'analisi di sensibilità (*sensitivity analysis*) rispetto a più plausibili modelli di non risposta.

Quando il meccanismo di non risposta è non ignorabile, rispondenti e non rispondenti con gli stessi valori delle variabili esplicative, hanno valori della variabile risposta y sistematicamente diversi. Per poter ridurre gli effetti della non risposta è necessario raccogliere informazioni sulle differenze tra rispondenti e non rispondenti cercando di contattare almeno alcuni di essi (Glynn et al. 1986, 1993). In aggiunta o in assenza di reinterviste possono esserci altre fonti esterne di informazione, come dati provenienti da altre indagini o caratteristiche peculiari della variabile oggetto di studio. Le informazioni raccolte con le reinterviste e/o provenienti da altre fonti, tuttavia, generalmente non consentono di stabilire con certezza il modo in cui i rispondenti differiscono dai non rispondenti. È difficile quindi riuscire a specificare un solo modello per la non risposta. È più realistico cercare di valutare la sensibilità dell'inferenza rispetto a più modelli verosimili per la non risposta. Si procede pertanto, imputando ciascun dato mancante più volte ma ogni volta con un "modello" diverso ovvero sulla base di una diversa assunzione sul meccanismo NMAR di non risposta; ogni data-set completato è poi analizzato con le tecniche standard per dati completi e i risultati dell'analisi sono confrontati per misurare l'impatto di ciascun modello di imputazione. Tale procedimento è generalmente denominato sensitivity analysis. L'esito auspicabile della sensitivity analysis è che rispetto all'ipotesi primitiva di meccanismo MAR i risultati delle analisi non cambiano in modo significativo se non quando l'alterazione di tale ipotesi è così forte da essere giudicata non plausibile.

Un modo concreto con cui possono essere generati i valori da imputare mediante un meccanismo di non risposta NMAR consiste nel modificare i valori generati sotto l'ipotesi di meccanismo di risposta MAR. Ad esempio ogni possibile valore può essere aumentato o attenuato (additivamente o moltiplicativamente) di un certo valore costante. Questo valore costante insieme al modo in cui è utilizzato e al meccanismo di imputazione MAR originario realizzano il meccanismo NMAR. Si supponga ad esempio che il modello MAR per imputare i valori della variabile y sia il modello di regressione $y = \beta_0 + \beta_1 x + e$. Un meccanismo NMAR semplice può essere introdotto assumendo che per ogni dato mancante valga il modello $y = \beta_0 + \delta + \beta_1 x + e$ con $\delta \neq 0$. Alternativamente potrebbe essere modificato β_1 o potrebbe essere incrementata la varianza dei residui o potrebbero essere fatte due o più di queste modifiche insieme o ancora le modifiche potrebbero riguardare alcuni valori mancanti ma non tutti o essere di tipo diverso per diversi sottoinsiemi dei valori mancanti.

La varietà dei modi in cui un meccanismo di risposta può allontanarsi dall'ipotesi MAR é così vasta che un'analisi di sensitività rispetto a tutti i possibili modi è impraticabile. Comunemente la sensitivity analysis viene implementata specificando una o poche direzioni di allontanamento rispetto all'ipotesi MAR e specificando per ogni direzione un ristretto insieme di valori che esprimono l'intensità dell'allontanamento.

È importante ricordare che le conclusioni a cui si giunge eseguendo una sensitivity analysis sono legate all'obiettivo dello studio; è difficile giungere a conclusioni generali su quali stimatori e quali parametri sono "insensibili" ad ipotesi di allontanamento dall'assunzione di dati mancanti MAR e rispetto a quali modifiche della stessa ipotesi.

La sensitivity analysis non è una tecnica specifica per l'analisi di dati incompleti. Essa è comunemente utilizzata nell'ambito della stima basata su modello, in cui deve essere esplorato l'impatto di alcune ipotesi sulla specificazione del modello. Nell'ambito della non risposta e specificatamente dell'imputazione può essere teoricamente utilizzata non solo per confrontare schemi di imputazione singola ma anche per confrontare più schemi di imputazione multipla.

Bibliografia

Bailar, B.A., Bailey, J.C., Corby, C.: A comparison of some adjustment and weighting procedures for survey data. Proceedings of Survey Research meThods section. Am. Stat. Assoc., pp. 175-200 (1978)

Box, G.E.P., Tiao, G.C.: Bayesian inference in statistical analysis. AddisonWesley Ed., Reading, Massachusetts (1973)

Buck, S.F.: A method of estimation of missing data in multivariate data suitable for use with an electronic computer. J. R. Stat. Soc., B, **22**, 302-306 (1960)

Chaudhuri, A., Mukerjee, R.: Randomized response: theory and techniques. Marcel Dekker, New York (1988)

Colledge, M.J., Johnson, J.H., Paré, R., Sande, I.G.: Large scale imputation of survey data. Proceedings of the Survey Research Methods Section. Am. Stat. assoc., pp. 431–436 (1978)

Collins, L.M., Schafer, J.L., Kam, C.: A comparison of inclusive and restrictive strategies in modern missing data procedures. Psych. Meth. **6**(4), 330–351 (2001)

Davison, A.C., Sardy, S.: Resampling variance estimation in surveys with missing data. J. Offic. Statist. **23**, 371–86 (2007)

Dempster, A.P., Rubin, D.B.: Introduction. In: Madow, W.G., Olkin, I., Rubin, D.B. (a cura di) Incomplete Data in Sample Surveys (vol. 2): Theory and Bibliography. Academic Press, New York (1983)

Deville, J., Särndal, C.E.: Variance Estimation for the Regression Imputed Horvitz-Thompson Estimator. J. Off. Stat. **10**, 381–394 (1994)

Fox, J.A., Tracy, P.E.: Randomized response: A method for sensitive surveys. Sage Publications, London (1986)

Glynn, R.J., Laird, N.M., Rubin, D.B.: Selection modelling versus mixture modelling with nonignorable nonresponse. In: Wainer, H. (a cura di) Drawing Inference for Self Selected Sample, pp. 115–142. Springer-Verlag, New York (1986)

Glynn, R.J., Laird, N.M., Rubin, D.B.: Multiple imputation in mixture models for nonignorable nonresponse with follows ups. J. Am. Stat. Ass. **88**, 984–993 (1993)

Groves, R.M.: Survey Errors and Survey Costs. J. Wiley, New York (1989)

Groves, R.M., Couper, M.P.: Nonresponse in household interview surveys. J. Wiley, New York (1998)

Hansen, M.H., Hurwitz, W., Madow, W.: Sample Survey Methods and Theory. J. Wiley, New York (1953)

Kalton, G., Kasprzyk, D.: Imputing for Missing Survey Responses. Proceedings of the Section on Survey Research Methods, Am. Stat. Assoc., pp. 22–31 (1982)

Kalton, G., Kasprzyk, D.: The Treatment of Missing Survey Data. Surv. Meth. **12**, 1–16 (1986)

Lahiri, P.: On the impact of bootstrap in survey sampling and small area estimation. Stat. Sci. **18**, 199–210 (2003)

Lensvelt-Mulders, G.J.L.M., Hox, J.J., Van Der Heijden, P.G.M., Maas, C.J.M.: Meta-analysis of randomized response research. Sociol. Meth. Res. **33**, 319–348 (2005)

Little, R.J.A., Rubin, D.B.: Statistical analysis with missing data. J. Wiley & Sons, New York (1987)

Loosveldt, G.: The profile of the difficult-to-interview respondent. Bull. Methodol Sociol. **48**, 68–81 (1995)

Madow, W.G., Nisselson, H., Olkin, I.: Incomplete Data in Sample Surveys – Volume 1. Academic Press, New York (1983)

Raghunathan, T.E., Lepkowski, J.M., Van Hoewyk, J.: A Multivariate Technique for Multiply Imputing Missing Values Using a Sequence of Regression Models. Surv. Meth. **27**, 85–95 (2001)

Rao, J.N.K., Shao, J.: Jackknife Variance Estimation with Survey Data under Hot-deck Imputation. Biomet. **79**, 811–822 (1992)

Rao, J.N.K.: On variance estimation with imputed survey data. J. Am. Stat. Assoc. **91**, 499–506 (1996)

Rubin, D.B.: Multiple Imputations in Sample Surveys - A Phenomenological Bayesian Approach to Nonresponse. Proceedings of the Survey Research Methods Section of the Am. Stat. Assoc., pp. 20–34 (1978)

Rubin, D.B.: Multiple imputation for nonresponse in surveys. J. Wiley & Sons, New York (1987)

Rubin, D.B.: Multiple imputation after 18+ years. J. Am. Stat. Assoc. **91**, 473–489 (1996)

Rubin, D.B.: Multiple Imputation for Nonresponse in Surveys. J. Wiley, New York (2004)

Sande, I.G.: A personal view of hot deck approach to automatic edit and imputation. J. Imp. Proc. Surv. Methodol. **5**, 238–246 (1979)

Särndal, C.E.: Methods for estimating the precision of survey estimates when imputation is used. Surv. Methodol. **18**, 241–52 (1992)

Särndal, C.E., Lundström, S.: Estimation in surveys with nonresponse. Wiley Series in Survey Methodology. J. Wiley and Sons, Chichester (2005)

Schafer, J.L.: Analysis of Incomplete Multivariate Data, Chapman & Hall/CRC (1997)

Schulte Nordholt, E.: Imputation: Methods, Simulation, Experiments and Practical Examples. Int. Stat. Rev. **66**(2), 157–180 (1998)

Shao, J.: Impact of the bootstrap on sample survey. Stat. Sci. **18**, 191–198 (2003)

Shao, J., Sitter, R.R.: Bootstrap for imputed survey data. J. Am. Stat. Ass. **91**, 1278–1288 (1996)

Shao, J., Steel, P.: Variance estimation for survey data with composite imputation and nonnegligible sampling fractions. J. Am. Statist. Assoc. **94**, 254–65 (1999)

Snijkers, G., de Leeuw, E.D., Hoezen D., Kuijpers, I.: Computer-assisted qualitative interviewing: Testing and quality assessment of CAPI and CATI questionaries in the field. In: R. Banks et al. (a cura di): Leading Survey Statistical Computing into the New Millennium. Proceedings of the third ASC International conference. University of Edinburgh (1999)

Tanner, M.A., Wong, W.H.: The calculation of posterior distribution by data augmentation (with discussion). J. Am. Stat. Ass. **82**, 528–550 (1987)

Vacek, P.M., Ashikaga, T.: An examination of the nearest neighbor rule for imputting missing values. Proc. Statist. Computing Sect., Am. Stat. Assoc., pp. 326–331 (1980)

Van Buuren, S., Brand, J.P.L., Groothuis-Oudshoorn, C.G.M., Rubin, D.: Fully Conditional Specification in Multivariate Imputation. J. Stat. Comp. Sim. **76**, 1049–1064 (2006)

Wolter, K.: Introduction to variance estimation, 2a ed. Springer-Verlag, New York (2007)

Yung, W., Rao, J.N.K.: Jackknife variance estimation under imputation for estimators using poststratification information. J. Am. Stat. Ass. **95**, 903–915 (2000)

Indice analitico

G. Nicolini et al., *Metodi di stima in presenza di errori non campionari*,
UNITEXT – Collana di Statistica e Probabilità Applicata,
DOI 10.1007/978-88-470-2796-1, © Springer-Verlag Italia 2013

Unitext – Collana di Statistica e Probabilità Applicata

A cura di:
F. Battaglia (Editor-in-Chief)
C. Carota
P.L. Conti
L. Piccinato
M. Riani

Editor in Springer:
F. Bonadei
francesca.bonadei@springer.com

C. Rossi, G. Serio
La metodologia statistica nelle applicazioni biomediche
1990, XVIII, 354 pp, ISBN 978-3-540-52797-8

A. Azzalini
Inferenza statistica
Una presentazione basata sul concetto di verosimiglianza
2a ed., 2001, XIV, 367 pp, ISBN 978-88-470-0130-5

E. Bee Dagum
Analisi delle serie storiche: modellistica, previsione e scomposizione
2002, XII, 302 pp, ISBN 978-88-470-0146-6

B. Luderer, V. Nollau, K. Vetters
Formule matematiche per le scienze economiche
2003, X, 212 pp, ISBN 978-88-470-0224-1

A. Azzalini, B. Scarpa
Analisi dei dati e data mining
Corr. 2a ed., 2004, X, 232 pp, ISBN 978-88-470-0272-2

F. Battaglia
Metodi di previsione statistica
2007, X, 323 pp, ISBN 978-88-470-0602-7

L. Piccinato
Metodi per le decisioni statistiche
2a ed., 2009, XIV, 474 pp, ISBN 978-88-470-1077-2

E. Stanghellini
Introduzione ai metodi statistici per il credit scoring
2009, X, 177 pp, ISBN 978-88-470-1080-2

A. Rotondi, P. Pedroni, A. Pievatolo
Probabilità, Statistica e Simulazione
3a ed., 2011, XIV, 540 pp, ISBN 978-88-470-2363-5

P.L. Conti, D. Marella
Campionamento da popolazioni finite. Il disegno campionario
2012, XIV, 444 pp, ISBN 978-88-470-2576-9

G. Nicolini, D. Marasini, G.E. Montanari, M. Pratesi, M.G. Ranalli, E. Rocco
Metodi di stima in presenza di errori non campionari
2013, XVI, 226 pp, ISBN 978-88-470-2795-4

La versione online dei libri pubblicati nella serie è disponibile
su SpringerLink. Per ulteriori informazioni, visitare il sito:
http://www.springer.com/series/1380

Printed in the United States
By Bookmasters